산업보건지도사

2차 산업위생공학

한유숙

INDUSTRIAL
HEALTH INSTRUCTOR

예문사

사업장의 안전보건에 관한 진단·평가·기술지도·교육 등에 관한 산업안전보건 컨설턴트인 보건지도사는 그간 시험문제 수준의 형평성 관리부족과 교재수준의 미비로 시험에 응시하고자 희망하는 수험생들이 쉽게 학습을 시작하지 못하는 분야로 여겨져 왔습니다.

보건관리 분야는 안전관리 분야와 비교해 보면 사회적으로 보다 광범위한 문제를 유발하는 데 비해 정부차원에는 최근에서야 문제의 심각성을 인식한 듯합니다. 지난 2022년 산업재해 통계를 살펴보면 질병 재해자의 28.7%가 신체부담작업에 의해 질병에 이환되었고, 23.2%나 되는 근로자가 난청에 시달리고 있는 것으로 조사되었으며, 전체 질병 중 36.0%가 뇌·심장질환, 35.0%가 진폐증, 15.2%가 직업성 암으로 사망하는 등 사업장 보건관리에 심각한 문제가 지속되고 있습니다.

이러한 현상의 지속으로 향후 보건관리에 많은 관심과 제도개혁이 이루어질 것으로 예상해 볼 수 있으며, 당연히 산업보건지도사의 업무영역 확대에 따른 인력수급 불균형이 예상되므로 향후 산업보건지도사 자격의 취득은 사회생활에 매우 큰 힘이 될 것이며, 사회적 위상도 더욱 높아질 것입니다.

최근 산업보건지도사 시험의 출제경향은 그간의 단순 암기위주의 출제수준에서 벗어나 실무적으로 활용 가능한 지식과 직업분야에 적합한 품위를 가늠하는 출제경향으로 전환되고 있으며, 이는 시험에 응시하려는 수험생분들에게 대단한 희소식이라 할 수 있습니다.

저는 대한민국 최고의 전문수험서를 집필한다는 각오로 그간 기술사, 지도사, 기사교재를 집필해 오고 있습니다. 당연히, 수시로 개정되는 법령은 물론 전문기술에 관한 내용을 빠짐없이 반영해 수험생 여러분이 1차, 2차, 3차 면접까지 계획하신 일정대로 합격하실 수 있도록 최선을 다하겠습니다.

여러분의 도전에 합격의 영광이 함께하기를 기원합니다.

저자 Willy. H

○ **산업보건지도사(산업위생공학 분야) 시험과목 및 방법**

구분	시험 과목	시험 시간	배점
1차	1. 산업안전보건법령 2. 산업위생일반 3. 기업진단 · 지도	90분 1. 과목당 25문항(총 75문항) 2. 각 문항별 보기 5개 중 택일	과목당 100점
2차	1. 직업환경의학 2. 산업위생공학	100분 1. 단답형 5문항 2. 논술형 4문항(필수 2, 선택 1)	100점 1. 단답형 5×5＝25점 2. 논술형 25×3＝75점
3차	면접	1인당 20분 내외	10점

○ **자격 및 시험**

1. 지도사 시험에 합격한 사람은 지도사의 자격을 가진다.
2. 지도사 등록의 갱신기간 동안 지도실적이 2년 이상인 지도사의 보수교육시간은 10시간 이상이다.

○ **업무 범위**

1. **지도사의 직무**
   - 안전보건개선계획서의 작성
   - 위험성 평가의 지도
   - 그 밖에 산업위생에 관한 사항의 자문에 대한 응답 및 조언

2. **지도사 등록이 불가능한 사람**
   - 피성년후견인 또는 피한정후견인
   - 파산선고를 받은 자로서 복권되지 아니한 사람
   - 금고 이상의 실형을 선고받고 그 집행이 끝나거나(집행이 끝난 것으로 보는 경우를 포함한다) 집행이 면제된 날부터 2년이 지나지 아니한 사람
   - 금고 이상의 형의 집행유예를 선고받고 그 유예기간 중에 있는 사람
   - 같은 법을 위반하여 벌금형을 선고받고 1년이 지나지 아니한 사람
   - 등록이 취소된 후 2년이 지나지 아니한 사람

○ 업무 영역별 업무 범위

1. 산업안전지도사(기계안전 · 전기안전 · 화공안전 분야)

- 유해 · 위험방지계획서, 안전보건개선계획서, 공정안전보고서, 타워크레인 · 전기설비 등 기계 · 기구 · 설비의 작업계획서 및 물질안전보건자료 작성 지도
- 전기 · 기계기구설비, 화학설비 및 공정의 설계 · 시공 · 배치 · 보수 · 유지에 관한 안전성 평가 및 기술 지도
- 자동화설비, 자동제어, 방폭전기설비, 전력시스템, 전자파 및 정전기로 인한 재해의 예방 등에 관한 기술지도
- 인화성 가스, 인화성 액체, 폭발성 물질, 급성독성 물질 및 방폭설비 등에 관한 안전성 평가 및 기술 지도
- 크레인 등 기계 · 기구, 전기작업의 안전성 평가
- 그 밖에 기계, 전기, 화공 등에 관한 교육 또는 기술 지도

2. 산업안전지도사(건설안전 분야)

- 유해 · 위험방지계획서, 안전보건개선계획서, 건축 · 토목 작업계획서 작성 지도
- 가설구조물, 시공 중인 구축물, 해체공사, 건설공사 현장의 붕괴우려 장소 등의 안전성 평가
- 가설시설, 가설도로 등의 안전성 평가
- 굴착공사의 안전시설, 지반붕괴, 매설물 파손 예방의 기술 지도
- 그 밖에 토목, 건축 등에 관한 교육 또는 기술 지도

3. 산업보건지도사(산업위생공학 분야)

- 유해 · 위험방지계획서, 안전보건개선계획서, 물질안전보건자료 작성 지도
- 작업환경측정 결과에 대한 공학적 개선대책 기술 지도
- 작업장 환기시설의 설계 및 시공에 필요한 기술 지도
- 보건진단결과에 따른 작업환경 개선에 필요한 직업환경의학적 지도
- 석면 해체 · 제거 작업 기술 지도
- 갱내, 터널 또는 밀폐공간의 환기 · 배기시설의 안전성 평가 및 기술 지도
- 그 밖에 산업보건에 관한 교육 또는 기술 지도

4. 산업보건지도사(직업환경의학 분야)

- 유해 · 위험방지계획서, 안전보건개선계획서 작성 지도
- 건강진단 결과에 따른 근로자 건강관리 지도
- 직업병 예방을 위한 작업관리, 건강관리에 필요한 지도
- 보건진단 결과에 따른 개선에 필요한 기술 지도
- 그 밖에 직업환경의학, 건강관리에 관한 교육 또는 기술 지도

◯ 업무 영역별 필기시험 과목 및 범위

1. 전공필수

구분		과목	시험 범위
산업안전 지도사	기계안전 분야	기계안전 공학	• 기계 · 기구 · 설비의 안전 등(위험기계 · 양중기 · 운반기계 · 압력용기 포함 • 공장자동화설비의 안전기술 등 • 기계 · 기구 · 설비의 설계 · 배치 · 보수 · 유지기술 등
	전기안전 분야	전기안전 공학	• 전기기계 · 기구 등으로 인한 위험 방지 등(전기 방폭설비 포함) • 정전기 및 전자파로 인한 재해예방 등 • 감전사고 방지기술 등 • 컴퓨터 · 계측제어 설비의 설계 및 관리기술 등
	화공안전 분야	화공안전 공학	• 가스 · 방화 및 방폭설비 등, 화학장치 · 설비안전 및 방식기술 등 • 정성 · 정량적 위험성 평가, 위험물 누출 · 확산 및 피해 예측 등 • 유해위험물질 화재폭발방지론, 화학공정 안전관리 등
	건설안전 분야	건설안전 공학	• 건설공사용 가설구조물 · 기계 · 기구 등의 안전기술 등 • 건설공법 및 시공방법에 대한 위험성 평가 등 • 추락 · 낙하 · 붕괴 · 폭발 등 재해요인별 안전대책 등 • 건설현장의 유해 · 위험요인에 대한 안전기술 등
산업보건 지도사	직업환경 의학 분야	직업환경 의학	• 직업병의 종류 및 인체발병경로, 직업병의 증상 판단 및 대책 등 • 역학조사의 연구방법, 조사 및 분석방법, 직종별 산업의학적 관리대책 등 • 유해인자별 특수건강진단 방법, 판정 및 사후관리대책 등 • 근골격계 질환, 직무스트레스 등 업무상 질환의 대책 및 작업관리 방법 등
	산업위생 공학 분야	산업위생 공학	• 산업환기설비의 설계 시스템의 성능 검사 · 유지관리기술 등 • 유해인자별 작업환경측정 방법, 산업위생통계처리 및 해석, 공학적 대책 수립기술 등 • 유해인자별 인체에 미치는 영향 · 대사 및 축적, 인체의 방어기전 등 • 측정시료의 전처리 및 분석 방법, 기기분석 및 정도관리기술 등

2. 공통필수

구분		공통필수 I		공통필수 II		공통필수 III
			시험범위		시험범위	시험범위
산업안전 지도사	기계안전 분야	산업 안전 보건 법령	「산업안전보건법」, 「산업안전보건법 시행령」, 「산업안전보건법 시행규칙」, 「산업안전보건기준에 관한 규칙」	산업 안전 일반	산업안전교육론, 안전관리 및 손실방지론, 신뢰성공학, 시스템안전공학, 인간공학, 위험성 평가, 산업재해 조사 및 원인 분석 등	경영학(인적자원관리, 조직관리, 생산관리), 산업심리학, 산업위생개론
	전기안전 분야					
	화공안전 분야					
	건설안전 분야					
산업보건 지도사	직업환경 의학 분야			산업 위생 일반	산업위생개론, 작업관리, 산업위생보호구, 위험성 평가, 산업재해 조사 및 원인 분석 등	경영학(인적자원관리, 조직관리, 생산관리), 산업심리학, 산업안전개론
	산업위생 공학 분야					

산업안전 지도사 · 산업보건 지도사 행의 "공통필수 III" 열 사이에는 "기업진단 · 지도"가 기재되어 있다.

CONTENTS 차례

제1편 기출문제 분석 및 풀이

제2편 분석화학

제3편 작업환경관리

제4편 직업건강과 안전

제5편 환 기

제6편 시료채취 및 분석

CONTENTS 차례

제7편 주요물질의 작업환경 측정·분석 기술지침

제8편 산업안전보건법령

제9편 부 록

PART
01

기출문제
분석 및 풀이

분야		기출문제
분석화학	단답	—
	논술	1. 티타늄산화물을 생산하는 사업장에서 근무하고 있는 작업자 1명을 대상으로 공기 중 분진 시료 4개를 채취한 자료이다. 다음 물음에 답하시오(단, 물음 1)의 유량은 소수점 셋째 자리까지, 물음 2)~물음 6) 농도는 소수점 둘째 자리까지 구하시오).
작업환경 관리	단답	1. 산업안전보건기준에 관한 규칙의 밀폐공간에 관한 내용이다. (ㄱ)~(ㅁ)에 들어갈 숫자를 각각 쓰시오. 2. 반도체 제조공정의 세부 공정에 관한 설명이다. 다음 사항을 쓰시오.
	논술	
직업건강과 안전	단답	1. NIOSH 7400 방법(A rule)에 따라 공기 중 석면 농도를 Walton − Beckett graticule을 이용하여 분석한 위상차 현미경의 시야(Field) 그림이다. 시야에 나타난 섬유상 물질은 몇 개인지 쓰시오. 2. 미국산업위생학회(AIHA)에서 제시하고 있는 직업적 노출평가 및 관리의 전략도이다. 다음 사항을 쓰시오.
	논술	—
환기	단답	1. 단체급식시설 환기에 관한 기술지침(KOSHA GUIDE)에서 조리기구별 후드의 성능에 관한 내용이다. (ㄱ)~(ㄷ)에 들어갈 숫자를 각각 쓰시오.
	논술	1. 산업환기설비에 관한 기술지침(KOSHA GUIDE)에서 제시하는 국소배기장치 검사 체크리스트 중 덕트 점검 항목을 5가지만 제시하시오(단, 안전검사 대상물질을 취급하는 국소배기장치는 제외한다).
시료채취 분석	단답	—
	논술	—
작업환경 측정 · 분석	단답	—
	논술	—
산업안전 보건법	단답	1. 산업안전보건법 시행규칙에서 근로자 휴게시설 설치·관리기준 내용 중 크기 조건에 관하여 설명하시오(단, 사업장 전용면적의 총합이 300제곱미터 이상인 경우). 2. 안전보건경영체계(OHSMS)를 구축하기 위한 표준인 ISO 45001에 관하여 다음 사항을 쓰시오.
	논술	—

※ 다음 단답형 5문제에 모두 답하시오. (각 5점)

문제 01 산업안전보건기준에 관한 규칙의 밀폐공간에 관한 내용이다. (ㄱ)~(ㅁ)에 들어갈 숫자를 각각 쓰시오.

> "적정공기"란 산소농도의 범위가 (ㄱ)% 이상 (ㄴ)% 미만, 탄산가스의 농도가 (ㄷ)% 미만, 일산화탄소의 농도가 (ㄹ)ppm 미만, 황화수소의 농도가 (ㅁ)ppm 미만인 수준의 공기를 말한다.

풀이
- (ㄱ) : 18
- (ㄴ) : 23.5
- (ㄷ) : 1.5
- (ㄹ) : 30
- (ㅁ) : 10   "끝"

문제 02 단체급식시설 환기에 관한 기술지침(KOSHA GUIDE)에서 조리기구별 후드의 성능에 관한 내용이다. (ㄱ)~(ㄷ)에 들어갈 숫자를 각각 쓰시오.

> 조리기구별 후드 면풍속은 부침기와 가스레인지의 경우 (ㄱ)m/s 이상, 오븐과 밥솥의 경우 (ㄴ)m/s 이상, 필터를 설치할 경우 필터 면풍속은 (ㄷ)m/s 이하이여야 한다.

풀이
- (ㄱ) : 0.7
- (ㄴ) : 0.5
- (ㄷ) : 1.5   "끝"

문제 03 NIOSH 7400 방법(A rule)에 따라 공기 중 석면 농도를 Walton – Beckett graticule을 이용하여 분석한 위상차 현미경의 시야(Field) 그림이다. 시야에 나타난 섬유상 물질은 몇 개인지 쓰시오.

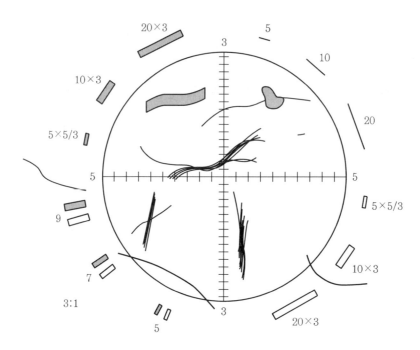

풀이 현미경에 나타난 입자 중 8시 방향의 입자와 11시 방향의 입자 2개만이 섬유상 물질로 분류된다.

참고 위상차 현미경법(Phase Contrast Microscopy, PCM)

① 공기 중 석면 섬유의 계수분석에 가장 일반적으로 사용되는 광학현미경법 중의 하나이다. 시료 채취 매체로 $0.8\mu m$ pore size, 지름 25mm의 MCE 필터를 사용하여 공기 중의 입자상 물질을 채취한 후 슬라이드 형태로 전처리하여 위상차 현미경에서 관찰하여, 현미경 시야상의 지름 100mm인 Walton – Beckett 그래티큘 내의 섬유상 물질을 약속된 계수법에 따라 계수하는 방법이다.

② 공기 중 석면농도 계수분석 시에는 분석방법에 따라 길이 대 지름의 비를 3 : 1 또는 5 : 1을 적용하여 그 미만인 경우는 비섬유상의 물질로 구분하여 석면으로 계수하지 않는다.   "끝"

문제 04 반도체 제조공정의 세부 공정에 관한 설명이다. 다음 사항을 쓰시오.

웨이퍼상에 화학적 또는 물리적 방법으로 전도성 또는 절연성 박막(분자 또는 원자 단위의 물질로 $1\mu m$ 이하의 매우 얇은 막)을 형성시키는 공정으로 박막(Thin Film) 공정이라고도 한다.

물음 1) 공정의 명칭
2) 해당 공정에서 정비작업(PM) 수행 시 산업보건 측면에서 근로자의 노출위험 사항(1가지)과 그에 따른 대처 방안(3가지)

풀이 1) 공정의 명칭
박막공정(증착 및 이온주입)
2) 근로자의 노출위험 사항(1가지) : 붕소, 인, 비소 등에 노출
대처 방안(3가지)
• 국소배기장치 설치
• 보호구 지급
• 작업환경 측정   "끝"

문제 05 미국산업위생학회(AIHA)에서 제시하고 있는 직업적 노출평가 및 관리의 전략도이다. 다음 사항을 쓰시오.

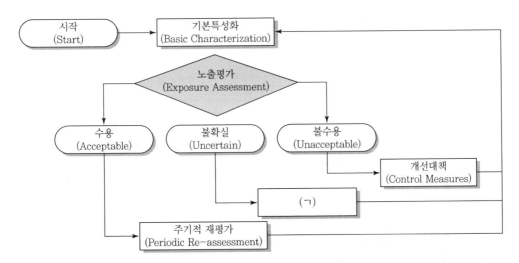

물음 1) (ㄱ)에 들어갈 용어
2) (ㄱ) 용어에 관한 설명

풀이 1) (ㄱ)에 들어갈 용어

　　　정보의 보완(More Information)

　　2) (ㄱ) 용어에 관한 설명

　　　건강위해도 등급 결정과정에서 인용한 자료의 불확실성은 건강위해도 등급을 상향하거나 하향해 평가함에 따라 AIHA에서는 건강영향 자료 및 노출등급 신뢰성, 기존관리에 대한 타당성 함수를 고려해 매우 불확실, 불확실, 확실 중 하나로 평가하고 있다.　"끝"

※ 다음 논술형 2문제에 모두 답하시오. (각 25점)

문제 06 티타늄산화물을 생산하는 사업장에서 근무하고 있는 작업자 1명을 대상으로 공기 중 분진 시료 4개를 채취한 자료이다. 다음 물음에 답하시오(단, 물음 1)의 유량은 소수점 셋째 자리까지, 물음 2)~물음 6) 농도는 소수점 둘째 자리까지 구하시오).

1. 개인용 시료채취기의 유량 보정을 위한 비누거품미터기(뷰렛, 750mL)의 비누거품 통과 시간
   - 시료채취 전(3회 측정, 초) : 15.2, 15.9, 15.8
   - 시료채취 후(3회 측정, 초) : 16.5, 16.1, 17.4

2. 시료별 채취시간 및 시료채취 전후 여과지 무게 칭량 자료

시료번호	시료 채취시간	여과지 무게(mg)		비고
		시료채취 전	시료채취 후	
1	07 : 47~09 : 24	14.479	17.081	여과지 교체
2	09 : 27~11 : 24	15.176	19.944	여과지 교체
3	12 : 04~13 : 58	14.887	20.101	여과지 교체
4	14 : 02~16 : 15	15.033	17.386	
공시료(Blank)		15.120	15.330	

물음 1) 개인용 시료채취기의 유량(LPM)
　　2) 시료번호 1의 농도(mg/m³)
　　3) 시료번호 2의 농도(mg/m³)
　　4) 시료번호 3의 농도(mg/m³)
　　5) 시료번호 4의 농도(mg/m³)
　　6) 시간가중평균농도(mg/m³)

풀이 1) 개인용 시료채취기의 유량(LPM)

유량＝비누거품이 통과한 용량(mL)÷비누거품이 통과한 시간(min)이므로

① 시료채취 전 통과 유량＝비누거품이 통과한 용량(mL)÷평균 통과시간(min)

＝750÷15.6(평균 통과시간)＝48.077(mL)

② 시료채취 후 통과 유량＝비누거품이 통과한 용량(mL)÷평균 통과시간(min)

＝750÷16.6(평균 통과시간)＝45.181(mL)

2)~5) 시료번호 1~4의 농도(mg/m^3)

분진의 농도를 구하기 위한 분진발생 사업장의 체적(m^3)이 제공되지 않아 물음의 풀이가 불가능함

> **참고** 농도$(mg/m^3)=\dfrac{\text{시료채취 후 여과지 무게}-\text{시료채취 전 여과지 무게}}{\text{공기 채취량}}$

6) 시간가중평균농도(mg/m^3)

$$\dfrac{\text{TWA}-\text{측정농도}\times\text{발생시간}}{\text{측정시간}}$$

참고 리튬 티타늄 산화물(LTO, $Li_4Ti_5O_{12}$)

리튬 티타네이트 배터리의 음극재로 핵심 구성요소이며 화학적으로 합성된 백색 분말 형태로 제공된다. 리튬 이온 배터리의 일종인 리튬 티타네이트 배터리는 사용 가능한 가장 빠른 충전 배터리 중 하나이며 양극, 음극 및 전해질로 구성된다.

이 화합물은 1,533℃의 높은 용해점을 가지고 있으며 다른 특성으로는 고순도 및 우수한 소결 능력이 있다. LTO는 배터리에 가장 많이 사용되지만 재료 연구 개발에도 사용할 수 있다. 예를 들어 고체 또는 다공성 물질을 형성하는 공정인 소결뿐만 아니라 용융 탄산염 연료 전지 및 도자기 에나멜 및 세라믹의 첨가제로 사용된다.

문제 07 산업안전보건법 시행규칙에서 근로자 휴게시설 설치·관리기준 내용 중 크기 조건에 관하여 설명하시오(단, 사업장 전용면적의 총합이 300제곱미터 이상인 경우).

풀이 ① 휴게시설의 최소 바닥면적은 6제곱미터로 한다. 다만, 둘 이상의 사업장의 근로자가 공동으로 같은 휴게시설(이하 "공동휴게시설"이라 한다)을 사용하게 되는 경우 공동휴게시설의 바닥면적은 6제곱미터에 사업장의 개수를 곱한 면적 이상으로 한다.

② 휴게시설의 바닥에서 천장까지의 높이는 2.1미터 이상으로 한다.

③ ①에도 불구하고 근로자의 휴식 주기, 이용자 성별, 동시 사용인원 등을 고려하여 최소면적을 근로자대표와 협의하여 6제곱미터가 넘는 면적으로 정한 경우에는 근로자대표와 협의한 면적을 최소 바닥면적으로 한다.

④ ①에도 불구하고 근로자의 휴식 주기, 이용자 성별, 동시 사용인원 등을 고려하여 공동휴게시설의 바닥면적을 근로자대표와 협의하여 정한 경우에는 근로자대표와 협의한 면적을 공동휴게시설의 최소 바닥면적으로 한다.   "끝"

※ 다음 논술형 2문제 중 1문제를 선택하여 답하시오. (각 25점)

문제 08 안전보건경영체계(OHSMS)를 구축하기 위한 표준인 ISO 45001에 관하여 다음 사항을 쓰시오.

물음 1) 목적 3가지
2) 특징 5가지
3) 구성요소 10가지

풀이 1) 목적 3가지
　　① 조직 내 산업보건 및 안전실천의 새로운 자극 제공
　　② 직원 및 도급업체의 안전을 향상시키도록 지원
　　③ 직원의 동기부여향상은 물론 작업자의 보건과 성과를 보호하고 촉진시킴

2) 특징 5가지
　　① 하이레벨구조(HLS)를 적용하여 다른 경영시스템과 공통된 프레임 워크를 제공한다.
　　② 관리직의 책임을 크게 강조한다.
　　③ 정규인력으로 고용되어 있지는 않지만 아웃소싱 및 하청업체와 같이 다른 방식으로 고용된 사람들도 포함하고 있다.
　　④ 안전보건 경영체제 분야의 새로운 측면인 '기회'라는 단어를 소개하고 있다. 이것은 보건 및 안전위험의 최소화 또는 단순한 제거 이상의 내용을 다루고 있다.

⑤ OHSMS 18001에 따라 안전보건 경영시스템을 이미 구축한 기업은 전환이 원활하다.

3) 구성요소 10가지
① 범위
② 정규 참조
③ 용어 및 정의
④ 조직의 맥락
⑤ 리더십
⑥ 계획
⑦ 지원
⑧ 운영
⑨ 성과 평가
⑩ 개선 "끝"

문제 09 산업환기설비에 관한 기술지침(KOSHA GUIDE)에서 제시하는 국소배기장치 검사 체크리스트 중 덕트 점검항목을 5가지만 제시하시오(단, 안전검사 대상물질을 취급하는 국소배기장치는 제외한다).

풀이 ① 덕트 내외면의 파손, 변형 등으로 인한 압력손실이나 증가 또는 공기 유입 및 누출
② 이상음 유무
③ 덕트 내면의 분진, 오일미스트 등 퇴적물로 인한 이상발생 유무
④ 플렉시블(Flexible) 덕트의 심한 굴곡, 꼬임 등으로 인한 압력손실 유무
⑤ 이상진동 유무 "끝"

2022년

분야		기출문제
분석화학	단답	—
	논술	—
작업환경 관리	단답	—
	논술	1. 전리방사선에 관한 다음 사항을 쓰시오.
직업건강과 안전	단답	—
	논술	—
환기	단답	1. 산업안전보건기준에 관한 규칙에서 관리대상 유해물질 관련 국소배기장치 후드의 제어풍속에 관한 내용이다. ①, ②, ③, ④, ⑤에 들어갈 내용을 각각 쓰시오.
	논술	1. 사업주는 인체에 해로운 분진, 흄, 미스트, 증기 또는 가스 상태의 물질을 배출하기 위하여 산업안전보건기준에 관한 규칙에 따라 국소배기장치를 설치해야 한다. 이때 국소배기장치 구성요소별 설치기준을 쓰시오.
시료채취 분석	단답	—
	논술	—
작업환경 측정 · 분석	단답	1. 작업환경측정 시 예비조사를 통하여 유사노출그룹(유사노출군, Sililar Exposure Group)을 설정하는데, 유사노출그룹 설정의 장점 2가지를 쓰시오. 2. 축전지 제조 사업장에서 공기 중 황산을 측정하는 경우 작업환경측정 · 분석 기술지침에 따른 다음 사항을 쓰시오. 3. 화학물질 및 물리적 인자의 노출기준(고용노동부고시 제2020−48호)과 작업환경 측정 대상 유해인자에 관한 다음 사항을 쓰시오.
	논술	1. 작업환경측정 및 정도관리 등에 관한 고시에 따른 허용기준 이하 유지대상 유해인자의 허용기준 초과여부 평가방법을 쓰시오. 2. 작업환경 노출평가를 위해 공기 중 채취한 카드뮴을 분석하는 경우 작업환경측정 · 분석 기술지침에 따른 다음 사항을 쓰시오.
산업안전 보건법	단답	1. 밀폐공간에서 근로자에게 작업을 하도록 하는 경우 산업안전보건기준에 관한 규칙상 사업주의 조치사항 5가지만 쓰시오.
	논술	—

※ 다음 단답형 5문제에 모두 답하시오. (각 5점)

문제 01 작업환경측정 시 예비조사를 통하여 유사노출그룹(유사노출군, Sililar Exposure Group)을 설정하는데, 유사노출그룹 설정의 장점 2가지를 쓰시오.

풀이 ① 시료채취수의 경제적 선택이 가능하다.
② 노출대상 작업에 참여하는 근로자의 평가가 가능하다. "끝"

문제 02 산업안전보건기준에 관한 규칙에서 관리대상 유해물질 관련 국소배기장치 후드의 제어풍속에 관한 내용이다. ①, ②, ③, ④, ⑤에 들어갈 내용을 각각 쓰시오.

물질의 상태	후드 형식	제어풍속(m/sec)
가스 상태	포위식 포위형	(①)
	외부식 측방흡인형	0.5
	외부식 하방흡인형	0.5
	외부식 상방흡인형	(②)

[비고] 제어풍속이란 국소배기장치의 모든 후드를 (③)한 경우의 제어풍속으로서 다음 각 목에 따른 위치에서의 풍속을 말한다.
1) 포위식 후드에서는 (④)에서의 풍속
2) 외부식 후드에서는 해당 후드에 의하여 관리대상 유해물질을 빨아들이려는 범위 내에서 (⑤)에서의 풍속

풀이 ① 0.4
② 1.0
③ 개방
④ 후드 개구면
⑤ 해당 후드 개구면으로부터 가장 먼 거리의 작업위치 "끝"

문제 03 밀폐공간에서 근로자에게 작업을 하도록 하는 경우 산업안전보건기준에 관한 규칙상 사업주의 조치사항 5가지만 쓰시오.

풀이 ① 환기
② 인원점검
③ 관계자 외 출입금지
④ 감시인 배치
⑤ 대피용 기구의 비치 "끝"

문제 04 축전지 제조 사업장에서 공기 중 황산을 측정하는 경우 작업환경측정 · 분석 기술지침에 따른 다음 사항을 쓰시오.

물음 1) 시료채취매체 2가지
2) 시료포집 후 운반방법

풀이 1) 시료채취매체 2가지
① 37mm 석영 여과지
② 공극 $0.45\mu\mathrm{m}$ PTFE 여과지
2) 시료포집 후 운반방법
① 시료는 냉장 보관하여 실험실로 옮긴다.
② 시료를 바로 실험실로 보낼 수 없다면 냉장 보관하여야 한다.
③ 실험실로 옮긴 시료는 즉시 냉장 보관한다. "끝"

문제 05 화학물질 및 물리적 인자의 노출기준(고용노동부고시 제2020-48호)과 작업환경 측정 대상 유해인자에 관한 다음 사항을 쓰시오.

물음 1) Skin 표시물질의 정의
2) 작업환경측정 대상 유해인자에서 가스 상태 물질류(15종) 중 Skin 표시물질 1가지

풀이 1) Skin 표시물질의 정의
점막과 눈 그리고 경피로 흡수되어 전신 영향을 일으킬 수 있는 물질
2) Skin 표시물질 1가지 : 불소 "끝"

※ 다음 논술형 2문제에 모두 답하시오. (각 25점)

문제 06 작업환경측정 및 정도관리 등에 관한 고시에 따른 허용기준 이하 유지대상 유해인자의 허용기준 초과여부 평가방법을 쓰시오.

풀이 1) 시간가중평균값에 의한 방법

하한치 1 초과 허용기준 초과로 평가

시간가중평균값(X_1)

$$X_1 = \frac{C_1 \cdot T_1 + C_2 \cdot T_2 + \cdots + C_N \cdot T_N}{S}$$

여기서, C : 유해인자의 측정농도(단위 : ppm, mg/m^3 또는 개/cm^3)
T : 유해인자의 발생시간(단위 : 시간)

2) 단시간 노출값에 의한 방법
① 1회 노출지속시간이 15분 이상 시
② 1일 4회 노출 초과 시
③ 각 회당 간격 60분 미만 시　　"끝"

문제 07 작업환경 노출평가를 위해 공기 중 채취한 카드뮴을 분석하는 경우 작업환경측정 · 분석 기술지침에 따른 다음 사항을 쓰시오.

물음 1) 시료 전처리에 사용하는 추출용액 2가지
2) 분석기기 종류 2가지
3) 화학적 방해(Chemical Interferences)를 줄이기 위한 조치사항 2가지
4) 회수율 검정을 위한 시료제조 및 회수율 계산방법

풀이 1) 시료 전처리에 사용하는 추출용액 2가지
① 진한 질산
② 진한 염산

2) 분석기기 종류 2가지
① 유도결합 플라즈마 분광광도계
② 원자흡광광도계

3) 화학적 방해(Chemical Interferences)를 줄이기 위한 조치사항 2가지
① 시료의 회석
② 고온의 원자화기 사용

4) 회수율 검정을 위한 시료제조 및 회수율 계산방법

　① 3가지 이상 수준과 각 수준별 3개 이상의 시료로 예상시료량이 포함되도록 한다.

　② 회수율＝분석값/첨가량

　③ 보정값＝시료분석값/회수율　　*"끝"*

※ 다음 논술형 2문제 중 1문제를 선택하여 답하시오. (각 25점)

문제 08 사업주는 인체에 해로운 분진, 흄, 미스트, 증기 또는 가스 상태의 물질을 배출하기 위하여 산업안전보건기준에 관한 규칙에 따라 국소배기장치를 설치해야 한다. 이때 국소배기장치 구성요소별 설치기준을 쓰시오.

물음　1) 후드의 설치기준 4가지

　　　2) 덕트의 설치기준 5가지

　　　3) 공기정화장치를 설치하는 경우 배풍기의 설치기준

　　　4) 배기구의 설치기준

풀이　1) 후드의 설치기준 4가지

　　　① 유해물질이 발생하는 곳마다 설치

　　　② 유해인자의 발생형태와 비중, 작업방법 등을 고려하여 해당 분진 등의 발산원 제어가 가능한 구조로 설치

　　　③ 후드 형식은 가능하면 포위식 또는 부스식으로 할 것

　　　④ 외부식 또는 리시버식 후드는 해당 분진 등의 발산원에 가장 가까운 위치에 설치

　　　2) 덕트의 설치기준 5가지

　　　① 가능하면 길이는 짧게 하고 굴곡부는 적게 할 것

　　　② 접속부 안쪽은 돌출된 부분이 없도록 할 것

　　　③ 청소구를 설치하는 등 청소하기 쉬운 구조로 할 것

　　　④ 덕트 내부에 오염물질이 쌓이지 않도록 이송속도를 유지할 것

　　　⑤ 연결부위 등은 외부 공기가 들어오지 않도록 할 것

　　　3) 공기정화장치를 설치하는 경우 배풍기의 설치기준

　　　① 정화 후 공기가 통하는 위치에 배풍기를 설치한다.

　　　② 다만, 빨아들여진 물질로 인해 폭발 우려가 없고 배풍기 날개의 부식 우려가 없는 경우에는 정화 전 공기가 통하는 위치에 배풍기 설치도 가능하다.

4) 배기구의 설치기준

배기구를 직접 외부로 향하도록 개방해 실외에 설치하여 분진 등이 작업장으로 재유입되지 않는 구조로 할 것   "끝"

문제 09 전리방사선에 관한 다음 사항을 쓰시오.

물음 1) 유효선량의 정의
2) 산업안전보건기준에 관한 규칙에 따라 근로자의 건강장해를 예방하기 위하여 방사성 물질의 밀폐 등 필요한 조치를 하여야 하는 업무 5가지
3) 결정적 영향(Deterministic Effects)에 의한 건강장해 5가지

풀이 1) 유효선량의 정의

특정 개인에게 인체의 조직이 방사선에 조사되는 경우 상대적 위험도를 반영한 피폭자의 전체적 생물학적 영향을 평가하기위한 방사선량

2) 산업안전보건기준에 관한 규칙에 따라 근로자의 건강장해를 예방하기 위하여 방사성 물질의 밀폐 등 필요한 조치를 하여야 하는 업무 5가지

① X선 장치의 제조·사용 또는 X선이 발생하는 장치의 검사 업무
② 방사성 물질이 정치되어 있는 기기의 취급 업무
③ 원자로를 이용한 발전 업무
④ 갱 내에서의 핵원료물질의 채굴 업무
⑤ 그 밖에 방사선 노출이 우려되는 기기 등의 취급 업무

3) 결정적 영향(Deterministic Effects)에 의한 건강장해 5가지

① 피부괴사, 발적 등
② 소화기계 괴사에 의한 궤양
③ 생식기계 이상에 의한 불임, 정자수 감소
④ 수정체 이상에 의한 혼탁
⑤ 폐렴, 폐섬유증 등 호흡기계 이상   "끝"

2021년

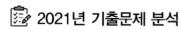 2021년 기출문제 분석

분야		기출문제
분석화학	단답	—
	논술	—
작업환경 관리	단답	1. 산업안전보건기준에 관한 규칙상 사업주가 근로자에게 작업을 시작하기 전 해당 물질이 급성 독성을 일으키는 물질임을 알려야 하는 관리대상 유해물질을 5가지만 쓰시오.
	논술	1. 산업안전보건기준에 관한 규칙상 공기매개 감염병 예방조치 등에 관한 다음 사항을 쓰시오.
직업건강과 안전	단답	1. 다음 설명에 해당하는 미국산업위생전문가협의회(ACGIH)의 생물학적 노출지수(Biological Exposure Indices, BEIs)의 표기항목(Notation)을 각각 쓰시오.
	논술	—
환기	단답	1. 국소배기장치의 설치, 운용 및 검사와 관련하여 다음 설명에 해당하는 용어를 각각 쓰시오.
	논술	1. 고용노동부 고시에 따른 국소배기장치의 검사기준 및 안전검사에 관한 다음 사항을 쓰시오.
시료채취 분석	단답	—
	논술	1. 작업환경측정의 시료채취와 분석과정에서 발생하는 오차에 관한 다음 사항을 쓰시오.
작업환경 측정 · 분석	단답	1. 산업안전보건법령상 작업환경측정 대상 유해인자 중 인듐(CAS No. 7440−74−6)에 관한 다음 사항을 쓰시오. 2. 산업안전보건법령상 허용기준 이하 유지 대상 유해인자인 1,2-디클로로프로판(CAS No. 78−87−5)에 대한 작업환경 측정 · 분석 기술지침에 따른 다음 사항을 쓰시오.
	논술	—
산업안전 보건법	단답	—
	논술	1. 산업안전보건법령에 따라 도급의 제한, 도급인의 안전조치 및 보건조치 등에 관한 다음 사항을 쓰시오.

※ 다음 단답형 5문제에 모두 답하시오. (각 5점)

문제 01 국소배기장치의 설치, 운용 및 검사와 관련하여 다음 설명에 해당하는 용어를 각각 쓰시오.

물음
1) 공기가 덕트로 유입될 때 개구부 바로 뒤쪽에서 난류가 발생하면서 기류의 단면적이 수축하는 현상
2) 송풍기 시스템의 손실을 최소화하기 위하여 송풍기 입구의 덕트 길이는 덕트 직경의 6배 이상 직관으로 하고 출구의 덕트 길이는 덕트 직경의 3배 이상을 직관으로 사용해야 한다는 규칙
3) 송풍량은 회전수에 비례, 송풍기 정압은 회전수 제곱에 비례, 동력의 변화는 회전수 세제곱에 비례한다는 법칙
4) 배출구와 공기를 유입하는 흡입구는 서로 15m 이상 떨어져야 하고, 배출구의 높이는 지붕 꼭대기나 공기유입구보다 위로 3m 이상 높게 해야 하며, 배출되는 공기는 재유입되지 않도록 배출가스 속도를 15m/sec 이상 유지해야 한다는 규칙
5) 사이클론의 분진상자 또는 Multi clone의 호퍼부분에 설치하여 처리 배기량의 5~10%를 흡입시키면 사이클론 내 집진된 분진의 난류현상을 억제하여 비산을 방지함으로써 집진효율이 높아지는 효과

풀이
1) 베나수축(Vena Contractor)
2) Six in and Three Out
3) 송풍기 상사법칙(Law of Similarity)
4) 15－3－15 규칙
5) 블로 다운(Blow Down)   "끝"

문제 02 산업안전보건기준에 관한 규칙상 사업주가 근로자에게 작업을 시작하기 전 해당 물질이 급성 독성을 일으키는 물질임을 알려야 하는 관리대상 유해물질을 5가지만 쓰시오.

풀이 ① 벤젠

② 트리클로로에틸렌

③ 아크릴아키드

④ 디메틸포름아미드

⑤ 퍼크로로에틸렌   "끝"

문제 03 산업안전보건법령상 작업환경측정 대상 유해인자 중 인듐(CAS No.7440 − 74 − 6)에 관한 다음 사항을 쓰시오.

물음 1) TWA 노출기준(mg/m³)

2) 생물학적 노출지표의 시료채취 검체 종류명과 그 채취시기

3) 생물학적 노출지표 물질명

풀이 1) TWA 노출기준(mg/m³)

① 고용노동부 : $0.01mg/m^3$

② ACGIH : $0.1mg/m^3$

③ NIOSH : $0.1mg/m^3$

2) 생물학적 노출지표의 시료채취 검체 종류명과 그 채취시기

① 시료채취 검체 : 혈액

② 채취시기 : 상시

3) 생물학적 노출지표 물질명

혈액 중 인듐   "끝"

문제 04 산업안전보건법령상 허용기준 이하 유지 대상 유해인자인 1,2-디클로로프로판(CAS No. 78-87-5)에 대한 작업환경측정·분석 기술지침에 따른 다음 사항을 쓰시오.

물음 1) 시료채취매체 2가지
2) 시료채취매체의 전처리에 필요한 탈착용매 2가지
3) 분석에 필요한 기기명

풀이 1) 시료채취매체 2가지
    ① Coconut Shell Charcoal Tube, 100mg/50mg
    ② Anasorb Tube, 140mg/70mg
2) 시료채취매체의 전처리에 필요한 탈착용매 2가지
    ① Coconut Shell Charcoal Tube : 1mL, CS_2
    ② Anasorb Tube, 1mL, 15%(v/v) Acetone/Cyclohexane 40mg/70mg
3) 분석에 필요한 기기명 : 가스크로마트그래피
    • Coconut Shell Charcoal Tube : Flame Ionization Detector
    • Anasorb Tube : Electron Capture Detector   "끝"

문제 05 다음 설명에 해당하는 미국산업위행전문가협의회(ACGIH)의 생물학적 노출지수(Biological Exposure Indices, BEIs)의 표기항목(Notation)을 각각 쓰시오.

물음 1) 직업적으로 노출되지 않은 근로자의 생물학적 검체에서도 동 결정인자가 상당해 검출될 수 있다는 것을 나타내는 것(즉, 직업으로 인한 노출뿐만 아니라 다른 생활 활동에서도 노출이 있다는 의미)
2) 충분한 자료가 없어 BEIs가 설정되지 않았다는 의미
3) 동 화학물질뿐만 아니라 다른 화학물질의 노출에서도 이 결정인자가 나타날 수 있다는 의미
4) 결정인자가 동 화학물질에 노출되었다는 지표일 뿐이고 측정치를 정량적으로 해석하는 것은 곤란하다는 의미

풀이 1) B(Back Ground)
2) Nq(No Quantitatively)
3) Ns(Non Specific)
4) Sq(Semi Quantitatively)   "끝"

※ 다음 논술형 2문제에 모두 답하시오. (각 25점)

문제 06 산업안전보건법령에 따라 도급의 제한, 도급인의 안전조치 및 보건조치 등에 관한 다음 사항을 쓰시오.

물음 1) 관계수급인 근로자가 도급인의 사업장에서 작업을 하는 경우 도급인의 이행사항 5가지
2) 안전 및 보건에 관한 평가의 내용에서 종합평가의 평가항목 5가지
3) 안전 및 보건에 관한 협의체가 협의해야 하는 사항 5가지
4) 도급인이 작업장의 안전 및 보건에 관한 점검을 할 때 구성해야 하는 점검반의 인력구성 3가지
5) 도급인의 안전 · 보건 정보제공 등과 관련하여 토사 · 구축물 · 인공구조물 등의 붕괴 우려가 있는 장소에서 이루어지는 작업을 도급하는 자가 해당 도급작업이 시작되기 전까지 수급인에게 제공해야 하는 문서에 적어야 하는 사항 3가지

풀이 1) 도급인의 이행사항 5가지
   ① 협의체의 구성 및 운영
   ② 작업장 순회점검
   ③ 안전보건교육을 위한 장소와 자료의 제공
   ④ 안전보건교육의 실시 확인
   ⑤ 위생시설의 설치 등을 위해 필요한 장소의 제공

2) 종합평가의 평가항목 5가지
   ① 작업조건 및 작업방법에 대한 평가
   ② 유해 · 위험요인에 대한 측정 및 분석
   ③ 보호구, 안전 · 보건장비 및 작업환경 개선시설의 적정성
   ④ 유해물질의 사용 · 보관 · 저장, 물질안전보건자료의 작성, 근로자 교육 및 경고표시 부착의 적정성
   ⑤ 수급인의 안전보건관리능력 적정성

3) 안전 및 보건에 관한 협의체가 협의해야 하는 사항 5가지
   ① 작업 시작시간
   ② 작업장 간 연락방법
   ③ 재해발생 위험 시 대피방법
   ④ 위험성 평가의 실시에 관한 사항
   ⑤ 사업주와 수급인 또는 수급인 상호 간 연락방법

4) 점검반의 인력구성 3가지

① 도급인

② 관계수급인

③ 도급인 및 관계수급인의 근로자 각 1명

5) 수급인에게 제공해야 하는 문서에 적어야 하는 사항 3가지

① 화학설비 및 그 부속설비에서 제조·사용·운반 또는 저장하는 위험물질 및 관리대상 유해물질의 명칭과 그 유해성·위험성

② 안전·보건상 유해하거나 위험한 작업에 대한 안전·보건상의 주의사항

③ 안전·보건상 유해하거나 위험한 물질의 유출 등 사고가 발생한 경우에 필요한 조치의 내용

"끝"

문제 07 고용노동부 고시에 따른 국소배기장치의 검사기준 및 안전검사에 관한 다음 사항을 쓰시오.

물음 1) 국소배기장치 중 후드의 설치의 검사기준 내용 5가지

2) 국소배기장치 중 덕트의 댐퍼의 검사기준 내용 3가지

3) 국소배기장치 중 배풍기의 검사기준 내용 3가지

4) 자율검사프로그램을 인정받기 위해 보유하여야 할 검사장비 5가지

5) 국소배기장치의 안전검사 적용대상 유해물질 중 5가지

6) 위 5)와 관련하여 국소배기장치의 안전검사 적용이 제외되는 경우

풀이 1) 국소배기장치 중 후드의 설치의 검사기준 내용 5가지

① 유해물질 발산원마다 후드가 설치되어 있을 것

② 후드 형태가 해당 작업에 방해를 주지 않을 것

③ 후드 형태가 유해물질을 흡인하기에 적절한 형식과 크기를 갖출 것

④ 근로자의 호흡위치가 오염원과 후드 사이에 위치하지 않을 것

⑤ 후드가 유해물질 발생원 가까이에 위치할 것

2) 국소배기장치 중 덕트의 댐퍼의 검사기준 내용 3가지

① 댐퍼가 손상되지 않고 정상적으로 작동될 것

② 댐퍼가 해당 후드의 적정제어속도 또는 필요풍량을 가지도록 적절하게 개폐되어 있을 것

③ 댐퍼 개폐방향이 올바르게 표시되어 있을 것

3) 국소배기장치 중 배풍기의 검사기준 내용 3가지

① 배풍기 또는 모터의 기능을 저하시키는 파손, 부식, 기타 손상이 없을 것

② 배풍기 케이싱, 임펠러, 모트 등에서의 이상음 또는 이상진동이 발생하지 않을 것

③ 각종 구동장치, 제어반 등이 정상적으로 작동될 것

4) 자율검사프로그램을 인정받기 위해 보유하여야 할 검사장비 5가지

　① 스모그테스터

　② 청음기 또는 청음봉

　③ 표면온도계 또는 초자온도계

　④ 정압프로브가 달린 열선풍속계

　⑤ 회전속도 측정기

5) 국소배기장치의 안전검사 적용대상 유해물질 중 5가지

　① 베릴륨

　② 디아니시딘과 그 염

　③ 디클로벤지딘과 그 염

　④ 크롬광

　⑤ 황화니켈

6) 위 5)와 관련하여 국소배기장치의 안전검사 적용이 제외되는 경우

　최근 2년간 작업환경측정결과 노출기준 50% 미만인 경우　　"끝"

※ 다음 논술형 2문제 중 1문제를 선택하여 답하시오. (각 25점)

문제 08 산업안전보건기준에 관한 규칙상 공기매개 감염병 예방조치 등에 관한 다음 사항을 쓰시오.

물음 1) 근로자의 공기매개 감염병을 예방하기 위한 사업주의 조치사항 4가지

2) 근로자가 공기매개 감염병이 있는 환자와 접촉하는 경우에 감염을 방지하기 위한 사업주의 조치사항 4가지

3) 공기매개 감염병 환자에 노출된 근로자에 대한 사업주의 조치사항 4가지

풀이 1) 근로자의 공기매개 감염병을 예방하기 위한 사업주의 조치사항 4가지

　① 감염병 예방을 위한 계획의 수립

　② 보호구 지급과 예방접종 등 감염병 예방을 위한 조치

　③ 감염병 발생 시 원인지소와 대책수립

　④ 감염병 발생 근로자에 대한 적절한 처치

2) 근로자가 공기매개 감염병이 있는 환자와 접촉하는 경우에 감염을 방지하기 위한 사업주의 조치사항 4가지

　① 근로자에게 결핵균 등을 방지할 수 있는 보호마스크를 지급하고 착용토록 할 것

　② 면역이 저하되는 등 감염의 위험이 높은 근로자는 전염성이 있는 환자와의 접촉을 제한할 것

③ 가래를 배출할 수 있는 결핵환자에게 시술을 하는 경우 적절한 환기가 이루어지는 격리실에서 실시토록 할 것

④ 임신한 근로자는 풍진·수두 등 선천성 기형을 유발할 수 있는 감염병 환자와의 접촉을 제한할 것

3) 공기매개 감염병 환자에 노출된 근로자에 대한 사업주의 조치사항 4가지

① 공기매개 감염병의 증상 발생 즉시 감염 확인을 위한 검사를 받도록 할 것

② 감염이 확인되면 적절한 치료를 받도록 조치할 것

③ 풍진·수두 등에 감염된 근로자가 임신부인 경우에는 태아에 대하여 기형 여부를 검사받도록 할 것

④ 감염된 근로자가 동료 근로자 등에게 전염되지 않도록 적절한 기간 동안 접촉을 제한하도록 할 것   "끝"

문제 09 작업환경측정의 시료채취와 분석과정에서 발생하는 오차에 관한 다음 사항을 쓰시오.

물음 1) 오차를 일으킬 수 있는 요인 중 5가지
2) 총(누적)오차 계산식
3) 총(누적)오차를 최소화하기 위한 방법

풀이 1) 오차를 일으킬 수 있는 요인 중 5가지
① 채취효율
② 측정시간
③ 방해물질
④ 측정장치의 공기 누설
⑤ 시료·채취·운반·보관 시 시료의 안정성

2) 총(누적)오차 계산식

총오차$(E_c) = \sqrt{E_1{}^2 + \cdots + E_n{}^2}$

$E_1, \cdots, E_n$: 각각 요소에 대한 오차

3) 총(누적)오차를 최소화하기 위한 방법
오차 절댓값이 큰 항목부터 개선한다.   "끝"

2020년

분야		기출문제
분석화학	단답	–
	논술	–
작업환경 관리	단답	–
	논술	1. 작업환측정 및 정도관리 등에 관한 고시에 따르면 1일 작업시간이 8시간을 초과하는 경우에는 소음의 보정노출기준을 산출한 후 측정치와 비교하여 평가하여야 한다. 다음 사항을 쓰시오.
직업건강과 안전	단답	–
	논술	1. 미국산업위생학회(AIHA)에서 제안하고 있는 직업적 노출평가 및 관리전략에 관한 다음 물음에 답하시오.
환기	단답	1. 베르누이가 제시한 속도압(Velocity Pressure, VP)에 관한 설명이다. ( )에 들어갈 내용을 쓰시오[단, (ㄱ), (ㄴ), (ㄷ)의 경우, 속도, 중력가속도, 표준상태의 공기밀도 중에서 하나를 골라 각각 쓰시오]. 2. 덕트 합류 시 댐퍼(Damper)를 이용한 정압 균형 유지 방법의 장점 5가지를 쓰시오.
	논술	–
시료채취 분석	단답	1. 모표준편차(Population Standard Deviation, σ)와 시료표준편차(Sample Standard Deviation, S)를 구하는 식을 쓰시오. 2. 화학물질 및 물리적 인자의 노출기준에 따르면 화학물질이 2종 이상 혼재하는 경우에는 보통 유해작용의 가중으로 간주하여 아래 식에 따라 노출기준을 산출한다. 화학물질이 2종 이상 혼재할 때 아래 식을 적용하지 않는 경우를 쓰고, 이 경우 노출기준 초과 여부를 어떻게 판단하는지 설명하시오.
	논술	1. 작업환경측정 및 정도관리 등에 관한 고시에 따른 가스상 물질의 검지관 방식 측정에 관한 다음 사항을 쓰시오.
작업환경 측정·분석	단답	–
	논술	1. 작업환경측정 시료 중 금속 물질을 유도결합플라스마(ICP)를 이용하여 분석하고자 한다. 이때 사용하는 유도결합플라스마(ICP)에 관한 다음 물음에 답하시오.
산업안전 보건법	단답	1. 보호구 안전인증 고시에 따른 '특급 방진마스크'의 성능기준에 관한 다음 사항을 쓰시오.
	논술	–

※ 다음 단답형 5문제에 모두 답하시오. (각 5점)

문제 01 베르누이가 제시한 속도압(Velocity Pressure, VP)에 관한 설명이다. (   )에 들어갈 내용을 쓰시오[단, (ㄱ), (ㄴ), (ㄷ)의 경우, 속도, 중력가속도, 표준상태의 공기밀도 중에서 하나를 골라 각각 쓰시오].

> 속도압(VP)은 (ㄱ)에 비례, (ㄴ)의 제곱에 비례, (ㄷ)와 반비례 관계가 있다. 이러한 관계는 오염물질이 덕트에 퇴적되지 않고 운반되게 할 수 있는 (ㄹ) 산출에 중요하게 이용된다.

풀이 • (ㄱ) : 표준상태의 공기밀도
     • (ㄴ) : 속도
     • (ㄷ) : 중력가속도
     • (ㄹ) : 압력손실   *"끝"*

문제 02 덕트 합류 시 댐퍼(Damper)를 이용한 정압 균형 유지 방법의 장점 5가지를 쓰시오.

풀이 ① 설계 및 계산이 간편하다.
     ② 설치 후 최소 설계풍량으로 평형유지 및 송풍량의 조절이 용이하다.
     ③ 시설설치 후 변경이 용이하다.
     ④ 덕트 크기 및 반송속도의 유지가 가능하다.
     ⑤ 덕트의 압력손실이 클 때 유용하다.

참고 총 압력손실 계산에 필요한 설계방법
• 덕트 내의 공기흐름은 압력손실이 가능한 한 최소가 되도록 설계되어야 하며, 후드, 충만실, 직선 덕트, 혹대 또는 축소관, 곡관, 공기정화장치 및 배기구 등의 압력손실과 합류관의 접속각도 등에 의한 압력손실이 포함되어야 한다.
• 또한 주 덕트와 가지 덕트의 연결점에서 각각의 압력손실의 차가 10% 이내가 되도록 압력평형이 유지되도록 해야 한다.

구분	유속조절평형법	댐퍼조절평형법
특징	합류점의 정압이 동일하도록 저항에 따라 덕트 직경을 변경하는 방법	댐퍼에 의한 압력조정으로 평형을 유지하는 방법
적용 대상	분지관의 수가 적고 독성이 높은 물질이나 방사성 분진 및 폭발성 분진	분지관 및 배출원 수가 많고 덕트의 압력손실이 큰 경우
장점	• 침식, 부식, 분진 퇴적 등에 의한 덕트의 폐쇄가 없다. • 잘못된 분지관 및 최대저항 경로선정 등 문제점을 설계단계에서 쉽게 발견 가능하다. • 정확한 설계 시 효율적이다.	• 설계 및 계산이 간편하다. • 설치 후 최소 설계풍량으로 평형유지 및 송풍량의 조절이 가능하다. • 시설설치 후 변경이 용이하다. • 덕트 크기 및 반송속도의 유지가 가능하다. • 덕트의 압력손실이 클 때 유용하다.
단점	• 설계가 복잡하다. • 설치 후 최소 설계풍량으로 병형유지 및 송풍량의 조절이 어렵다. • 시설설치 후 변경이 어렵다. • 덕트 크기 및 반송속도의 유지가 어렵다. • 덕트의 압력손실이 적을 때 유용하다.	• 침식, 부식, 분진 퇴적 등에 의한 덕트의 폐쇄의 문제가 있다. • 잘못된 분지관 및 최대저항 경로선정 등 문제점을 설계단계에서 발견하기 어렵다. • 잘못된 댐퍼 설치 시 평형상태의 파괴가 유발된다.

"끝"

문제 03 모표준편차(Population Standard Deviation, σ)와 시료표준편차(Sample Standard Deviation, S)를 구하는 식을 쓰시오.

풀이 1) 모표준편차(σ)

$$\sigma = \sqrt{\frac{\sum (x_i - \mu)^2}{N}}$$

여기서, x_i : 측정치
μ : 측정치의 산술평균(모평균)
N : 측정치의 수

2) 시료표준편차(S)

$$S = \sqrt{\frac{\sum (x_i - \overline{x})^2}{N-1}}$$

여기서, $\overline{x}$: 측정치의 산술평균(표본평균)

"끝"

문제 04 보호구 안전인증 고시에 따른 '특급 방진마스크'의 성능기준에 관한 다음 사항을 쓰시오.

물음 1) 사용장소 2곳

2) 포집효율의 기준을 정할 때 사용하는 물질 2가지

3) 위 2가지 물질을 이용한 시험에서 배기밸브가 있는 안면부여과식 방진마스크의 포집효율(%)
기준

풀이 1) 사용장소 2곳

① 석면 취급장소

② 독성이 강한 베릴륨 등의 분진 발생장소

2) 포집효율의 기준을 정할 때 사용하는 물질 2가지

① 파라핀 오일

② 염화나트륨 에어로졸

3) 위 2가지 물질을 이용한 시험에서 배기밸브가 있는 안면부여과식 방진마스크의 포집효율(%)
기준

① 특급 : 99.95% 이상

② 1급 : 94.0% 이상

③ 2급 : 80.0% 이상

참고 1. 방진마스크의 등급별 사용장소

등급	특급	1급	2급
사용장소	베릴륨 등과 같이 독성이 강한 물질들을 함유한 분진 등 발생장소	• 특급마스크 착용장소를 제외한 분진 등 발생장소 • 금속흄 등과 같이 열적으로 생기는 분진 등 발생장소 • 기계적으로 생기는 분진 등 발생장소(규소 등과 같이 2급 방진마스크를 착용하여도 무방한 경우는 제외)	특급 및 1급 마스크 착용장소를 제외한 분진 등 발생장소
	배기밸브가 없는 안면부여과식 마스크는 특급 및 1급 장소에 사용해서는 아니된다.		

2. 포집효율

형태 및 등급		연화나트륨(NaCl) 파라핀오일(Paraffin Oil)시험(%)
안면부 여과식	특급	99.0 이상
	1급	94.0 이상
	2급	80.0 이상

형태 및 등급		연화나트륨(NaCl) 파라핀오일(Paraffin Oil)시험(%)
분리식	특급	99.95 이상
	1급	94.0 이상
	2급	80.0 이상

3. 분리식 마스크의 등급 및 유량별 차압기준

형태 및 등급		유량(l/min)	차압(Pa)
분리식	특급	30	120 이하
		95	420 이하
	1급	30	70 이하
		95	240 이하
	2급	30	60 이하
		95	210 이하

"끝"

문제 05 화학물질 및 물리적 인자의 노출기준에 따르면 화학물질이 2종 이상 혼재하는 경우에는 보통 유해작용의 가중으로 간주하여 아래 식에 따라 노출기준을 산출한다. 화학물질이 2종 이상 혼재할 때 아래 식을 적용하지 않는 경우를 쓰고, 이 경우 노출기준 초과 여부를 어떻게 판단하는지 설명하시오.

$$\frac{C_1}{T_1} + \frac{C_2}{T_2} + \cdots + \frac{C_n}{T_n}$$

여기서, C : 화학물질 각각의 측정치
T : 화학물질 각각의 노출기준

풀이 1) 화학물질이 2종 이상 혼재할 때 아래 식을 적용하지 않는 경우
2종 이상의 물질 간 유해성이 인체의 서로 다른 부위에 작용한다는 증거가 있는 경우

2) 화학물질이 2종 이상 혼재할 때 아래 식을 적용하지 않는 경우 노출기준 초과 여부 판단방법
2종 이상 혼재 물질 중 1종이라도 노출기준 초과 시   "끝"

※ 다음 논술형 2문제에 모두 답하시오. (각 25점)

문제 06 미국산업위생학회(AIHA)에서 제안하고 있는 직업적 노출평가 및 관리전략에 관한 다음 물음에 답하시오.

물음 1) 전략의 구성 항목들을 도식화하여 나타내시오.

2) 노출평가 전략 중 순응 모니터링(Compliance Monitoring)과 포괄적 노출평가(Comprehensive Exposure Assessment)에 관하여 설명하시오.

3) 포괄적 노출평가의 장점 4가지만 쓰시오.

풀이 1) 전략의 구성 항목 도식화

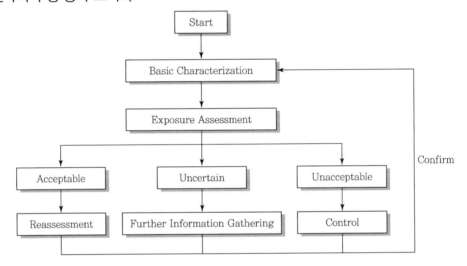

2) 노출평가 전략 중 순응 모니터링과 포괄적 노출평가

① 순응 모니터링 : 모니터링 관련규정이 철저히 이행되도록 통제하에 실시하는 평가방법

② 포괄적 노출평가 : 모니터링 관련규정의 준수 외 실질적 평가가 이루어지도록 포괄적으로 평가하는 방법

3) 포괄적 노출평가의 장점 4가지

① 위험성 평가 결과를 근거로 측정주기 조정이 가능하다.

② 측정대상과 측정시기의 조정으로 가장 취약한 작업조건을 반영할 수 있다.

③ 측정전략의 포괄적 수립이 가능하다.

④ 위험성 평가에 근거한 작업환경측정 전략수립이 가능하다.   "끝"

문제 07 작업환경측정 시료 중 금속 물질을 유도결합플라스마(ICP)를 이용하여 분석하고자 한다. 이때 사용하는 유도결합플라스마(ICP)에 관한 다음 물음에 답하시오.

물음 1) 분석원리를 설명하시오.
2) 장점 3가지만 쓰시오.
3) 단점 3가지만 쓰시오.

풀이 1) 분석원리

원자분광광도계를 이용해 시료 중 들어있는 무기원소를 분석하는 원리로서

① 원자나 이온에 열을 가하면 들뜬 상태가 된다.

② 들뜬 상태가 되면 불안정해지므로 다시 원래상태로 돌아가려 한다.

③ 다시 원래상태로 돌아갈 때 빙출하는 에너지가 나르기 때문에 이 에너지를 검출하는 원리가 유도결합플라스마 원리이다.

2) 장점 3가지

① 적은 양의 시료로 많은 금속의 분석이 가능하다.

② 한 번의 시료 주입으로 20초 이내에 30개 이상의 원소분석이 가능하다.

③ 화학물질의 영향을 받지 않는다.

3) 단점 3가지

① 이온화 에너지가 낮은 원소들이 공존하는 경우 다른 금속의 이온화에 방해가 된다.

② 유지관리 비용이 많이 소요된다.

③ 높은 온도에서 원자의 복사선이 방출되므로 분광학적 영향이 있다.   "끝"

※ 다음 논술형 2문제 중 1문제를 선택하여 답하시오. (각 25점)

문제 08 작업환경측정 및 정도관리 등에 관한 고시에 따른 가스상 물질의 검지관 방식 측정에 관한 다음 사항을 쓰시오.

물음 1) 검지관 방식으로 측정할 수 있는 경우 3가지
2) 검지관 방식으로 측정할 때 측정 위치
3) 작업시간을 고려한 측정 방법
4) 자격자가 해당 사업장에 대하여 검지관 방식으로 측정했음에도 불구하고 개인시료채취기나 가스크로마토그래피 등으로 측정 및 분석을 해야 하는 경우 2가지

풀이 1) 검지관 방식으로 측정할 수 있는 경우 3가지
① 예비조사 시
② 다른 측정방법이 없는 경우
③ 발생되는 물질이 가스상 단일물질인 경우

2) 검지관 방식으로 측정할 때 측정 위치
해당 작업근로자의 호흡기 및 가스상 물질 발생원에 근접위치 또는 근로자 호흡기 높이에서 측정

3) 작업시간을 고려한 측정 방법
① 1일 작업시간 동안 1시간 간격으로 6회 이상 측정
② 측정시간마다 2회 이상 반복 측정해 평균값 산정
③ 가스상 물질 발생시간이 6시간 이내인 경우 작업시간 동안 1시간 간격으로 측정

4) 자격자가 해당 사업장에 대하여 검지관 방식으로 측정했음에도 불구하고 개인시료채취기나 가스크로마토그래피 등으로 측정 및 분석을 해야 하는 경우 2가지
① 2년에 1회 이상 위탁측정기관에 외뢰해 측정하는 경우
② 측정결과가 노출기준을 초과한 경우

참고 1. 검지관
① 측정대상 기체의 농도를 가장 저렴하게 측정할 수 있는 방법으로, 대상 기체에 반응해 변색하는 입자상의 검지제를 일정 내경의 유리관에 긴밀히 충전해 양단을 용봉하여 그 유리관의 표면에 농도 눈금을 인쇄한 것이다.
② 충전하는 검지제는 건조제 등에 사용되고 있는 실리카겔이나 알루미나 등의 입체에 시약을 코팅하고, 엄격한 조제 기준에 합격한 것만 사용해야 한다. 이때 코팅하는 시약은 측정대상 기체에만 반응하여 선명한 변색층을 나타내고 장시간에 걸쳐 안정된 것을 엄선하여야 정확한 측정이 가능하다.

③ 특징
- 간단하게 조작하여 누구나 단시간에 측정할 수 있다.
- 눈금을 그대로 읽어내기만 하면 알기 쉬운 직독식이다.
- 흡입량을 조정하여 폭넓은 측정 범위를 커버할 수 있다.
- 엄격하게 정확성을 유지하기 위하여 제조로트마다 시험을 거쳐 눈금위치를 결정한다.
- 각각에 QC No.를 인쇄한다.
- 장기 안정성이 뛰어나며, 긴 유효기간을 가지고 있다.

2. 기체 채취기
① 일정량의 시료 기체를 검지관으로 환기시키기 위한 흡인 펌프
② 자전거의 공기 주입과 정반대의 역할로서 완전히 밀어 넣은 핸들을 단번에 당김으로써 실린더 내에 진공상태를 만들고 접속한 검지관을 통해 시료기체를 급속히 흡인하는 기능을 갖고 있다.
③ 측정기의 분류에서는 실린더형 진공방식이라고 하며 가스텍 GV-100형 기체 채취기는 중량 약 250g, 내용적 100mL의 들기 쉬운 설계가 특징이다.
④ 가스텍 단시간용 검지관의 대부분이 이 기체 채취기 한 대로 사용할 수 있다.   "끝"

문제 09 작업환측정 및 정도관리 등에 관한 고시에 따르면 1일 작업시간이 8시간을 초과하는 경우에는 소음의 보정노출기준을 산출한 후 측정치와 비교하여 평가하여야 한다. 다음 사항을 쓰시오.

물음 1) 소음의 보정노출기준 계산식
2) 1일 10시간 작업 시 소음의 보정노출기준(단, 소수점 둘째 자리에서 반올림)
3) 1일 10시간 작업한 근로자에 대한 등가소음레벨이 85dB(A)인 경우, 노출기준 초과 여부

풀이 1) 소음의 보정노출기준 계산식

$$\text{소음의 보정노출기준[dB(A)]} = 16.61\log\left(\frac{100}{12.5 \times h}\right) + 90$$

2) 1일 10시간 작업 시 소음의 보정노출기준(단, 소수점 둘째 자리에서 반올림)

$$16.61\log\left(\frac{100}{12.5 \times h}\right) + 90 = 16.61\log\left(\frac{100}{12.5 \times 10}\right) + 90$$
$$= 88.39 ≒ 88.4\text{dB(A)}$$

3) 1일 10시간 작업한 근로자에 대한 등가소음레벨이 85dB(A)인 경우, 노출기준 초과 여부
85dB(A)가 보정노출기준 88.4dB(A)보다 낮으므로 노출기준을 초과하지 않는다.

참고 1. 데시벨(decibel, dB)

데시벨은 상댓값으로 비교 대상의 몇 배의 크기인가를 나타내는 단위로서 '양'의 크기를 비교하기 위해 대수를 사용해 나타낸 비율의 단위이다.

데시벨은 $dB = 10 \times \log_{10} \dfrac{P1}{P0}$로 나타낼 수 있다. 예를 들면 $P1$이 100이고, $P0$가 10이면 10dB(10배)이다. 여기에서 P는 압력(Pressure)이 아니라 전력(Power)을 말한다.

음압으로 변환하려면 '옴의 법칙'에 의해 다음 식으로 변환된다.

$$dB = 20 \times \log_{10} \frac{P1}{\mathrm{Pr}ef}$$

소리의 데시벨은 $\mathrm{Pr}ef$를 고정한다는 점으로 절대적인 비교를 위해 $\mathrm{Pr}ef$는 1,000Hz에서 보통 사람이 들을 수 있는(가청) 가장 작은 소리로 설정한다(20μPa). $\mathrm{Pr}ef$를 고정하고 음압을 계산한 후에는 단위로 dB가 아닌 dB SPL(음압 레벨, Sound Pressure Level)로 기재한다.

20dB SPL 차이는 실제 물리적인 음압이 10배 차이와 같다. 물리적인 음압을 사용하지 않고 dB SPL를 이용하는 이유는 실제 우리가 들을 때 느끼는 정도가 dB SPL로 더 잘 설명되기 때문이다. 물리적인 음압이 2배 차이가 난다고 하여 실제 우리가 듣기에 2배로 들리지는 않으며, dB SPL 차이가 선형 관계로 실제 인간이 듣는 정도를 잘 표현한다. 이러한 점에서 청력 건강에 대한 영향도 동일하다(실제 기준 음압과의 로그 스케일에 의한 레벨 차이가 현실을 더 잘 반영하기 때문).

$$dB\ SPL = 20 \times \log_{10} \frac{\text{측정음압}}{0.00002}$$

2. 일반적인 소음의 크기

dB 수준	체감상태	생활환경
20	쾌적	조용한 바람소리
30	수면에 영향 없음	조용한 전원풍경
35	수면에 영향 없음	공원
40	수면의 질 저하	주택의 거실
50	호흡, 맥박수 증가	조용한 사무실
60	만성노출 시 건강영향	보통수준의 대화
70	집중력 저하	전화벨소리
80	청력장애 시작점	지하철 소음
90	직업성 난청 시작점	소음발생 공장 내 작업장
100	단시간 노출 시 일시적 난청	착암기 굴착장 주변

"끝"

분석화학

001 원자

1 물질의 구성요소

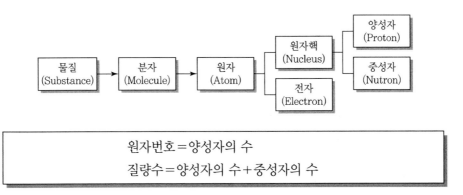

$$원자번호 = 양성자의\ 수$$
$$질량수 = 양성자의\ 수 + 중성자의\ 수$$

2 주기율표

1 H 1.008				번호 **기호** 원자량				2 He 4.003
3 Li 6.94	4 Be 9.01	5 B 10.81	6 C 12.01	7 N 14.01	8 O 16.00	9 F 19.00		10 Ne 20.18
11 Na 22.99	12 Mg 24.31	13 Al 26.98	14 Si 28.09	15 P 30.97	16 S 32.07	17 Cl 35.45		18 Ar 39.95
19 K 39.10	20 Ca 40.08		32 Ge 72.61	33 As 74.92		35 Br 79.90		
			50 Sn 118.7	51 Sb 121.8		53 I 126.9		
			82 Pb 207.2	83 Bi 209.0				

③ 원자의 구조

(1) 원자는 한 개의 원자핵과 원자핵 주위를 돌고 있는 전자들로 이루어져 있다.

(2) 원자핵은 양성자와 중성자로 구성되어 있다.

(3) 양성자의 질량은 1.6725×10^{-24}g이다.

(4) 중성자는 전하를 갖지 않으며, 질량은 1.6749×10^{-24}g이다.

(5) 전자는 음전하를 가지며, 질량은 9.1094×10^{-28}g이다.

(6) 각 원자의 원자번호는 핵 속에 들어 있는 양성자의 수와 동일하다.

(7) 질량수는 전자의 질량이 양성자에 비해 작으므로 무시하고 원자핵에 포함되어 있는 양성자의 수와 중성자의 수를 합한 것이다.

(8) 양성자와 전자가 가지는 전하의 절댓값은 동일하다.

(9) 각 원자가 안정한 상태가 되기 위해서는 양성자의 수와 전자의 수가 같아야 한다.

> 원자번호＝양성자의 수
>
> 질량수＝양성자의 수＋중성자의 수

④ 원자량

(1) 동일 원소인 경우라도 질량이 다른 원자가 존재하는데, 원자번호는 동일하고 질량이 서로 다른 원소를 동위원소라 한다.

(2) 자연에 존재하는 원소의 평균 원자량을 원자질량단위(amu)로 표시한 것을 원자량이라 부른다.

$$1\text{amu} = \frac{12}{6.022 \times 10^{23}} \times \frac{1}{12} = 1.66057 \times 10^{24}\text{g}$$

(3) 대부분 원소의 원자량은 원자번호의 2배와 같다.

분자와 이온

1 정의

(1) 분자

같은 원소나 서로 다른 원소의 원자들이 화학결합으로 강하게 결합된 여러 원자의 집합체로 분자들은 서로 강하게 묶여 있지 않으므로 독립된 입자로 행동한다.

(2) 이온

① 원자나 분자가 전자를 잃거나 얻으면 전하를 띠게 되며, 양전하나 음전하로 하전된 것을 이온이라 한다.

② 중성원자나 분자로부터 전자가 제거될 경우 양성자가 남아있는 전자보다 많으므로 양전하를 띠는 양이온이 생성되며, 한 원자가 전자를 얻어 양성자보다 더 많은 전자를 가지면 그 원자는 음전하를 가지는 음이온이 된다.

2 분자량(molecular)과 몰(mole)

(1) 분자량(Molecular weight, Mw)

화합물의 화학식에 표시된 원자들의 원자량을 전부 더한 값으로 원자질량단위(amu)로 표시한다.

예를 들어 아세트산의 분자량은

$$
\begin{array}{ll}
CH_3COOH & C : 2원자 \times 12.011\text{amu}/원자 = 24.022\text{amu} \\
& H : 4원자 \times \ 1.008\text{amu}/원자 = \ 4.032\text{amu} \\
& O : 2원자 \times 15.994\text{amu}/원자 = 31.988\text{amu} \\
\hline
& 아세트산의\ 분자량 \qquad\qquad = 60.042\text{amu}
\end{array}
$$

(2) g(gram)의 사용

원자와 분자의 질량을 말할 때 원자량단위(amu)를 사용해야 하나 물질의 무게를 원자량단위로 표현하기가 어려우므로 화학자들이 g을 사용하기로 하여 인용되고 있다.

(3) Avogadro수(Avogadro's Number, NA)

어떤 물질 1몰은 Avogadro수만큼의 물질을 포함하고 있다는 의미로 사물의 수를 세는 단위이다.

1몰(mole)은 정확하게 $^{12}_{6}C$ 12.00g 속에 포함되어 있는 탄소 원자 수와 같은 개수를 포함하는 물질의 양으로 정의한다. 예를 들면 1몰의 황산 속에는 12.00g의 $^{12}_{6}C$ 속에 포함되어 있는 탄소 원자와 같은 수의 황산 분자를 포함하고 있다. 12.00g 속에 포함되어 있는 $^{12}_{6}C$의 원자 수는 6.022×10^{23}개이고 이 수를 Avogadro수(Avogadro's Number, NA)라고 한다.

1 개요

물질의 구성성분을 검출 및 확인하고 각 성분의 양을 측정하는 방법으로 정성적 분석과 정량적 분석으로 구분된다.

산업현장의 유해위험물질을 측정분석하는 방법상 시료에 들어있는 분석대상 물질이 무엇인지를 확인하는 것을 정성분석, 시료에 존재하는 화학종의 양을 결정하는 것을 정량분석이라 한다.

2 분류

분류		분석방법
정성분석	건식법	• 고체 상태인 시료에서 성분을 검출하는 방법 • 불꽃반응이 대표적 • 양이온이나 음이온의 보조적 확인실험 • 예비시험이라고도 함
	습식법	• 시료를 액체에 녹여 성분 및 조성을 준비한 다른 물질에 넣어 화학반응을 유도해 침전시킨 후, 침전물을 분리시켜 물질의 성질을 검사하는 방법 • 계통적 분석법 • Noyes(H_2S)법, Na_2S 법이 있다.
정량분석	부피분석	• 산−염기 적정법 • 산화−환원 적정법 • 킬레이트 적정법(Chelatometric Titration) • 침전 적정법
	기기분석	• 전기적 방법 • 광학적 방법

004 시료채취 방법

1 고체시료

액체와 같이 균일한 물질인 경우 큰 문제는 없지만 광석과 같이 균일하지 않은 경우 대표성 시료를 채취하는 것은 매우 어렵다. 특히 균일하지 않은 큰 입자, 균일하지만 크기가 작은 입자, 고체표면의 오염물질의 시료채취는 비교적 어렵다.

(1) 광석과 같은 불균일 입자의 경우

덩어리가 클수록 균일성이 적어진다.

```
┌─────────────────────────────────────────┐
│        무작위로 채취해 분쇄기 및 막자사발로        │
│     시료 덩어리를 작게 만들며 시료를 균일하게 한다.   │
└─────────────────────────────────────────┘
                      ↓
┌─────────────────────────────────────────┐
│        불순물, 물, 산화, 휘발물의 손실을 주의한다.     │
└─────────────────────────────────────────┘
                      ↓
┌─────────────────────────────────────────┐
│          체를 사용해 입자를 일정하게 한다.          │
└─────────────────────────────────────────┘
```

(2) 알약이나 캡슐로 된 의약품

① 병에 들어있을 때 윗부분은 분해되었거나 변성의 가능성이 높다.
② 바닥부분 정제는 변화가 일어나지 않았을 가능성이 높다.

```
┌─────────────────────────────────────────┐
│  미국 FDA 기준에서는 표준시료가 되도록 20알 정도를 취한다.  │
└─────────────────────────────────────────┘
                      ↓
┌─────────────────────────────────────────┐
│              균일한 입자로 만든다.               │
└─────────────────────────────────────────┘
                      ↓
┌─────────────────────────────────────────┐
│         한 알의 무게와 같은 양을 취해 분석한다.         │
└─────────────────────────────────────────┘
```

(3) 액체를 납이나 카드뮴이 들어 있는 도자기 그릇에 담았을 때 오염되는 경우

미국 FDA 기준에서는 용출되는 납이나 카드뮴 양을 추출하기 위해 표준상태에서 표준액체를 사용한다. 예를 들어 식초와 조성이 비슷한 아세트산을 4%로 묽혀 도자기 그릇에 24시간 담갔다 용출되는 중금속을 분석한다.

☑ 액체시료

(1) 액체시료가 순수하거나 균일한 조성을 갖는 경우

① 적당한 부피 측정용 기구를 사용해 적당량을 취한다.

② 실험실에서는 피펫을 사용하며, 피펫은 깨끗이 닦아 말린 상태로 사용한다.

(2) 액체시료가 균일하지 않거나 현탁되어 있는 경우

① 시료를 충분히 흔들어 채취한다.

② 우유 속 마그네슘은 우유를 흔들어 균일한 상태로 하여 채취한다.

(3) 체액 채취 시

① 체액의 표본 시기를 고려한다.

② 특히 음식물을 섭취하면 혈액 중 여러 가지 화학성분이 증가하기 때문에 음식물 섭취 후 체액의 채취는 의미가 없다.

③ 소변이나 혈액과 같은 생화학시료는 보관 시 변질억제를 위해 냉장고 등에 보관한다.

☑ 기체시료

(1) 시료채취 시 시료의 총부피를 측정할 수 있는 유량계를 사용해야 한다.

(2) 오염물질을 수집할 수 있는 시료채취기를 사용해야 한다(시료채취기에는 여과지나 흡수액을 사용하며, 대기시료채취는 효율이 100%가 될 수 없으므로 실제 운전조건에서 효율을 검증해야 한다).

(3) 시료채취기에 일정한 유량과 유속을 갖는 펌프를 사용한다.

(4) 대기시료는 어떻게, 어디서, 얼마동안, 얼마나 많은 지점에서 무엇을 채취하는가가 중요하다.

1 정의

(1) 용액

물질은 기체, 액체, 고체로 되어 있으며, 이 중 서로 같거나 다른 2상(Phase) 이상의 물질이 혼합된 것을 용액이라 한다. 용액은 기체, 액체, 고체용액의 3가지가 있다.

기체용액	기체에 기체, 고체 또는 액체가 섞여 균질한 혼합물이 된 것
액체용액	액체에 기체, 액체 또는 고체상 물질이 혼합되어 균일한 혼합물이 된 것이며 이것을 통상적으로 용액이라 한다.
고체용액	고체에 기체, 액체 또는 고체상의 물질이 혼합되어 균일한 혼합물이 된 것

(2) 용매

어떤 물질을 녹이는 데 쓰이는 액체를 말하며 용매(Solvent)라 한다.

(3) 용질

어떤 물질이 녹을 때 녹는 물질을 용질(Solute)이라 한다.

2 기체·액체·고체용액 구분

구분	용액	용매	용질
기체용액	공기	질소	산소, 아르곤
액체용액	탄산수	물	이산화탄소
	술	물	에탄올
	소금물	물	소금
고체용액	청동	구리	주석

1 정의

(1) 밀도

$$d = \frac{m}{V}$$

여기서, m은 질량, V는 부피

(2) 비중

$$비중 = \frac{물질의\ 밀도(g/mL)}{4℃\ 물의\ 밀도(g/mL)}$$

(3) 몰농도(Molarity, M)

용액 1L 중에 들어있는 용질의 g-분자량(mole)수로 표시하며, 단위는 M=mole/L

(4) 몰랄농도(Molality, M)

용매 1,000g 중 들어 있는 용질의 몰수

(5) 노말농도(Normality, N)

용매 1L 중에 들어 있는 용질의 g-당량수

(6) 몰분율(Mole Fraction)

용액을 구성하고 있는 전체 성분에 대해 특정 성분의 몰수를 용액의 총 몰수로 나눈 값

$$X_1 = \frac{성분\ 1의\ 몰수}{용액\ 전체의\ 몰수} = \frac{n_1}{n_1 + n_2}$$

$$X_2 = \frac{성분\ 2의\ 몰수}{용액\ 전체의\ 몰수} = \frac{n_2}{n_1 + n_2}$$

PART

03

작업환경관리

1 작업환경관리 전략 주요단계

(1) 시작단계에서는 노출평가의 전반적인 전략을 수립
(2) 작업장, 노동력, 환경인자에 대한 내용을 이해하기 위해서 자료를 수집하여 해당 작업장의 기본특성을 파악
(3) 기본특성에 관한 유용한 정보를 고려하여 노출평가를 실시
(4) 수집된 노출자료 및 건강영향 자료의 불확실성을 감안하여 추가정보의 우선순위를 결정
(5) 추가정보를 수집하여 불확실한 노출양상에 대한 판단을 높은 신뢰도로 해결
(6) 노출을 수용할 수 없는 경우는 해당 유해인자의 위해도(Risk) 우선순위에 입각하여 작업환경 개선 및 관리를 실시
(7) 노출에 대하여 포괄적인 재평가를 주기적으로 실시
(8) 평가결과에 대한 유해성 또는 위해성 주지(Hazard or Risk Communication)와 자료의 유지 및 연계를 위한 문서화(Documentation)

2 노출평가 전략

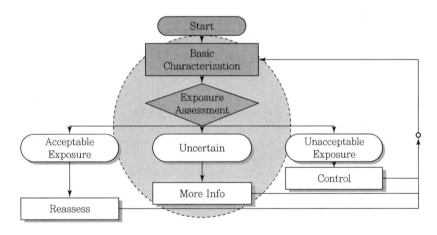

3 건강위해도에 따른 작업환경관리 전략

4 노출등급 결정

(1) 1단계 : 노출등급 결정

▼노출등급노출양상의 산술평균 추정을 근거로 한 노출등급과 직업적 노출기준의 95 백분위수의 추정을 근거로 한 노출등급

등급	내용
4	>장기간 평균 직업적 노출기준
3	장기간 평균 직업적 노출기준의 50~100%
2	장기간 평균 직업적 노출기준의 10~50%
1	<장기간 평균 직업적 노출기준의 10%

(2) 2단계 : 건강영향 등급 결정

① 각각의 유사노출군은 환경인자의 독성에 따라 건강영향 등급이 결정
② 건강영향 등급 추정방법은 다양하며 평가대상 작업장에 적합한 방법을 선정
③ 화학적 인자뿐만 아니라 소음, 방사선과 같은 물리적 인자와 생물학적 인자에 의한 병독성과 질병의 중증도에 따라 건강영향 등급을 설정할 수 있음
④ 미국 AIHA에서 사용하는 건강영향 등급의 예는 아래와 같음

▼AIHA의 건강영향 등급

등급	내용
4	생명을 위협하거나 장해를 주는 재해나 질병
3	비가역적인 건강영향
2	심각하고 가역적인 건강영향
1	가역적인 건강영향
0	• 별로 중요하지 않은 가역적인 영향 • 알려져 있지 않거나 의심되는 가역적인 건강영향

(3) 3단계 : 건강위해도 등급 결정

① 건강위해도 등급은 해당인자의 잠재적인 건강영향과 노출과의 함수
② 건강영향 등급에 노출등급을 곱하여 다음 그림과 같은 결과 산출

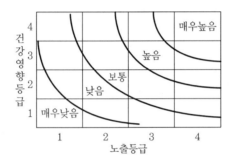

┃ 건강위해도 등급 산출 ┃

③ 다음 그림과 같이 건강위해도 등급은 우측 상방향으로 갈수록 높아짐

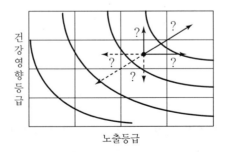

④ 건강위해도는 1, 2, 3, 4, 6, 8, 9, 12, 16등급으로 분류되며 높을수록 관리의 우선순위
⑤ 위해도 등급 수에 따라 상대적인 비교만 가능

(4) 4단계 : 불확실성 등급 결정

① 건강위해도 등급을 결정하는 과정에서 인용된 자료의 불확실성 생성
② 불확실성은 다음 그림과 같이 건강위해도 등급을 상향 또는 하향 평가

③ 불확실성은 건강영향 자료 및 노출등급 신뢰성, 기존관리에 대한 타당성 함수

④ 미국 산업위생학회에서는 불확실성 등급을 단순히 세 개의 불확실성 범주[2(매우 불확실), 1(불확실), 0(확실)] 중 하나로 평가

⑤ '2(매우 불확실)' 등급은 노출양상이나 건강영향에 대한 중요 정보가 없는 경우

(5) 5단계 : 추가 정보수집을 위한 우선순위 등급 계산

① 건강위해도 등급과 불확실성 등급 선정 후 추가정보수집 우선순위 등급 계산

② 건강위해도 등급과 불확실성 등급의 변수를 곱하는 것으로 계산

	건강위해도 등급			
	16	0	16	32
	12	0	12	24
	9	0	9	18
	8	0	8	16
	6	0	6	2
	4	0	4	8
	3	0	3	6
	2	0	2	4
	1	0	1	2
		확실 0	불확실 1	매우불확실 2

불확실성 등급

(6) 6단계 : 위해도 평가에 따른 작업환경관리

① 작업환경 및 노출관리는 항상 선택적

② 해당 인자에 대한 건강위해도 등급이나 불확실성 등급에 따라 관리대책의 우선순위나 정보수집의 방향 결정

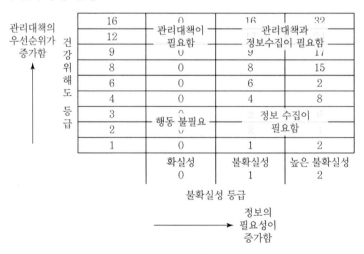

③ 불확실성을 해결하기 위한 정보수집에 많은 시간이 필요하다면 위해도가 높은 노출에는 일시적으로 개인보호구 지급과 같은 임시적인 단기간 관리가 필요

④ 불확실성을 해결하기 위해 추가적인 건강영향 자료나 노출자료를 수집하는 것보다 건강위해도를 관리하는 것이 더 비용효과적일 때는 즉시 관리하는 것이 필요

002 휴게시설 설치·관리기준

◼ 산업안전보건법상 휴게시설 설치·관리기준

(1) 크기

① 휴게시설의 최소 바닥면적은 6제곱미터로 한다. 다만, 둘 이상의 사업장의 근로자가 공동으로 같은 휴게시설(이하 "공동휴게시설"이라 한다)을 사용하게 되는 경우 공동휴게시설의 바닥면적은 6제곱미터에 사업장의 개수를 곱한 면적 이상으로 한다.

② 휴게시설의 바닥에서 천장까지의 높이는 2.1미터 이상으로 한다.

③ ①에도 불구하고 근로자의 휴식 주기, 이용자 성별, 동시 사용인원 등을 고려하여 최소면적을 근로자대표와 협의하여 6제곱미터가 넘는 면적으로 정한 경우에는 근로자대표와 협의한 면적을 최소 바닥면적으로 한다.

④ ①에도 불구하고 근로자의 휴식 주기, 이용자 성별, 동시 사용인원 등을 고려하여 공동휴게시설의 바닥면적을 근로자대표와 협의하여 정한 경우에는 근로자대표와 협의한 면적을 공동휴게시설의 최소 바닥면적으로 한다.

(2) 위치

다음 각 목의 요건을 모두 갖춰야 한다.

① 근로자가 이용하기 편리하고 가까운 곳에 있어야 한다. 이 경우 공동휴게시설은 각 사업장에서 휴게시설까지의 왕복 이동에 걸리는 시간이 휴식시간의 20퍼센트를 넘지 않는 곳에 있어야 한다.

② 다음의 모든 장소에서 떨어진 곳에 있어야 한다.
ㄱ 화재·폭발 등의 위험이 있는 장소
ㄴ 유해물질을 취급하는 장소
ㄷ 인체에 해로운 분진 등을 발산하거나 소음에 노출되어 휴식을 취하기 어려운 장소

(3) 온도

적정한 온도(18~28℃)를 유지할 수 있는 냉난방 기능이 갖춰져 있어야 한다.

(4) 습도

적정한 습도(50~55%. 다만, 일시적으로 대기 중 상대습도가 현저히 높거나 낮아 적정한 습도를 유지하기 어렵다고 고용노동부장관이 인정하는 경우는 제외한다)를 유지할 수 있는 습도 조절 기능이 갖춰져 있어야 한다.

(5) 조명

적정한 밝기(100~200럭스)를 유지할 수 있는 조명 조절 기능이 갖춰져 있어야 한다.

(6) 창문 등을 통하여 환기가 가능해야 한다.

(7) 의자 등 휴식에 필요한 비품이 갖춰져 있어야 한다.

(8) 마실 수 있는 물이나 식수 설비가 갖춰져 있어야 한다.

(9) 휴게시설임을 알 수 있는 표지가 휴게시설 외부에 부착돼 있어야 한다.

(10) 휴게시설의 청소·관리 등을 하는 담당자가 지정돼 있어야 한다. 이 경우 공동휴게시설은 사업장마다 각각 담당자가 지정돼 있어야 한다.

(11) 물품 보관 등 휴게시설 목적 외의 용도로 사용하지 않도록 한다.

※ 비고

다음 각 목에 해당하는 경우에는 다음 각 목의 구분에 따라 제1호부터 제6호까지의 규정에 따른 휴게시설 설치·관리기준의 일부를 적용하지 않는다.

① 사업장 전용면적의 총합이 300제곱미터 미만인 경우 : 제1호 및 제2호의 기준

② 작업장소가 일정하지 않거나 전기가 공급되지 않는 등 작업특성상 실내에 휴게시설을 갖추기 곤란한 경우로서 그늘막 등 간이 휴게시설을 설치한 경우 : 제3호부터 제6호까지의 규정에 따른 기준

③ 건조 중인 선박 등에 휴게시설을 설치하는 경우 : 제4호의 기준

황산 사용사업장의 작업환경측정·분석

시료채취 개요	분석 개요
• 시료채취매체 : 37mm 석영(Quartz Fiber) 여과지 또는 공극 $0.45\mu m$ PTFE여과지 • 유량 : 1~5L/min • 공기량 최대 : 2,000L 　　　　최소 : 15L • 운반 : 시료포집 후 여과지를 용기에 넣은 후 추출액을 주입하고 뚜껑을 닫은 후 냉장보관상태(4℃)로 운반 • 시료의 안전성 : 20℃에서 1주일간 안정, 4℃에서 28일간 안정 • 공시료 : 총 시료수의 10% 이상 또는 시료 세트당 최소 3개의 현장 공시료	• 분석기술 : 이온크로마토그래피법, 전도도검출기 • 분석대상물질 : Sulfate($SO_4{}^{2-}$) • 전처리 : 2.7mM Na_2CO_3/0.3mM $NaHCO_3$ 5mL로 추출 • 칼럼 : 음이온 분석용 칼럼 • 범위 : 0.2~8mg/L • 검출한계 : $0.002mg/m^3$ • 정밀도 : 0.043
방해작용 및 조치	**정확도 및 정밀도**
황산염과 같은 입자상 물질은 양의 방해작용을 할 수 있음	• 연구범위(Range Studied) : 0.005~2.0mg/sample • 편향(Bias) : − • 총 정밀도(Overall Precision) : 0.086 • 정확도(Accuracy) : >23% • 시료채취분석오차 : 0.216
시약	**기구**
• 증류수 • Sodium Carbonate(Na_2CO_3), 시약등급 • Sodium Hydrogen Carbonate($NaHCO_3$) • 추출·용리액 원액 　− 0.2M Na_2CO_3/0.03M $NaHCO_3$ 　− 2.86g Na_2CO_3와 0.25g $NaHCO_3$를 25mL 증류수에 넣고 저어서 혼합시킴. 그런 다음 100mL 용량플라스크에 넣고 마개를 닫아 증류수와 완전히 혼합함 • 추출·용리액 　− 0.0027M Na_2CO_3/0.0003M $NaHCO_3$ 　− 0.27M Na_2CO_3/0.03M $NaHCO_3$ 추출·용리액 원액 10mL를 1L 용량플라스크에 넣고 증류수를 넣어 마개를 닫아 완전히 혼합함	• 시료채취매체 : 37mm 석영여과지 또는 공극 $0.45\mu m$ PTFE여과지, 내산성 2단 카세트 또는 흉곽성 분진 시료채취기 ※ 석영여과지는 결합재가 없고(Binderless) 열처리된 것이어야 함 • 개인시료채취펌프, 유량 1~5L/min • 이온 크로마토그래피, 전도도검출기 • 칼럼 : pre−칼럼(50mm, 4.0mm), 음이온교환 칼럼(200mm, 4.0mm), 써프레서(4mm) • 초음파 세척기 • 플라스틱 용기 • 용량플라스크 • 피펫 • 비커 • 폴리에틸렌 용기

시약	기구
• Sulfate(SO_4^{2-}) Ion 표준용액 1,000mL 검량선 표준원액 100mg/L : Sulfate Ion 표준용액 10mL 를 100mL 용량플라스크에 넣고 표선까지 용리액 을 넣어 희석시킴	• 플라스틱 주사기 • 시린지 필터(공극 0.8μm, PTFE 멤브레인) • 마이크로 주사기 • PTFE로 코팅된 핀셋 • 오토샘플러 바이알 • 전자저울, 0.01mg까지 측정 가능한 것

특별 안전보건 예방조치

황산은 눈, 피부 및 호흡기 계통에 자극성이 있으며, 부식성이 있으므로 접촉을 피하고 보호장갑 및 보호복을 착용하고 흄후드 안에서 사용하여야 한다. 산은 물과 접촉 시 격렬하게 반응하여 열이 발생되며, 금속과 반응할 수 있으므로 실험 시 주의가 필요하다.

Ⅰ. 시료채취

1. 각 개인 시료채취펌프를 하나의 대표적인 시료채취매체로 보정한다.
2. 1~5L/min의 유량으로 총 15~1,000L의 공기를 채취한다.
3. 채취가 끝난 직후, PTFE 코팅된 핀셋을 이용하여 카세트에 있는 여과지를 10mL 스크류 캡 플라스틱 용기로 옮긴다. 약 2mL 추출용액(0.0027M Na_2CO_3/0.0003M $NaHCO_3$)으로 카세트 내부 표면을 헹구어 용기에 담는다. 용기에 추출용액을 추가하여 최종 용량이 5mL가 되도록 한다.
4. 시료 세트당 최소 3개의 현장 공실을 준비하고 채취한 시료와 동일한 방식으로 처리한다. 즉, 각 여과지를 플라스틱 용기에 넣고 5mL 용리액을 넣어 시료와 함께 실험실로 보낸다.
5. 시료는 냉장보관하여 실험실로 옮긴다. 시료를 바로 실험실로 보낼 수 없다면 냉장보관하여야 한다.
6. 실험실로 옮긴 시료는 즉시 냉장(4℃) 보관한다.
7. 시료를 받고 4주 이내 분석을 실시한다.

Ⅱ. 시료 전처리

8. 시료 용기를 꺼내서 상온으로 옮긴다.
9. 초음파 세척기에 넣고 15분 이상 초음파 처리하고 30분 이상 식힌다.
10. PTFE 시린지 필터를 이용하여 각 시료의 추출용액을 여과하여 깨끗한 플라스틱 용기 또는 오토 샘플러 바이알에 담는다.

004 카드뮴 사용 작업장 작업환경측정·분석

1 혈액 중 카드뮴 분석

(1) 분석원리

카드뮴은 체내로 흡수된 후 혈액을 통하여 이동하며, 대부분 적혈구의 단백질에 결합하여 있어, 이를 카드뮴의 특정 흡수 파장에서 흑연로(Graphite Furnace) 원자흡광광도계로 분석한다. 혈액은 복잡한 매질로 원자흡광광도계의 바탕보정이 필요할 뿐 아니라, 공시료에도 일정 농도의 카드뮴이 함유되어 있으므로 표준물첨가법(Standard Addition Method)에 의해 검량선을 작성하여 혈액 중의 카드뮴을 분석한다.

(2) 시료채취 요령

① 근로자의 정맥혈을 카드뮴이 포함되지 않은 Ethylenediaminetetraacetic Acid(EDTA) 또는 헤파린 처리된 튜브와 일회용 주사기 또는 진공채혈관을 이용하여 채취한다.

② 채취한 시료 용기를 밀봉하고 채취 후 5일 이전에 분석하며 4℃(2~8℃)에서 보관한다. 단, 분석까지 보관 기간이 5일 이상 걸리면 시료를 냉동보관용 저온 바이알에 옮겨 영하 20℃ 이하에서 보관한다.

(3) 시약

① 카드뮴(표준시약, 1000mg/L)
② 암모늄인산염($(NH_4)_2HPO_4$)
③ 트리톤 X-100(TRITON X-100)
④ 질산 : 특급시약(검사관련 중금속의 함량이 적은 것)
⑤ 거품억제제(Antifoaming Agent)
⑥ 탈이온수(18MΩ/cm 이상)

(4) 시약 조제

① 카드뮴 1,000μg/mL 원액 100μL를 10mL 용량플라스크에 옮기고 탈이온수로 희석하여 카드뮴 10,000μg/L 표준용액을 만든다. 이 표준용액을 100μL 취하여 10mL 용량플라스크에 옮기고 탈이온수로 희석한 카드뮴 100μg/L 용액을 표준용액 원액(Stock Solution)으로 한다.

② 카드뮴 100μg/L 표준용액 원액을 다음과 같이 탈이온수로 희석하여 카드뮴 1, 3, 5, 7, 9μg/L의 검량선용 표준용액을 만든다.

(5) 시료 및 표준용액 전처리

① 혈액은 혈액혼합기(Blood Mixer)로 3분 정도 잘 섞어준 후 취한다. 혈액혼합기가 없는 경우는 거품이 나지 않게 주의하면서 천천히 튜브를 거꾸로 바로 번갈아 세워가며 내용물이 섞이게 한다.

② 검량선용 혈액 처리(표준물첨가법)

ㄱ 매질변형시약(Matrix Modifier Reagent) 용액 1.0mL에 카드뮴 표준용액 0.2mL, 정상인 혈액 0.1mL를 가하여 잘 섞어 표준물 첨가법에 의한 검량선용 시료로 한다.

ㄴ 매질변형시약(Matrix Modifier Reagent) 용액 1.0mL에 1% 질산 0.2mL, 시료혈액 0.1mL를 가하여 잘 섞어 분석용 검체로 한다.

(6) 농도계산

검량선용 표준용액의 농도를 가로(x)축으로 하고 시료의 피크 면적을 세로(y)축으로 하여 검량선을 작성하고, $y = ax + b$의 회귀방정식에 시료의 피크 면적을 대입하여 시료 중 포함된 카드뮴의 농도(μg/L)를 구한다.

(7) 생물학적 노출기준

기준값 : 5μg/L

2 소변 중 카드뮴 분석

(1) 분석원리

카드뮴은 체내로 흡수된 후 조직 중의 단백질과 결합하여 있다가 하루 0.01~0.02%가 소변으로 배설되어, 이를 카드뮴의 특정 흡수 파장에서 흑연로(Graphite Furnace) 원자흡광광도계로 분석한다. 소변은 대단히 복잡한 매질이므로 원자흡광광도계의 바탕보정이 필요할 뿐 아니라, 공시료에도 일정 농도의 카드뮴이 함유되어 있으므로 표준물첨가법(Standard Addition Method)에 의해 검량선을 작성하여 소변 중의 카드뮴을 분석한다.

(2) 시료채취

① 시료채취 시기 : 시료채취 시기는 특별히 제한하지 않는다.

② 시료채취 요령

ㄱ 채취 용기는 밀봉이 가능한 용기를 사용하고, 시료는 10mL 이상 채취한다.

ㄴ 채취한 시료 용기를 밀봉하고 채취 후 5일 이전에 분석하며 4℃(2~8℃)에서 보관한다. 단, 분석까지 보관 기간이 5일 이상 걸리면 시료를 냉동보관용 저온 바이알에 옮겨 영하 20℃ 이하에서 보관한다.

(3) 시약 조제

① 카드뮴 1,000μg/mL 원액 100μL를 10mL 용량플라스크에 옮기고 탈이온수로 희석하여 카드뮴 10,000μg/L 표준용액을 만든다. 이 표준용액을 100μL 취하여 10mL 용량플라스크에 옮기고 탈이온수로 희석한 카드뮴 100μg/L 용액을 표준용액 원액(Stock Solution)으로 한다.

② 카드뮴 100μg/L 표준용액 원액을 다음과 같이 탈이온수로 희석하여 카드뮴 1, 3, 5, 7, 9μg/L의 검량선용 표준용액을 만든다.

(4) 시료 및 표준용액 전처리

① 소변은 상온에서 녹인 후 혈액혼합기(Blood Mixer)로 3분 정도 잘 섞어준 후취한다. 혈액혼합기가 없는 경우는 거품이 나지 않게 주의하면서 천천히 튜브를 거꾸로 바로 번갈아 세워가며 내용물이 섞이게 한다.

② 검량선용 소변 처리(표준물첨가법)

   ㉠ 매질변형시약(Matrix Modifier Reagent) 용액 1.0mL에 Cd 표준용액 0.2mL, 정상인 소변 0.1mL를 가하여 잘 섞어 표준물 첨가법에 의한 검량선용 시료로 한다.

   ㉡ 매질변형시약(Matrix Modifier Reagent) 용액 1.0mL에 1% 질산 0.2mL, 시료 0.1mL를 가하여 잘 섞어 분석용 검체로 한다.

(5) 생물학적 노출기준

① 기준값 : 5μg/L 크레아티닌

② 소변 중 생물학적 노출평가지표물질 보정에 사용하는 크레아티닌 농도는 0.3~3.4g/L 범위이며, 크레아티닌 농도가 이 범위를 벗어난 소변은 다시 채취한다.

시료채취 개요	분석 개요
• 시료채취매체 : MCE 여과지와 사이클론(호흡성 분진용 채취기) • 유량 : Nylon cyclone 1.7L/min, Aluminium cyclone 2.5L/min • 공기량 최대 : >2,000L 최소 : 15L • 운반 : 여과지의 시료포집 부분이 위를 향하도록 하고 마개를 닫아 밀폐된 상태에서 운반 • 시료의 안전성 : 안정함 • 공시료 : 총 시료수의 10% 이상 또는 시료 세트 당 2~10개의 현장 공시료	• 분석기술 : 유도결합플라즈마 분광광도계법 • 분석대상물질 : In • 전처리 – 가열관 : 질산 : 염산(1 : 3), 5mL – 핫블록 : 염산 1.25mL, 질산 1.25mL 또는 마이크로웨이브로 전처리 • 파장 : 230.6nm • 검량선 : In 표준용액 5%, HCl, 5% HNO_3 • 범위 : 5.0~39.7μg/sample • 검출한계 : 0.26μg/sample • 정밀도 : 0.056
방해작용 및 조치	**정확도 및 정밀도**
• 화학적 방해(Chemical Interferences) : 시료를 희석하거나 고온의 원자화기를 사용하여 화학적 방해를 줄일 수 있음 • 분광학적 방해(Spectral Interferences) : 신중한 파장 선택, 물질 상호 간의 교정과 공시료 교정으로 최소화할 수 있음	• 연구범위(Range Studied) : 5.0~39.7μg/sample • 편향(Bias) : −0.103 • 총 정밀도(Overall Precision) : 0.075 • 정확도(Accuracy) : 22.6%
시약	**기구**
• 질산(HNO_3), 특급 • 염산(HCl), 특급 • 과염소산($HClO_4$), 특급 • 검량선 표준용액 1,000μg/mL : 표준품을 구입하거나 조제함 • 희석용액 – 가열관 회화 : 5% 질산 : 염산(1 : 3), 1L 용량플라스크에 600mL의 증류수를 넣고 1% HNO_3, 3% HCl을 천천히 넣은 후 증류수로 표선을 맞춤 – 핫블록 회화 : 5% 질산 : 5% 염산, 1L 용량플라스크에 600mL의 증류수를 넣고 50mL HNO_3와 50mL HCl을 천천히 넣은 후 증류수로 표선을 맞춤 • 아르곤 • 증류수 또는 탈이온수	• 시료채취매체 : MCE 여과지(공극 0.8μm, 직경 37mm), 카세트홀더를 정착한 호흡성 분진측정기 • 개인시료채취펌프(유연한 튜브관 연결됨), 유량 1~4L/min • 유도결합플라즈마 분광광도계 • 아르곤 가스 2단 레귤레이터 • 비커, 시계접시 • 용량플라스크 • 피펫 • 비커 • 가열관, 마이크로웨이브회화기 또는 핫블록 • 플라스틱 핀셋 ※ 모든 유리기구는 사용 전에 질산으로 씻고 증류수로 헹구어 준다.

특별 안전보건 예방조치
모든 산 회화작업은 흄 후드 내에서 이루어져야 한다.

Ⅰ. 시료채취

1. 각 개인 시료채취펌프를 하나의 대표적인 시료채취매체와 연결하여 보정한다.
2. 호흡성 분진이 포집 가능한 사이클론의 제품 종류에 맞는 유량으로 총 15~2,000L의 공기를 채취하며, 여과지에 채취된 먼지가 총 2mg을 넘지 않도록 한다.
3. 사이클론을 사용할 때에는 시료채취장치가 전도되지 않도록 주의해야 한다. 필터 카세트와 수직으로 장착되어 있던 사이클론이 수평으로 방향이 바뀌면 사이클론 내부에 있던 큰 입자들이 필터에 침착하게 되어 분석결과에 영향을 미친다.
4. 채취가 끝난 여과지는 밀봉하여 먼지가 떨어지지 않도록 카세트를 바로 세워서 운반한다.

Ⅱ. 시료 전처리

5. 카세트와 홀더를 열고 시료와 공시료를 깨끗한 비커로 옮긴다.
6. 다음의 전처리 방법 중 하나를 선택하여 시료를 처리한다.
   - 가열판 : 질산 : 염산(1 : 3)용액 5mL 넣고 시계접시를 덮은 후 실온에서 30분 동안 둔다. 용액이 0.5mL 남을 때까지 120℃의 가열판 위에서 가열한다. 질산 : 염산(1 : 3) 용액 2mL를 넣고 동일과정을 2회 반복한다.
   - 핫블록 : 염산 1.25mL를 넣고 시계접시를 덮은 후 핫블록에 넣고 95℃로 15분 동안 가열한다. 핫블록에서 시료를 꺼내고 5분 동안 식힌다. 질산 1.25mL를 추가로 넣고 시계접시를 교체 한 후 핫블록에 넣어 95℃로 15분 동안 가열한다. 핫블록에서 시료를 꺼내 5분 이상 식힌다.
   - ※ 다른 전처리 방법으로 마이크로파 회화기를 사용할 수 있으며, 마이크로파 회화기를 이용한 전처리 과정은 제조사의 매뉴얼 및 관련 문헌을 참고한다.
   - ※ 전처리 시 막여과지에 채취된 시료를 잘 회화시킬 수 있는 다른 산 용액을 사용할 수 있다.
7. 용액을 식힌 후 25mL 용량플라스크에 옮기고, 희석용액으로 플라스크 표선을 맞춘다.

Ⅲ. 분석

[검량선 작성]
8. 최소 5개의 표준 용액을 제조한다.
9. 표준용액을 공시료 및 시료와 함께 분석한다.
10. 표준용액 농도
    - ※ 이때 선형회귀분석을 이용하는 것이 좋다.
11. 작성한 검량선에 따라 보통 10개의 시료를 분석한 후 표준용액을 이용하여 분석기기 반응에 대한 재현성을 점검한다. 재현성이 나쁘면 검량선을 다시 작성한 후 시료를 분석한다.
    - ※ 표준용액의 발광도 변이가 ±5%를 초과한 경우 검량선을 재작성하여 시료를 분석한다.
12. 시료채취매체에 알고 있는 양의 분석대상물질을 첨가한 시료(Spike 시료)로 아래와 같이 회수율(Recovery)시험을 실시하여 현장시료 분석값을 보정한다.

> ### 〈회수율 시험〉
> 1) 예상 시료량이 포함되도록 3가지 이상의 수준 및 각 수준별로 3개 이상의 시료를 만든다.
> 2) 하룻밤 방치한 후 'Ⅱ. 시료 전처리' 과정과 동일하게 전처리하고 현장 시료와 동일하게 분석한 후 회수율을 다음과 같이 구한다.
> $$회수율 = 분석값/첨가량$$
> 3) 2)에서 구한 회수율로 시료의 분석값을 다음과 같이 보정한다. 수준별로 회수율의 차이가 뚜렷하면 수준별로 보정한다.
> $$보정 분석값 = 현장시료 분석값/회수율$$

Ⅲ. 분석

[분석과정]

13. 제조사의 권고와 첫 페이지에 제시된 바에 따라 기기의 조건을 설정한다.

14. 시험용액을 각각 분석한다.

15. 적당한 비율로 표준용액을 희석하여 분석대상 금속의 검출한계를 구한다.

 ※ 검출한계는 분석기기의 검출한계와 분석방법의 검출한계로 구분되며, 분석기기의 검출한계라 함은 최종 시료 중에 포함된 분석대상물질을 검출할 수 있는 최소량을 말하고, 분석방법의 검출한계라 함은 작업환경측정 시료 중에 포함된 분석대상물질을 검출할 수 있는 최소량을 말하며, 구하는 요령은 다음과 같다.

 • 기기 검출한계 : 분석대상물질을 용매에 일정량을 주입한 후 이를 점차 희석하여 가면서 분석기기가 반응하는 가능한 낮은 농도를 확인한 후 이 최저 농도를 7회 반복 분석하여 반복 시 기기의 반응값들로부터 표준편차를 가한 후 다음과 같이 검출한계 및 정량한계를 구한다.

 − 검출한계 : 3.143×표준편차
 − 정량한계 : 검출한계×3

 • 분석방법의 검출한계 : 분석기기가 검출할 수 있는 가능한 저농도의 분석대상물질을 시료채취기구에 직접 주입시켜 흡착시킨 후 시료 전처리 방법과 동일한 방법으로 탈착시켜, 이를 7회 반복 분석하여 기기 검출한계 및 정량한계 계산방법과 동일한 방법으로 구한다.

 ※ 검출한계를 구하는 방법은 위 방법 외에도 다양하며, 다른 방법으로도 계산이 가능하다.

16. 발광도 기록을 저장한다.

 ※ 참고 : 만약 시료의 발광도 값이 검량선 그래프 직선보다 위에 있다면 그 용액을 희석용액으로 희석하여 재분석하고 농도계산 시 정확한 희석계수를 적용한다.

Ⅳ. 계산

17. 측정된 발광도를 이용하여 그에 상응하는 시료의 금속 농도(C_s)와 공시료의 평균값(C_b)을 계산한다.

18. 시료의 용액 부피(V_s)와 공시료 부피(V_b)를 이용하여 채취된 공기(V) 중 채취물질의 농도(C)를 계산한다.

19. 다음 식에 의하여 해당 물질의 농도를 구한다.

$$C = \frac{C_s V_s - C_b V_b}{V \times RE}$$

　　　　여기서, C : 분석물질의 최종농도(mg/m³)

　　　　　　　　C_s : 시료의 농도(μg/mL)

　　　　　　　　C_b : 공시료의 농도(μg/mL)

　　　　　　　　V_s : 시료에서 희석한 최종용량(mL)

　　　　　　　　V_b : 공시료에서 희석한 최종용량(mL)

　　　　　　　　V : 공기채취량(L)

　　　　　　　　RE : 회수율(예 98% → 0.98)

1 분석원리 및 시료채취

(1) 분석원리

1,2-디클로로프로판은 흡입 및 경구 노출 시 몸에 빠르고 광범위하게 흡수되고, 소변 및 호흡기를 통해서 배출된다. 소변 중 1,2-디클로로프로판을 HS SPMEGC-MSD로 분석한다.

(2) 시료채취

① 시료채취 시기 : 소변 시료는 당일 작업종료 2시간 전부터 작업종료 사이에 채취한다.

② 시료채취 요령

　㉠ 채취 용기는 밀봉이 가능한 것을 사용하고, 시료는 10mL 이상 채취하며, 휘발성 성분의 손실을 최소화하기 위해 용기 상부까지 시료를 가득 채운다.

　㉡ 채취한 시료를 밀봉하여 4℃(2~8℃)를 유지한 상태로 이동하고 보관하며, 채취 후 5일 이내에 분석한다.

시료채취 개요	분석 개요
• 시료채취매체 　- Coconut Shell Charcoal Tube, 100mg/50mg 　- Anasorb Tube, 140mg/70mg • 유량 : 0.01~0.2L/min • 공기량 　- Coconut Shell Charcoal : 5~30L 　- Anasorb : 2~30L • 운반 : 시료채취 후 마개를 닫아 밀폐한 상태에서 운반 • 시료의 안전성 : 5℃에서 30일 • 공시료 : 시료 세트당 2~5개의 현장 공시료 또는 시료 수의 10% 이상	• 분석기술 : 가스크로마토그래피법 　- Coconut Shell Charcoal Tube : Flame Ionization Detector 　- Anasorb Tube : Electron Capture Detector • 분석대상물질 : 1,2-디클로로프로판 • 전처리 　- Coconut Shell Charcoal Tube : 1mL, CS₂ 　- Anasorb Tube : 1mL 15%(v/v) Acetone/ Cyclohexane • 칼럼 : Capillary, Fused silica, J&W DB-1, 30mm×0.25mm ID : 0.25μm, 7 inch cage 또는 동등 이상의 칼럼 • 범위 　- Coconut Shell Charcoal Tube : 0.019~ 22.22mg/시료 　- Anasorb Tube : 0.007~28.83mg/시료 • 검출한계 　- Coconut Shell Charcoal Tube : 0.0057mg/mL 　- Anasorb Tube : 0.0023mg/mL

방해작용 및 조치	정확도 및 정밀도
• 물질 상호 간의 간섭, 높은 습도에 의해 시료 파과 → 공기량 또는 열착효율에 영향을 미칠 수 있음 • 시료채취분석오차 　− Coconut Shell Charcoal Tube : 0.100 　− Anasorb Tube : 0.098	• 연구범위(Range Studied) : 0.046~0.924mg/m³ • 편향(Bias) 　− Coconut Shell Charcoal Tube : 1.48% 　− Anasorb Tube : 0.63% • 정확도(Accuracy) 　− Coconut Shell Charcoal Tube : 3.31% 　− Anasorb Tube : 1.70%
시약	**기구**
• 이황화탄소, 아세톤, 시클로헥산 : 크로마토그래피 분석등급 • 내부표준물질 : 분석하고자 하는 물질종류에 따리 적절한 것 사용 • 각 분석 물질의 원액 : 분석등급 이상으로 검량선 및 탈착효율 구할 때 사용 • 질소 또는 헬륨 가스 • 수소 가스 • 여과된 공기	• 채취기 : 흡착관(Coconut Shell Charcoal Tube, 100mg/50mg 또는 Anasorb Tube, 140mg/70mg) • 개인시료 채취용 펌프 : 0.01~0.2L/min의 저유량 펌프 • 가스크로마토그래피 검출기 　− Coconut Shell Charcoal Tube : FID 　− Anasorb Tube : ECD • 칼럼 : Capillary, Fused silica, J&W DB−1, 30mm×0.25mm ID : 0.25μm, 7inch cage 또는 동등 이상의 칼럼 • 바이엘 : 2mL Glass, PTFE line Crimp Caps • 마이크로시린지 : 10. 25μL • 용량플라스크 : 10mL • 피벳

특별 안전보건 예방조치
• 이황화탄소는 독성이 강하고 인화성이 강한 물질이므로(인화점 : −30℃) 특별한 주의를 기울여야 한다.
• 실험 시 장갑, 보안경, 실험복 등의 개인보호구를 잘 착용하고 후드 안에서 해야 한다.

Ⅰ. 시료채취

1. 시료채취 시와 동일한 연결 상태에서 각 시료채취펌프를 보정한다.
2. 시료채취 바로 전에 활성탄관(또는 Anasorb 관) 양 끝을 절단한 후 유연성 튜브를 이용하여 펌프와 연결한다.
3. 0.01~0.2L/min에서 정확한 유량으로 2~30L 정도 시료를 채취한다.
4. 시료채취가 끝나면 활성탄관(또는 Anasorb 관)을 플라스틱 마개로 막아 밀봉한 후 운반한다.

Ⅱ. 시료 전처리

5. 흡착관의 앞 층과 뒤 층을 각각 다른 바이알에 넣는다. 이때 유리섬유와 우레탄 마개는 버린다.
6. 각 바이알에 1.0mL의 이황화탄소 또는 15% 아세톤을 함유한 시클로헥산을 넣고 즉시 마개를 막아 밀봉한다.
7. 가끔 흔들면서 30분 정도 방치한다.

Ⅲ. 분석

[검량선 작성 및 정도관리]

8. 시료농도가 포함될 수 있는 적절한 범위에서 최소한 5개의 표준물질로 검량선을 작성한다.

9. 시료 및 공시료를 함께 분석한다.

10. 탈착효율을 구한다.

> ### 〈탈착효율〉
>
> 각 시료군 배치당 최소한 한 번씩은 행하여야 한다. 3개 농도 수준에서 각각 3개씩과 공시료 3개를 준비한다.
> 1) 탈착효율 분석용 흡착관의 뒤 층을 제거한다.
> 2) 분석물질의 원액 또는 희석액을 마이크로시린지를 이용하여 정확히 흡착관 앞 층에 주입한다.
> 3) 흡착관을 마개로 막아 밀봉하고, 하룻밤 정도 상온에 놓아둔다.
> 4) 탈착시켜 검량선 표준용액과 같이 분석한다.
> 5) 다음 식에 의해 탈착효율을 구한다.
>
> $$\text{탈착효율(DE)} = 검출량/주입량$$

[분석과정]

11. 가스크로마토그래피 제조회사가 권고하는 대로 기기를 작동시키고 조건을 설정한다.

※ 분석기기, 칼럼 등에 따라 적정한 분석조건을 설정하며, 아래의 조건은 참고사항임

주입량		$1\mu L$
운반가스		질소 또는 헬륨, $1 \sim 2mL/min$
온도	도입부(Injector)	FID : 220℃, ECD : 280℃
	칼럼(Column)	FID : 70℃(8min), ECD : 60℃(10min)
	검출부(Detector)	FID : 230℃, ECD : 300℃

Ⅳ. 계산

12. 다음 식에 의하여 분석물질의 농도를 구한다.

$$C = \frac{(W_f + W_b - B_f - B_b)}{V \times DE} \times \frac{24.45}{MW}$$

여기서, C : 분석물질의 농도(ppm)

W_f : 시료 앞 층의 양(μg)

W : 시료 뒤 층의 양(μg)

B_f : 공시료 앞 층의 양(μg)

B_b : 공시료 뒤 층의 양(μg)

V : 채취 공기량(L), DE : 탈착효율

24.45 : 정상상태(25℃, 1기압)의 공기 1mole이 차지하는 용적

MW : 분자량(92.14)

※ 주의 : 만일 뒤 층에서 검출된 양이 앞 층에서 검출된 양의 10%를 초과하면 ($W > W/10$), 시료 파과가 일어난 것이므로 이 자료는 사용할 수 없다.

직업건강과 안전

001 ISO 45001 구성요소와 프로세스

세계 최초의 직업 건강과 안전을 위한 국제 표준은 작업장에서 안전성을 높이고 위험을 줄이며, 건강과 웰빙을 향상시키는 프레임워크를 제공한다. ISO 45001은 직업 건강 및 안전 관리 시스템의 요구사항을 규정한 국제 표준으로 2018년 발표되어 OHSAS 18001(2007)을 대체하였다.

이 표준은 조직의 직업 건강 및 안전을 향상시키기 위해 설계되었으며 위험 관리와 더불어 기회와 이해 관계자의 의견을 고려한다.

■ ISO 45001의 주요 구성요소

(1) 범위(Scope)

조직 내 산업 보건 및 안전 관리 시스템(OH & SMS)의 범위와 경계를 나타낸다. OH & SMS가 적용되는 활동, 위치, 프로세스 및 기능을 정의한다.

조직은 OH & SMS 문서에 범위를 명확하고 정확하게 정의하는 것이 중요하다. 범위 선언문은 OH & SMS의 효과를 계획, 실행 및 평가하기 위한 토대를 제공한다. 이해관계자가 시스템의 경계와 초점을 이해하는 데 도움이 되며, 조직의 노력이 산업 보건 및 안전 위험을 효과적으로 관리하는 데 집중될 수 있도록 한다.

① 내부 및 외부 요인(Internal and External Factors)

조직의 OH & S 성과에 영향을 미칠 수 있는 내부 및 외부 요인을 고려한다. 여기에는 업무 활동의 성격, 조직의 규모와 복잡성, 법적 요구사항, 이해관계자의 기대치 등이 포함된다.

② 적용 가능성(Applicability)

특정 부서, 사업부, 자회사 또는 사이트 등 조직의 다양한 부분에 OH & SMS를 적용할 수 있는지를 식별한다. 범위에는 어떤 영역이 포함되고 어떤 영역이 범위에서 제외되는지 명확히 명시한다.

③ 프로세스 및 활동(Processes and Activities)

OH & SMS에 해당하는 주요 프로세스 및 활동이 명시되어 있다. 여기에는 근로자의 건강과 안전에 잠재적인 영향을 미칠 수 있는 고위험 활동, 유해물질, 작업 환경 및 관련 운영 프로세스를 식별하는 것이 포함된다.

④ 지리적 위치(Geographical Locations)

OH & SMS가 적용되는 지리적 위치를 정의한다. 단일 사이트 내의 여러 사이트, 시설 또는 특정 작업영역을 포함한다.

⑤ 인터페이스 및 상호작용(Interfaces and Interactions)

산업 보건 및 안전과 관련하여 조직과 계약자, 공급업체 또는 방문자와 같은 외부 당사자 간의 인터페이스 및 상호작용을 고려한다. 이러한 상호작용을 통해 관련 OH & S 요구사항이 전달되고 구현되도록 한다.

⑥ 예외

범위에는 OH & SMS의 특정 제외사항이 명시될 수도 있다. 그러나 이러한 예외로 인해 의도한 OH & S 결과를 달성하거나 법적 및 규제요건을 준수하는 조직의 능력이 손상되어서는 안 된다.

(2) 정규 참조(Normative References)

산업 보건 및 안전 관리 시스템(OH & SMS)을 구현하기 위한 정보 및 요구사항의 출처로 인용되는 외부 문서를 의미한다. ISO 45001에 규범적 참조를 포함하는 목적은 조직이 OH & SMS를 구현할 때 관련 최신 정보에 접근할 수 있도록 하기 위한 것이다.

ISO 45001은 확립된 표준 및 지침을 참조함으로써 모범 사례에 부합하고 조직이 산업 보건 및 안전 분야의 기존 지식과 전문성을 활용할 수 있도록 한다. ISO 45001을 구현할 때 조직은 규범 참조를 검토하고 참조 문서에 접근할 수 있는지 확인해야 하며, 이를 통해 OH & SMS의 효과적인 구현을 위한 중요한 지침과 요구사항을 제공한다.

① 국제 표준(International Standards)

ISO 45001은 관리 시스템 표준에 대한 공통 프레임워크를 제공하는 ISO에서 정의한 상위 수준 구조(HLS)를 기반으로 한다. 따라서 ISO 45001에는 산업 보건 및 안전과 관련된 다른 ISO 표준에 대한 규범적 참조가 포함되어 있다. 여기에는 품질 관리를 위한 ISO 9001과 환경 관리를 위한 ISO 14001이 포함된다.

② 국가 표준(National Standards)

ISO 45001에는 조직이 OH & SMS를 구현할 때 고려해야 하는 관련 국가 표준 또는 규정에 대한 참조가 포함될 수 있다. 이는 산업 보건 및 안전을 담당하는 국가기관에서 수립한 특정 요구사항 또는 지침일 수 있다.

③ 산업 표준 및 지침(Industry Standards and Guidelines)

조직이 운영하는 부문 또는 산업에 따라 ISO 45001은 산업별 표준 또는 지침을 참조하여 산업 보건 및 안전 관리를 위한 추가 요구사항 또는 모범 사례를 제공할 수 있다. 이러한 산업 표준은 전문협회, 규제기관 또는 기술위원회에서 개발한다.

④ 기술 사양(Technical Specifications)

ISO 45001의 규범 참조에는 산업 보건 및 안전 관리의 특정 측면에 대한 구체적인 세부사항을 제공하는 기술사양 또는 지침이 포함된다. 이러한 문서는 특정 통제 구현, 위험평가 수행 또는 성과지표 측정에 대한 추가 지침을 제공한다.

(3) **용어 및 정의(Terms and Definitions)**

산업 보건 및 안전 관리와 관련된 주요 개념에 대한 공통된 이해를 확립하는 데 중요한 역할을 한다. ISO 45001을 구현할 때 조직은 표준의 용어 및 정의 섹션을 참조하여 주요 개념에 대한 공통된 이해를 보장해야 한다. 이를 통해 요구사항에 대한 일관된 해석과 적용을 촉진하여 조직이 ISO 45001의 원칙과 목표에 부합하는 효과적인 산업 보건 및 안전 관리 시스템을 구축할 수 있다.

① 용어

ISO 45001에는 표준 전체에서 사용되는 특정 용어에 대한 정의를 제공하는 섹션이 포함되어 있다. 이러한 정의는 표준 사용자 간의 일관성과 이해를 보장하기 위해 주요 용어의 의도된 의미를 명확히 한다. ISO 45001에 정의된 용어의 예로는 '근로자', '업무상 재해', '위험', '위험', '협의', '참여' 등이 있다.

② 정의

ISO 45001은 산업 보건 및 안전 관리와 관련된 중요한 개념과 요소에 대한 명시적인 정의를 제공한다. 이러한 정의는 조직이 표준의 요구사항을 해석하고 적용하는 데 도움이 된다. 예를 들어, ISO 45001은 '산업 보건 및 안전 관리 시스템(OH & SMS)'을 'OH & S 정책을 개발 및 구현하고 위험을 관리하는 데 사용되는 조직 관리 시스템의 일부'로 정의한다.

③ 일반적으로 사용되는 개념

ISO 45001에는 산업 보건 및 안전과 관련하여 일반적으로 사용되는 개념에 대한 정의도 포함되어 있다. 이러한 개념에는 '작업장', '근로자 참여', '비상 대비', '사고', '부적합' 등의 용어가 포함된다. ISO 45001은 이러한 개념에 대한 명확한 정의를 제공함으로써 조직과 산업 전반에 걸쳐 그 의미를 일관되게 이해할 수 있도록 한다.

④ 명확성 및 일관성

ISO 45001의 용어와 정의는 표준 요건을 해석할 때 명확성을 높이고 모호함을 없애는 것을 목표로 한다. 이는 산업 보건 및 안전 관리 시스템의 효과적인 커뮤니케이션, 실행 및 감사를 위한 토대가 된다.

(4) **조직의 맥락(Context of The Organization)**

조직의 산업 보건 및 안전(OH & S) 성과에 영향을 미칠 수 있는 내부 및 외부 요인에 대한 이해의 중요성을 강조하는 표준 내 섹션을 의미한다. 전반적으로 ISO 45001의 '조직의 맥락'은 조직의 OH & S 성과에 영향을 미치는 내부 및 외부 요인을 이해하는 것의 중요성을 강조한다.

이러한 요소를 고려함으로써 조직은 전반적인 비즈니스 목표에 부합하는 동시에 특정 요구사항, 위험 및 기회를 해결하는 맞춤형의 효과적인 OH & S 관리 시스템을 개발할 수 있다.

① 내부 요인(Internal Factors)

ISO 45001은 조직이 OH & S 성과에 영향을 미칠 수 있는 내부 요인을 파악하고 이해하도록 요구한다. 이러한 요인에는 조직의 문화, 가치, 구조, 자원, 역량, OH & S 정책 및 목표 등이 포함된다. 이러한 내부 요인을 평가함으로써 조직은 OH & S 관리와 관련하여 강점, 약점 및 개선이 필요한 영역을 파악할 수 있다.

② 외부 요인(External Factors)

ISO 45001은 또한 조직의 OH & S 성과에 영향을 미칠 수 있는 외부 요인을 파악하고 고려해야 할 필요성을 강조한다. 이러한 요인에는 법률 및 규제 요건, 업계 표준, 사회적 기대, 시장 상황, 직원, 계약업체, 고객, 대중 등 이해관계자의 요구와 기대가 포함된다. 이러한 외부 요인을 이해하면 조직은 관련 OH & S 위험과 기회에 효과적으로 대처할 수 있다.

③ OH & S 관리 시스템(OH & S Management System)

ISO 45001의 조직 섹션에서는 OH & S 고려사항을 전체 비즈니스 전략 및 관리 시스템에 통합하는 것을 강조한다. 조직은 OH & S 목표를 더 광범위한 조직 목표에 맞추고 OH & S 관리를 전체 비즈니스 프로세스에 통합할 것을 권장한다.

④ 리스크 기반 접근방식(Risk-Based Approach)

OH & S 관리에 리스크 기반 접근방식을 채택하려면 조직의 맥락이 중요합니다. 조직은 내부 및 외부 요인을 이해함으로써 OH & S 리스크와 기회를 식별 및 평가하고, 조치의 우선순위를 정하고, 리소스를 효과적으로 할당할 수 있습니다. 이러한 접근방식은 조직이 직장 내 사고, 부상, 질병을 사전에 예방하는 데 도움이 된다.

⑤ 지속적인 개선(Continual Improvement)

조직 섹션의 맥락은 OH & S 성과를 지속적으로 개선하기 위한 토대를 마련한다. 조직은 내부 및 외부 요인을 고려하여 성과를 평가하고, 개선이 필요한 영역을 파악하고, 적절한 조치를 실행하여 OH & S 관리 시스템을 개선할 수 있다.

(5) 리더십(Leadership)

조직의 산업 보건 및 안전(OH & S) 관리 시스템에 대한 리더십과 헌신을 제공하는 데 있어 최고 경영진의 역할과 책임을 강조하는 표준의 섹션을 의미한다. 최고 경영진은 강력한 리더십과 헌신을 제공함으로써 조직의 OH & S 문화에 대한 분위기를 조성하고 조직 전체의 건강과 안전에 대한 행동과 태도에 영향을 미친다. 최고 경영진은 OH & S 관리 시스템의 모든 측면에 적극적으로 참여함으로써 안전하고 건강한 업무환경을 조성하고 산업 보건 및 안전의 지속적인 개선 문화를 조성하는 데 도움을 준다.

① 최고 경영진의 헌신(Top Management Commitment)

ISO 45001은 효과적인 OH & S 관리를 촉진하고 달성하기 위해 최고 경영진의 적극적인 참여와 헌신이 중요하다는 점을 강조한다. 최고 경영진은 건강과 안전을 우선시하는 조직문화를 확립하고 OH&S 관리 시스템에 필요한 자원, 지원 및 책임을 제공함으로써 리더십을 발휘해야 한다.

② OH&S 정책(OH&S Policy)

ISO 45001은 최고 경영진이 안전하고 건강한 업무환경을 제공하겠다는 의지를 반영해야 하는 조직의 OH&S 정책을 정의하고 전달할 것을 요구한다. 정책은 조직의 상황과 관련이 있어야 하고, 지속적인 개선에 대한 약속을 포함해야 하며, OH&S 목표설정을 위한 프레임워크를 제공해야 한다.

③ 조직의 역할과 책임(Organizational Roles and Responsibilities)

최고 경영진은 효과적인 OH&S 관리를 위해 조직 내 역할, 책임 및 권한을 정의하고 전달할 책임이 있다. 여기에는 유능한 인력을 배치하고, 명확한 커뮤니케이션 라인을 구축하며, OH&S 책임이 직무설명 및 성과평가에 통합되도록 하는 것이 포함된다.

④ 직원 상담 및 참여(Employee Consultation and Participation)

ISO 45001은 OH&S 의사결정 프로세스에 모든 직급의 직원을 참여시키는 것의 중요성을 강조한다. 최고 경영진은 OH&S와 관련된 사안에 대해 직원들과 협의, 소통, 참여할 수 있는 메커니즘을 구축해야 한다. 여기에는 정기적인 회의, 피드백 채널, 직원들이 위험 식별, 위험평가 및 통제조치 개발에 기여할 수 있는 기회가 포함된다.

⑤ 지속적인 개선(Continuous Improvement)

최고 경영진은 OH&S 관리 시스템의 지속적인 개선을 추진하는 데 중요한 역할을 한다. 최고 경영진은 OH&S 성과를 모니터링 및 측정하고, 정기적인 관리 검토를 수행하며, 부적합 사항, 위험, 사고 및 개선 기회를 해결하기 위한 조치를 취하는 프로세스를 수립해야 한다. 지속적인 개선을 위한 최고 경영진의 노력은 OH&S 관리 시스템이 효과적이고 조직 목표에 부합하는 상태를 유지하는 데 도움이 된다.

(6) 계획(Planning)

조직의 산업 보건 및 안전(OH&S) 관리 시스템 계획에 대한 요구사항을 개괄적으로 설명하는 표준 섹션을 의미한다. OH&S 위험과 기회를 식별, 평가 및 통제하는 데 필요한 프로세스를 수립하는 데 중점을 둔다.

계획 요소를 통해 조직은 OH&S 위험을 체계적으로 식별 및 관리하고, 법적 요건을 준수하며, 개선 목표를 설정하고, 리소스를 효과적으로 할당하고, 비상상황에 대응할 준비를 할 수 있다.

계획은 조직의 OH&S 관리 시스템을 구현하고 지속적으로 개선하기 위한 토대를 제공하여 직장 내 부상과 질병을 예방하고 안전하고 건강한 근무환경을 조성하는 데 도움이 된다.

① 위험 식별 및 리스크 평가(Hazard Identification and Risk Assessment)

ISO 45001은 조직이 활동, 제품 및 서비스와 관련된 위험을 체계적으로 식별하고 평가하도록 요구한다. 여기에는 잠재적인 위해 요인을 식별하고, 관련 위험의 가능성과 심각성을 평가하며, 이러한 리스크를 제거하거나 최소화하기 위한 적절한 통제조치를 결정하는 것이 포함된다. 위험 식별 및 리스크 평가는 기존 위험과 잠재적 위험을 모두 고려하여 사전 예방적이고 지속적인 방식으로 수행되어야 한다.

② 법률 및 기타 요건(Legal and Other Requirements)

조직은 산업 보건 및 안전과 관련된 해당 법률 및 기타 요건을 식별하고 모니터링하는 프로세스를 수립해야 한다. 여기에는 관련 산업안전보건 법률, 규정, 산업 표준 및 내부 요건을 이해하고 준수하는 것이 포함된다. 조직은 요구사항의 변화를 파악하고 OH&S 관리 시스템이 규정을 준수하는지 확인해야 한다.

③ 목표 및 목표 달성을 위한 계획(Objectives and Planning to Achieve Them)

ISO 45001은 조직의 OH&S 정책, 법률 및 기타 요건, 식별된 위험 및 기회와 일치하는 OH&S 목표를 설정하는 것이 중요하다고 강조한다. 목표는 측정 가능하고 달성 가능하며 조직의 전체 목표와 일치해야 한다. 조직은 책임 할당, 일정 수립, 필요한 리소스 할당 등 목표를 달성하기 위한 계획을 수립해야 한다.

④ 리소스, 역할, 책임 및 권한(Resources, Roles, Responsibility, and Authority)

계획에는 조직이 OH&S 관리 시스템을 효과적으로 구현하고 유지하는 데 필요한 인적 자원, 인프라, 재정적 수단 등 필요한 자원을 확보하는 것이도 포함된다. OH&S 성과에 대한 책임을 보장하기 위해 명확한 역할, 책임 및 권한을 정의하고 소통해야 한다.

⑤ 비상 대비 및 대응(Emergency Preparedness and Response)

ISO 45001은 조직이 잠재적인 비상상황을 파악하고, 비상 대응 계획을 준비 및 실행하며, 이러한 계획의 효과를 테스트하기 위한 훈련 및 연습을 실시하는 프로세스를 수립하도록 요구한다. 사고, 사건 및 기타 OH&S 비상상황에 효과적으로 대응할 수 있도록 준비하는 것을 목표로 한다.

(7) 지원(Support)

산업 보건 및 안전(OH&S) 경영 시스템의 효과적인 이행 및 유지를 위한 지원 및 리소스 제공과 관련된 요구사항을 말한다. 조직이 OH&S 관리 시스템을 지원하는 데 필요한 리소스, 역량, 인식, 커뮤니케이션 및 문서화된 정보를 갖추도록 하는 데 중점을 둔다. 다음과 같은 지원 요소를 해결함으로써 조직은 OH&S 관리 시스템의 효과적인 구현과 유지를 용이하게 하는 환경을 조성할 수 있다.

적절한 리소스, 유능한 인력, 인식, 커뮤니케이션, 문서화된 정보는 OH&S 이니셔티브의 성공에 기여하고, 근로자의 참여를 강화하며, OH&S 성과를 지속적으로 개선할 수 있도록 한다.

① 리소스(Resources)

조직은 OH & S 관리 시스템을 수립, 구현, 유지 및 지속적으로 개선하는 데 필요한 리소스를 식별하고 제공해야 한다. 여기에는 인적 자원, 인프라, 기술, 재정 자원 및 OH & S 활동을 지원하는 데 필요한 기타 자원이 포함된다.

② 역량(Competence)

조직은 OH & S 관리 시스템에 참여하는 개인에 대한 역량 요건을 결정하고 해당 개인이 부여된 업무를 수행하는 데 필요한 지식, 기술 및 경험을 보유하고 있는지 확인해야 합니다. 역량은 교육, 훈련, 경험 또는 이들의 조합을 통해 달성할 수 있습니다.

③ 인식(Awareness)

조직은 모든 근로자와 관련 이해관계자가 OH & S 정책, OH & S 목표, 자신의 역할과 책임, 업무와 관련된 잠재적인 OH & S 유해 및 위험에 대해 인지하도록 해야한다. 이러한 인식은 안전 문화를 장려하고 OH & S 이니셔티브에 대한 적극적인 참여를 촉진하는 데 도움이 됩니다.

④ 커뮤니케이션(Communication)

효과적인 커뮤니케이션은 OH & S 관리 시스템을 성공적으로 구현하는 데 필수적이다. 조직은 OH & S 문제와 관련된 내부 및 외부 커뮤니케이션을 위한 프로세스를 수립해야 한다. 여기에는 명확한 의사소통 채널, 시의적절한 정보 배포, 근로자가 OH & S 우려사항이나 제안을 보고할 수 있는 메커니즘이 포함된다.

⑤ 문서화된 정보(Documented Information)

ISO 45001은 조직이 OH & S 관리 시스템의 효과적인 운영을 지원하기 위해 문서화된 정보를 수립하고 유지하도록 요구한다. 여기에는 정책, 절차, 작업지침, 기록 및 OH & S 활동의 일관성과 추적성을 보장하는 데 필요한 기타 문서가 포함된다.

⑥ 문서 통제(Document Control)

조직은 문서화된 정보의 적절한 생성, 검토, 승인 및 업데이트를 보장하기 위한 통제장치를 마련해야 한다. 여기에는 문서 통제에 대한 책임 정의, 문서 검토 및 수정 프로세스 수립, 권한이 있는 직원이 관련 버전의 문서를 사용할 수 있도록 보장하는 것이 포함된다.

⑦ 운영 통제(Operational Control)

조직은 OH & S 위험을 관리하고 관련 법률 및 기타 요건을 준수하는 데 필요한 통제를 식별하고 구현해야 한다. 여기에는 위험을 완화하고 안전하고 건강한 근무환경을 보장하기 위한 절차, 작업지침, 안전한 작업관행, 비상 대응 계획을 수립하는 것이 포함된다.

(8) 운영(Operation)

효과적인 산업 보건 및 안전(OH & S) 관리에 필요한 계획된 프로세스와 통제를 구현하기 위해 조직이 수행해야 하는 활동을 의미한다. 이는 원하는 OH & S 결과를 달성하기 위한 운영

프로세스의 실행에 중점을 둔다. 이러한 운영 요소를 해결함으로써 조직은 OH & S 관리 시스템을 효과적으로 구현하고 업무 관련 부상, 건강 이상 및 사고를 예방하기 위한 운영 프로세스와 통제가 마련되어 있는지 확인할 수 있다. 이를 통해 조직은 안전하고 건강한 업무 환경을 유지하고 OH & S 성과를 지속적으로 개선할 수 있다.

① **위험 식별, 리스크 평가 및 통제 결정**(Hazard Identification, Risk Assessment, and Determining Controls)

조직은 업무 활동에서 OH & S 위험 및 관련 리스크를 체계적으로 식별하고 평가해야 한다. 여기에는 잠재적 리스크 요인을 고려하고, 리스크의 가능성과 심각성을 평가하며, 이러한 리스크를 예방하거나 완화하기 위한 적절한 통제를 결정하는 것이 포함된다. 통제에는 공학적 통제, 관리적 통제, 개인보호장비 등이 있다.

② **운영 계획 및 통제**(Operational Planning and Control)

조직은 업무 관련 부상, 질병 및 사고를 예방할 수 있는 방식으로 운영을 관리하기 위한 절차와 통제를 수립하고 구현해야 한다. 여기에는 안전한 작업관행 정의, 운영목표 및 목표설정, 책임 할당, 효과적인 운영 통제를 위한 프로세스 수립이 포함된다.

③ **변화 관리**(Management of Change)

조직은 OH & S에 영향을 미칠 수 있는 변화를 관리하기 위한 체계적인 접근방식을 갖춰야 한다. 여기에는 프로세스, 장비, 인력, 조직 구조 또는 근무 조건의 변경이 OH & S에 미칠 수 있는 잠재적 영향을 평가하고 관련 위험을 관리하기 위한 통제를 구현하는 것이 포함된다. 변경사항은 그 효과를 보장하기 위해 소통하고 문서화하며 검토해야 한다.

④ **조달**(Procurement)

조직은 상품과 서비스를 조달할 때 OH & S 요소를 고려해야 한다. 여기에는 공급업체 선정 시 OH & S 기준을 평가하고, 계약서에 OH & S 요건을 설정하며, 공급업체의 OH & S 표준 준수 여부를 모니터링하는 것이 포함된다. 이는 조직의 운영에 관여하는 외부 당사자가 적절한 OH & S 관행을 준수하도록 보장하는 것을 목표로 한다.

⑤ **비상 대비 및 대응**(Emergency Preparedness and Response)

조직은 잠재적인 비상상황을 파악하고 이에 효과적으로 대응할 수 있는 절차를 수립하고 유지해야 한다. 여기에는 비상 대응 계획 개발, 훈련 및 연습 실시, 직원교육 제공, 비상 통신 시스템 유지 관리 등이 포함된다. 이를 통해 비상상황의 결과를 최소화하고 근로자와 기타 관련 당사자의 건강과 안전을 보호한다.

⑥ **성과평가**(Performance Evaluation)

조직은 OH & S 관리 시스템의 효율성을 결정하기 위해 OH & S 성과를 모니터링, 측정, 분석 및 평가해야 한다. 여기에는 지표 설정, 감사 및 점검 실시, 사고 데이터 분석, 목표 및 목표 대비 OH & S 성과 검토 등이 포함된다. 평가 결과는 개선 이니셔티브를 추진하는 데 사용되어야 한다.

⑦ 사고 조사, 부적합 및 시정 조치(Incident Investigation, Nonconformity, and Corrective Action)

조직은 사고, 부적합 및 아차사고를 조사하여 근본 원인을 파악하고 적절한 시정 조치를 취하기 위한 프로세스를 수립해야 한다. 여기에는 재발 방지를 위한 시정 조치 시행, 교훈 전달, 지속적인 OH & S 관리 시스템 개선이 포함된다.

(9) 성과평가(Performance Evaluation)

조직의 산업 보건 및 안전(OH & S) 성과를 모니터링, 측정, 분석 및 평가하는 데 중점을 둔다. 여기에는 OH & S 관리 시스템의 효율성을 평가하고 개선이 필요한 영역을 식별하는 것이 포함된다. 다음과 같은 특정 구성요소를 기반으로 성과평가를 수행함으로써 조직은 OH & S 성과, 규정준수, 사고동향 및 OH & S 관리 시스템의 효과에 대한 인사이트를 얻을 수 있다.

이를 통해 정보에 입각한 의사 결정을 내리고, 조치의 우선순위를 정하고, 산업 보건 및 안전 성과를 지속적으로 개선할 수 있다.

① 모니터링 및 측정(Monitoring and Measurement)

조직은 OH & S 성과와 관련된 데이터를 체계적으로 수집하고 기록하는 프로세스를 수립해야 한다. 여기에는 사고율, 위험식별, 위험평가, 법적 및 기타 요건 준수와 같은 지표의 모니터링 및 측정이 포함된다. 데이터는 효과적인 평가를 위해 신뢰할 수 있고 정확하며 최신 상태여야 한다.

② 규정준수 평가(Evaluation of Compliance)

조직은 해당 법적 요건 및 기타 OH & S 관련 의무를 준수하는지 평가해야 한다. 여기에는 규정준수 상태를 식별, 평가 및 전달하는 절차를 수립하고 규정 미준수 시 시정 조치를 취하는 것이 포함된다. 규정준수 여부를 평가하고 OH & S 표준을 준수하기 위해 정기적인 감사 및 점검을 실시할 수 있다.

③ 사고 조사 및 분석(Incident Investigation and Analysis)

조직은 사건, 사고, 아차사고 및 기타 OH & S 관련 사건을 조사하여 근본 원인을 파악해야 한다. 여기에는 사고조사에서 수집한 데이터를 분석하여 추세, 패턴 및 근본 요인을 파악하는 것이 포함된다. 조사결과는 향후 사고 예방을 개선하고 통제 조치의 효과를 높이는 데 사용해야 한다.

④ 내부감사(Internal Audits)

조직은 내부감사를 실시하여 OH & S 관리 시스템의 규정준수 및 효과를 평가해야 한다. 여기에는 시스템 구현을 체계적으로 검토하고, 개선이 필요한 부분을 파악하며, 프로세스와 통제가 준수되고 있는지 확인하는 것이 포함된다. 감사결과는 의사결정에 정보를 제공하고 지속적인 개선 이니셔티브를 추진할 수 있다.

⑤ **경영진 검토(Management Review)**

최고 경영진은 OH & S 관리 시스템의 지속적인 적합성, 적절성, 효율성, 조직목표와의 연계성을 평가하기 위해 주기적인 검토를 실시해야 한다. 여기에는 설정된 목표 및 목표에 대한 OH & S 성과 평가, 감사 결과 검토, 데이터 분석, 개선기회 고려 등이 포함된다. 경영진 검토는 OH & S 관리 시스템이 변화하는 상황에 적절하게 대응할 수 있도록 보장한다.

⑥ **지속적인 개선(Continual Improvement)**

조직은 성과평가 활동을 통해 파악한 개선기회를 포착하고 실행하기 위한 프로세스를 수립해야 한다. 여기에는 부적합 사항을 해결하기 위한 시정 및 예방조치를 취하고, 모범사례를 구현하며, 지속적인 개선 문화를 장려하는 것이 포함된다. 조직은 이러한 조치의 효과를 모니터링하고 결과를 평가해야 한다.

⑽ **개선(Improvement)**

조직의 산업 보건 및 안전(OH & S) 성과를 지속적으로 개선하는 데 중점을 둔다. 이는 OH & S 관리 시스템의 효율성을 높이고 업무 관련 부상, 질병 및 사고를 예방하기 위해 지속적인 개선을 추진하는 것을 목표로 한다. 다음과 같은 특정 개선 요소에 집중함으로써 조직은 OH & S 성과를 지속적으로 향상시키기 위한 체계적인 접근방식을 수립할 수 있다.

이를 통해 사고와 부적합 사항을 효과적으로 해결하고 예방조치를 취하며 조직 전체에 지속적인 개선문화를 조성할 수 있다. 이러한 사전예방적 접근방식은 조직이 OH & S 목표를 달성하고, 산업위험을 예방하며, 직원을 위한 보다 안전한 근무환경을 조성하는 데 도움이 된다.

① **사고 및 부적합 관리(Incident and Non-Conformity Management)**

조직은 OH & S와 관련된 사건, 사고, 아차사고 및 부적합을 관리하기 위한 프로세스를 수립해야 한다. 여기에는 이러한 사건을 신속하게 조사하고, 근본 원인을 파악하고, 재발을 방지하기 위한 적절한 시정 조치를 취하는 것이 포함됩니다. 조직은 사건과 부적합 사항을 분석하여 체계적인 문제를 파악하고 안전 성과를 개선하기 위한 조치를 실행할 수 있다.

② **시정조치(Corrective Actions)**

정해진 절차나 요건에서 벗어나는 등 부적합 사항이 확인되면 조직은 시정조치를 이행해야 한다. 여기에는 근본 원인을 파악하고, 실행계획을 개발하며, 근본적인 문제를 해결하기 위한 조치를 시행하는 것이 포함된다. 이러한 시정조치의 효과를 모니터링하여 부적합 사항의 재발을 방지해야 한다.

③ **예방조치(Preventive Actions)**

시정조치 외에도 조직은 잠재적인 OH & S 위험을 제거하고 위험을 최소화하기 위해 예방조치를 취해야 한다. 이러한 사전 예방적 접근방식에는 잠재적 위험을 식별하고, 그 가능성과 잠재적 결과를 평가하며, 발생을 방지하기 위한 조치를 실행하는 것이 포함된다. 예방조치는 위험을 완화하고 전반적인 OH & S 성과를 향상시키는 것을 목표로 한다.

④ **지속적인 개선(Continual Improvement)**

조직은 OH & S 성과를 지속적으로 개선하기 위해 체계적으로 접근해야 한다. 여기에는 성과를 모니터링 및 측정하는 메커니즘을 수립하고, 개선 목표를 설정하며, OH & S 관리 시스템을 개선하기 위한 이니셔티브를 실행하는 것이 포함된다. 조직은 지속적으로 개선의 기회를 모색함으로써 OH & S 성과를 향상시키고 우수성을 위해 노력할 수 있다.

⑤ **직원 참여(Employee Involvement)**

ISO 45001은 개선 프로세스에 모든 직급의 직원을 참여시키는 것의 중요성을 강조한다. 조직은 위험을 식별하고, 개선사항을 제안하고, 사고조사 및 위험평가에 참여하는데 직원을 참여시키도록 권장한다. 직원의 피드백과 참여는 귀중한 인사이트를 제공하고 지속적인 개선문화를 조성하는 데 도움이 될 수 있다.

⑥ **경영진 검토(Management Review)**

최고 경영진은 OH & S 관리 시스템의 성과를 검토하고 개선기회를 파악하여 개선을 추진하는 데 중요한 역할을 한다. 경영진 검토 프로세스에는 데이터 분석, 감사결과 검토, 직원 및 이해관계자의 피드백 고려, 리소스 할당 및 개선 이니셔티브에 관한 정보에 입각한 의사결정이 포함된다.

② OH & S 관리시스템 구축

산업 보건 및 안전(OH & S) 관리 시스템을 효과적으로 구현하고 운영하는 데 있어 각기 다른 역할을 한다. 각 구성 요소의 역할을 수행함으로써 조직은 위험을 체계적으로 해결하고, 법률 및 규제 요건을 준수하며, 직원의 참여를 유도하고, OH & S 성과를 지속적으로 개선하는 강력한 OH & S 관리 시스템을 구축할 수 있다.

이러한 총체적인 접근방식은 안전하고 건강한 근무 환경을 조성하고, 사고와 부상을 예방하며, 조직 내 안전문화를 조성하는 데 도움이 된다.

① **조직의 맥락(Context of the Organization)**

이 구성요소를 통해 조직은 OH & S 성과에 영향을 미칠 수 있는 내부 및 외부 요인을 파악하고 이해해야 한다. 이러한 요인을 분석함으로써 조직은 OH & S 관리 시스템을 개발하고 전략적 목표와 일치하도록 보장하기 위한 견고한 기반을 구축할 수 있다.

② **리더십(Leadership)**

리더십은 조직 내에서 OH & S에 대한 방향을 설정하고 헌신을 보여주는 데 중요한 역할을 한다. 최고 경영진은 OH & S 정책을 수립하고, 역할과 책임을 정의하고, 자원을 할당하고, OH & S 성과를 지속적으로 개선하는 문화를 조성할 책임이 있다.

③ 계획 수립(Planning)

계획에는 OH & S 위험과 기회를 해결하기 위한 전략과 조치의 개발이 포함된다. 조직은 측정 가능한 OH & S 목표를 수립하고, 위험 식별 및 위험 평가를 수행하며, 운영 통제를 정의하고, 비상 대비 및 대응 계획을 수립해야 한다.

④ 지원(Support)

지원 구성 요소는 OH & S 관리 시스템을 효과적으로 구현하고 유지하는 데 필요한 자원과 지원 시스템을 제공하는 데 중점을 둔다. 여기에는 유능한 인력 확보, 커뮤니케이션 프로세스 구축, 교육 및 인식 프로그램 제공, 문서 및 기록 보관 시스템 유지 관리가 포함된다.

⑤ 운영(Operation)

이 구성 요소는 운영 통제 실행, 변경 사항 관리, 조달 프로세스를 포함하여 계획된 조치의 실행을 다룬다. 여기에는 효과적인 커뮤니케이션, 근로자 참여, 업무의 안전한 수행과 업무 관련 사고 예방을 위한 명확한 절차 수립이 포함된다.

⑥ 성과 평가(Performance Evaluation)

성과 평가에는 OH & S 관리 시스템의 효과를 모니터링, 측정 및 분석하는 것이 포함된다. 여기에는 규정 준수 여부를 평가하기 위한 감사, 검사 및 평가 수행, OH & S 성과 지표 평가, 사고 데이터 분석, 개선이 필요한 영역을 파악하기 위한 근로자의 피드백 구하기 등이 포함된다.

⑦ 개선(Improvement)

개선 구성 요소는 OH & S 관리 시스템과 전반적인 성과를 향상시키기 위한 조치를 취하는 데 중점을 둔다. 여기에는 사고 및 부적합 관리, 시정 및 예방 조치 시행, 직원 참여 촉진, 지속적인 개선 문화 조성, 관리 검토 수행 등이 포함된다.

3 기대효과

ISO 45001 인증은 OH & S 성과 개선, 법률 준수, 위험 관리, 직원 참여, 운영 효율성, 평판, 경쟁 우위 등 조직의 운영에 다양한 이점을 가져다 준다.

① 산업 보건 및 안전(OH & S) 성과 향상(Enhanced Occupational Health and Safety)

ISO 45001은 조직 내에서 산업 보건 및 안전 위험을 식별하고 관리하기 위한 프레임워크를 제공한다. 표준의 요구사항을 구현함으로써 조직은 OH & S 성과를 개선하고 업무 관련 사고 및 부상의 가능성을 줄일 수 있다.

② 법률 및 규정 준수(Legal and Regulatory Compliance)

ISO 45001은 조직이 산업 보건 및 안전과 관련된 관련 법률 및 규제 요건을 준수하는 데 도움이 된다. 조직은 운영을 표준에 맞춰 조정함으로써 법적 의무를 준수하고 안전하고 건강한 업무환경을 제공하겠다는 약속을 입증할 수 있다.

③ 리스크 관리 개선(Improved Risk Management)

ISO 45001의 체계적인 접근방식을 통해 조직은 OH & S 위험을 식별, 평가 및 제어할 수 있다. 효과적인 위험관리전략을 구현함으로써 조직은 사고를 예방하고, 다운타임을 줄이며, 운영 중단을 최소화할 수 있다.

④ 직원 참여 및 참여유도(Employee Engagement and Participation)

ISO 45001은 OH & S 문제에 대한 근로자의 참여를 강조한다. 관리 시스템의 개발과 실행에 직원을 적극적으로 참여시킴으로써 조직은 직원의 사기, 동기부여, 안전에 대한 헌신을 강화하여 생산성을 높이고 긍정적인 안전문화를 조성할 수 있다.

⑤ 운영 효율성(Operational Efficiency)

ISO 45001은 OH & S 위험관리를 위한 명확한 프로세스와 절차의 수립을 촉진한다. 이는 작업활동이 안전하고 체계적인 방식으로 수행되도록 보장하여 오류, 낭비, 다운타임을 줄임으로써 운영 효율성을 개선할 수 있다.

⑥ 평판 향상(Enhanced Reputation)

ISO 45001 인증을 획득하면 직원들에게 안전하고 건강한 직장을 제공하려는 조직의 노력을 입증할 수 있다. 이는 고객, 공급업체, 규제기관, 대중을 포함한 이해관계자 사이에서 조직의 평판을 향상시켜 신뢰와 공신력을 높이는 데 기여할 수 있다.

⑦ 경쟁 우위(Competitive Advantage)

ISO 45001 인증은 전 세계적으로 인정받고 있으며 비즈니스 기회에서 경쟁우위를 제공할 수 있다. 많은 고객과 파트너는 안전 및 위험 관리에 대한 조직의 헌신을 보장하기 때문에 효과적인 OH & S 관리 시스템을 구현한 조직과 협력하는 것을 선호한다.

002 위험성평가

1 정의

사업주가 스스로 유해위험요인을 파악하고 유해위험요인의 위험성 수준을 결정하여, 위험성을 낮추기 위한 적절한 조치를 마련하고 실행하는 과정이다.

2 평가절차

상시근로자수 20명 미만 사업장(총 공사금액 20억 원 미만의 건설공사)의 경우에는 다음 중 (3)을 생략할 수 있다.

(1) 평가 대상의 선정 등 사전 준비
(2) 근로자의 작업과 관계되는 유해·위험요인의 파악
(3) 파악된 유해·위험요인별 위험성의 추정
(4) 추정한 위험성이 허용 가능한 위험성인지 여부의 결정
(5) 위험성 감소대책의 수립 및 실행

3 준비자료

(1) 관련설계도서(도면, 시방서)
(2) 공정표
(3) 공법 등을 포함한 시공계획서 또는 작업계획서, 안전보건 관련 계획서
(4) 주요 투입장비 사양 및 작업계획, 자재, 설비 등 사용계획서
(5) 점검, 정비 절차서
(6) 유해위험물질의 저장 및 취급량
(7) 가설전기 사용계획
(8) 과거 재해사례 등

4 실시주체별 역할

실시주체	역할
사업주	산업안전보건전문가 또는 전문기관의 컨설팅 가능
안전보건관리책임자	위험성평가 실시를 총괄 관리
안전보건관리자	안전보건관리책임자를 보좌하고 지도/조언
관리감독자	유해위험요인을 파악하고 그 결과에 따라 개선조치 시행
근로자	• 사전준비(기준마련, 위험성 수준) • 유해위험요인 파악 • 위험성 결정 • 위험성 감소대책 수립 • 위험성 감소대책 이행여부 확인

5 실시시기별 종류

실시시기	내용
최초평가	사업장 설립일로부터 1개월 이내 착수
수시평가	기계·기구 등의 신규도입변경으로 인한 추가적인 유해·위험요인에 대해 실시
정기평가	매년 전체 위험성평가 결과의 적정성을 재검토하고, 필요시 감소대책 시행
상시평가	월 1회 이상 제안제도, 아차사고 확인, 근로자가 참여하는 사업장 순회점검을 통해 위험성평가를 실시하고, 매주 안전·보건관리자 논의 후 매 작업일마다 TBM 실시하는 경우 수시·정기평가 면제

6 위험성평가 전파교육방법

안전보건교육 시 위험성평가의 공유

(1) 유해위험 요인

(2) 위험성 결정 결과

(3) 위험성 감소대책, 실행계획, 실행 여부

(4) 근로자 준수 또는 주의사항

(5) TBM을 통한 확산 노력

⑦ 단계별 수행방법

(1) 1단계 평가 대상 공종의 선정

① 평가 대상 공종별로 분류해 선정

    평가 대상 공종은 단위 작업으로 구성되며 단위 작업별로 위험성평가 실시

② 작업공정 흐름도에 따라 평가 대상 공종이 결정되면 평가 대상 및 범위 확정

③ 위험성 평가 대상 공종에 대하여 안전보건에 대한 위험정보 사전 파악

- 회사 자체 재해 분석 자료
- 기타 재해 자료

(2) 위험요인의 도출

① 근로자의 불안전한 행동으로 인한 위험요인

② 사용 자재 및 물질에 의한 위험요인

③ 작업방법에 의한 위험요인

④ 사용 기계, 기구에 대한 위험원의 확인

(3) 위험도 계산

① 위험도＝사고의 발생빈도×사고의 발생강도

② 발생빈도＝세부 공종별 재해자 수/전체 재해자 수×100%

③ 발생강도＝세부 공종별 산재요양일수의 환산지수 합계/세부 공종별 재해자 수

산재요양일수의 환산지수	산재요양일수
1	4~5
2	11~30
3	31~90
4	91~180
5	181~360
6	360일 이상, 질병사망
10	사망(질병사망 제외)

(4) 위험도 평가

위험도 등급	평가기준
상	발생빈도와 발생강도를 곱한 값이 상대적으로 높은 경우
중	발생빈도와 발생강도를 곱한 값이 상대적으로 중간인 경우
하	발생빈도와 발생강도를 곱한 값이 상대적으로 낮은 경우

(5) 개선대책 수립

① 위험의 정도가 중대한 위험에 대해서는 구체적 위험 감소대책을 수립하여 감소대책 실행 이후에는 허용할 수 있는 범위의 위험으로 끌어내리는 조치를 취한다.

② 위험요인별 위험 감소대책은 현재의 안전대책을 고려해 수립하고 이를 개선대책란에 기입한다.

③ 위험요인별로 개선대책을 시행할 경우 위험수준이 어느 정도 감소하는지 개선 후 위험도 평가를 실시한다.

8 평가기법

(1) 사건수 분석(ETA)

재해나 사고가 일어나는 것을 확률적인 수치로 평가하는 것이 가능한 기법으로 어떤 기능이 고장나거나 실패할 경우 이후 다른 부분에 어떤 결과를 초래하는지를 분석하는 귀납적 방법이다.

(2) 위험과 운전 분석(HAZOP)

시스템의 원래 의도한 설계와 차이가 있는 변이를 일련의 가이드 워드를 활용해 체계적으로 식별하는 기법으로 정성적 분석기법이다.

(3) 예비 위험 분석(PHA)

최초단계 분석으로 시스템 내의 위험요소가 어느 정도의 위험상태에 있는지를 평가하는 방법으로 정성적 분석방법이다.

(4) 고장 형태에 의한 영향 분석(FMEA)

전형적인 정성적·귀납적 분석방법으로 시스템에 영향을 미치는 전체 요소의 고장을 형태별로 분석해 고장이 미치는 영향을 분석하는 방법이다.

003 전리방사선

1 개요

전리방사선이란 이온화 방사선으로 원자와 분자에서 전자를 분리하여 작용하는 에너지의 한 형태로서 눈에 보이지 않으며 공기, 물, 살아있는 조직 등을 통과할 수 있다. 우리 몸의 세포 안에 있는 분자들을 변형시킬 수 있으며, 심하게 노출되면 피부 또는 조직 등이 손상될 수 있다. 또한, 입자와 빛 또는 전자파로 구성되며, 입자에는 알파(α), 베타(β), 중성자가 있고, 빛 또는 전자파에는 감마선과 X-선이 있다.

2 입자의 분류

분류	특징
알파(α)	• 양성자 2개와 중성자 2개로 이루어진 알파 입자(헬륨, He)의 흐름이다. • 알파입자는 종이 한 장 정도로도 쉽게 차단된다. • 알파입자는 피부 각질 바깥층을 통과할 수 없을 정도로 투과력이 약하다.
베타(β)	• 고속 전자 또는 양전자의 흐름으로 알파선에 비해 무게는 적으나, 투과력은 약 500배 더 강하다. • 베타입자는 얇은 금속판으로 차단할 수 있다. • 베타입자는 노출된 피부에 화상을 입힐 정도의 에너지를 가지고 있으며 호흡, 섭취 및 개방된 상처를 통하여 신체 내부로 유입되면 내부 오염을 초래할 수 있다.
중성자	• 중성자의 흐름이며 전기적으로 중성이고 투과력이 매우 큰 것이 특징이다. • 중성자가 물질을 통과하면서 원자와 충돌하는데, 이때 중성자와 충돌한 원자들이 방사선을 방출할 수 있다. • 핵반응 시, 즉 원자로를 가동할 때나 중성자 폭탄이 폭발할 때 나온다. • 중성자는 납, 콘크리트, 바위와 같은 두껍고 무거운 물질로 차단할 수 있다. • 중성자는 감마선이나 X-선보다 신체 세포를 더 손상시킬 수 있다.
감마선(γ)	• 감마선은 우리 몸을 X-선보다도 더 쉽게 통과할 수 있어서 암 치료 등에 이용한다. • 감마선을 차단하려면 몇 인치의 납이나 밀도가 높은 물질이 필요하다.
X-선	• X-선 발생장치에서 생성되는 빛과 같은 전자파이다. • 일반적인 전자파보다 에너지가 훨씬 강하며 투과력도 강하다. • 병원에서 진단이나 치료목적으로 이용된다.

❸ 비전리방사선

비전리방사선은 전리방사선과 달리 원자와 분자로부터 전자를 제거하기에 충분한 에너지를 가지고 있지 않은 방사선으로 비이온화 방사선으로 분류되며 전파(라디오파, FM, 마이크로파), 가시광선, 적외선, 자외선 등이 있다.

❹ 유효선량

방사선에 노출되는 개인별 인체 조직이 방사선에 조사된 경우 조직별 위험도를 반영해 피폭자의 생물학적 영향을 평가하기 위한 방사선량을 의미한다.

❺ 방사성 물질의 밀폐 조치를 해야 하는 업무

(1) X-선 장치의 제조·사용 또는 X-선이 발생하는 장치의 검사업무
(2) 방사성 물질이 장치되어 있는 기기의 취급 업무
(3) 원자로를 이용한 발전 업무
(4) 갱 내에서의 핵원료물질의 채굴 업무
(5) 선형가속기, Cyclotron, Synchrotron 등 하전입자를 가속하는 장치의 제조사용이나 방사선이 발생하는 장치의 업무
(6) 방사성 물질 취급과 방사성 물질에 오염된 물질의 취급 업무
(7) X-선관과 Kenotron의 가스 제거 또는 X-선이 발생하는 장비의 검사 업무
(8) 그 밖에 방사선 노출이 우려되는 기기 등의 취급 업무

❻ 결정적 영향(Deterministic Effects)에 의한 건강장해

(1) 피부괴사, 발적 등
(2) 소화기계 괴사에 의한 궤양
(3) 생식기계 이상에 의한 불임, 정자수 감소
(4) 수정체 이상에 의한 혼탁
(5) 폐렴, 폐섬유증 등 호흡기계 이상

7 전리방사선의 체내 작용기전

(1) 노출경로

① 외부노출은 외부에 있는 방사선원에 의해 눈과 피부에 영향을 미친다.

② 내부노출은 흡입, 섭취되거나 피부를 통해 흡수된 방사성 물질(알파선)에 의하여 내부조직에 영향을 줄 수 있다.

(2) 체내 작용기전

① 직접작용

전리방사선에 의해 세포의 생명과 기능에 결정적 역할을 하는 DNA분자의 손상이 일어나고 이러한 원자 물리적 작용으로 DNA에 손상을 입히는 것을 말한다.

② 간접작용

전리방사선에 의해 생성된 Free Radical 등 화학적 부산물이 DNA를 공격해 손상을 입히는 것을 말한다.

8 전리방사선의 체내 작용기전

(1) 접촉 시

① 눈 접촉 시 다량의 소독수나 생리식염수로 세척하며, 내측 안각으로부터 머리 옆 관자놀이 방향으로 실시한다.

② 피부 접촉 시 의복을 탈의하고 샤워를 실시하며, 미지근한 물과 비누로 솔을 사용해 닦아낸다.

(2) 흡입 시

① 오염되지 않은 물로 코와 입을 세척하고 즉시 신선한 공기가 있는 지역으로 이동시킨다.

② 기침유발 등 자연배출을 촉진하고 의사에게 치료를 받도록 한다.

(3) 섭취한 경우

구토제, 하제 복용 등 위장관 배출을 촉진한다.

9 전리방사선 노출기준

구분		방사선작업종사자	수시출입자 및 운반종사자	일반인
유효선량 한도		연간 50mSv를 넘지 아니하는 범위에서 5년간 100mSv	연간 12mSv	연간 1mSv
등가선량 한도	수정체	연간 150mSv	연간 15mSv	연간 15mSv
	손·발·피부	연간 500mSv	연간 50mSv	연간 50mSv

004

디클로로프로판 작업 근로자의 건강관리

1 디클로로프로판의 물리화학적 성상

디클로로프로판은 클로로포름과 유사한 냄새가 나는 무색의 인화성, 유동성 액체이다. 냄새 안전기준은 0.25ppm으로 보고되었다.

CAS No	78-87-5	분자식	$C_3H_6C_{12}$
분자량	113	비중	1.155
녹는점	-100.4℃	끓는점	96.4℃
증기밀도	2.5	증기압	2.7mmHg(20℃에서)
인화점	13~15℃	폭발한계	3.4~14.5%
모양	무색의 액체	냄새	클로로포름과 비슷한 냄새 (냄새 역치 : 50ppm)
기타	• 가연성이 높고 물에 불용성이다. • 강한 산화제, 분말 알루미늄과 접촉 시 화재 및 폭발의 가능성이 있다.		

2 디클로로프로판 노출위험이 높은 업종 또는 작업

구분	업종 또는 작업	비고
1,2-디클로로프로판 원액 또는 1,2-디클로로프로판 함유제품 생산업종	세척제, 산업용 용매, 실리콘 용매제	
1,2-디클로로프로판 원액 또는 1,2-디클로로프로판 함유제품 취급업종	• 기계/금속 산업, 전기/전자 산업, 자동차 산업, 정밀기기 산업, 유리 및 광학 산업, 표면 처리 및 도금산업, 기타 산업(플라스틱, 고무, 화학, 인쇄, 화장품 등) • 주요 취급공정 : 세척, 탈지, 코팅, 인쇄	

3 디클로로프로판에 의한 건강영향

(1) 급성 영향

① 간담도계 : 피로, 발열, 전신 무력감, 황달
② 신경계 : 두통, 구역질, 현기증, 식욕저하, 졸림 등
③ 조혈기계 : 코피, 용혈성 빈혈
④ 신장 및 비뇨기계 : 혈뇨, 소변량 감소

⑤ 호흡기계 : 흉부의 불편함, 숨쉬기 어려움, 기침과 같은 상기도 자극 증상

　　⑥ 소화기계 : 오심, 구토, 복통

(2) 만성 영향

　　① 간담도계 : 담관암으로 인한 황달, 체중감소

　　② 신경계 : 기억력감퇴, 정동장애, 감각 및 운동신경의 반응성 감소

(3) 발암성

1,2-디클로로프로판은 담관암을 일으키는 것으로 알려져 있으며, 국제암연구소(IARC) 발암성물질 분류상 Group 1(인체 발암성 물질)로, 미국산업위생가협회(ACGIH)에서는 Group A4(인체 발암성 미분류 물질)로 평가하고 있다.

4 작업환경 기준 노출기준

우리나라의 1,2-디클로로프로판 노출기준은 10ppm이지만 발암성 물질이므로 그 이하에서 가능한 한 노출을 최소화하고 노출 시 반드시 보호구를 착용한다.

5 생물학적 노출기준

1,2-디클로로프로판은 흡입 및 경구 노출 시 빠르고 광범위하게 흡수되므로 작업환경 중 노출기준보다 생물학적 지표가 의미가 크다. 당일 작업 종료 시 채취한 소변에서 측정한 1,2-디클로로프로판 180μg/L를 생물학적 노출기준으로 제시하고 있다.

밀폐공간 작업관리

1 개요

밀폐공간 작업 시에는 밀폐공간보건작업 프로그램의 실시가 이루어져야 한다. 프로그램의 주요
내용은 밀폐공간에서의 작업 전 산소농도 측정, 호흡용 보호구의 착용, 긴급구조훈련, 안전한
작업방법의 주지 등이며, 근로자 교육 및 훈련 등에 대한 사전규제를 통하여 재해를 예방하는
것이 요구된다.

2 필요성

(1) 밀폐공간작업 프로그램은 사유 발생 시 즉시 시행하여야 하며 매 작업마다 수시로 적정한 공
기상태 확인을 위한 측정·평가내용 등을 추가·보완하고 밀폐공간작업이 완전 종료되면 프
로그램의 시행을 종료한다.
(2) 밀폐공간에서의 작업 전 산소농도 측정, 호흡용 보호구의 착용, 긴급구조훈련, 안전한 작업
방법의 주지 등 근로자 교육 및 훈련 등에 대한 사전규제를 통하여 재해를 예방하는 것이 요
구된다.

3 밀폐공간작업 허가절차

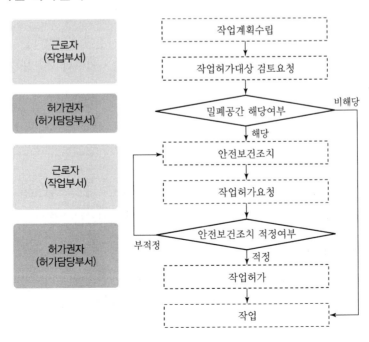

4 밀폐공간보건작업 프로그램의 주요 내용

(1) 밀폐공간에 근로자를 종사시킬 경우 사업주는 밀폐공간보건작업 프로그램을 수립·시행하여야 한다.

밀폐공간보건작업 프로그램에는 다음의 내용이 포함되어야 한다.

① 사업장 내 밀폐공간의 위치 확인

② 밀폐공간 내 질식·중독 등을 일으킬 수 있는 유해·위험요인의 확인

③ 근로자의 밀폐공간 작업에 대한 사업주의 사전 허가 절차

④ 산소·유해가스농도의 측정·평가 및 그 결과에 따른 환기 등 후속조치 방법

⑤ 송기마스크 또는 공기호흡기의 착용과 관리

⑥ 비상연락망, 사고 발생 시 응급조치 및 구조체계 구축

⑦ 안전보건교육 및 훈련

⑧ 그 밖에 밀폐공간 작업근로자의 건강장해 예방에 관한 사항

(2) 사전 허가절차를 수립하는 경우 포함사항

① 작업정보(작업일시 및 기간, 작업 장소, 작업 내용 등)

② 작업자 정보(관리감독자, 근로자, 감시인)

③ 산소농도 등의 측정결과 및 그 결과에 따른 환기 등 후속조치 사항

④ 작업 중 불활성가스 또는 유해가스의 누출·유입·발생 가능성 검토 및 조치사항

⑤ 작업 시 착용하여야 할 보호구

⑥ 비상연락체계

(3) 밀폐공간 작업허가 등

① 사업주는 근로자가 밀폐공간에서 작업을 하는 경우 사전에 허가절차를 수립하는 경우 포함사항을 확인하고, 근로자의 밀폐공간 작업에 대한 사업주의 사전허가 절차에 따라 작업하도록 하여야 한다.

② 사업주는 해당 작업이 종료될 때까지 ①에 따른 확인 내용을 작업장 출입구에 게시하여야 한다.

(4) 출입의 금지

사업주는 사업장 내 밀폐공간을 사전에 파악하고, 밀폐공간에는 관계 근로자가 아닌 사람의 출입을 금지하고, 출입금지 표지를 보기 쉬운 장소에 게시하여야 한다.

(5) 사고 시의 대피 등

사업주는 근로자가 밀폐공간에서 작업을 하는 때에 산소결핍이 우려되거나 유해가스 등의 농도가 높아서 질식·화재·폭발 등의 우려가 있는 경우에 즉시 작업을 중단시키고 해당 근로자를 대피하도록 하여야 한다.

(6) **대피용 기구의 비치**

사업주는 근로자가 밀폐공간에서 작업을 하는 경우 비상시에 근로자를 피난시키거나 구출하기 위하여 공기호흡기 또는 송기마스크, 사다리 및 섬유로프 등 필요한 기구를 갖추어 두어야 한다.

(7) **구출 시 공기호흡기 또는 송기마스크 등의 사용**

사업주는 밀폐공간에서 위급한 근로자를 구출하는 작업을 하는 경우에 그 구출작업에 종사하는 근로자에게 공기호흡기 또는 송기마스크를 지급하여 착용하도록 하여야 한다.

(8) **긴급상황에 대처할 수 있도록 종사근로자에 대하여 응급조치 등을 6월에 1회 이상 주기적으로 훈련시키고 그 결과를 기록·보존하여야 한다.**

긴급구조훈련 내용 : 비상연락체계 운영, 구조용 장비의 사용, 공기호흡기 또는 송기마스크의 착용, 응급처치 등

(9) **작업시작 전 근로자에게 안전한 작업방법 등을 알려야 한다.**

알려야 할 사항 : 산소 및 유해가스농도 측정에 관한 사항, 사고 시의 응급조치 요령, 환기설비 등 안전한 작업방법에 관한 사항, 보호구 착용 및 사용방법에 관한 사항, 구조용 장비사용 등 비상시 구출에 관한 사항

(10) **근로자가 밀폐공간에 종사하는 경우 사전에 관리감독자, 안전관리자 등 해당자로 하여금 산소농도 등을 측정하고 적정한 공기 기준과 적합 여부를 평가하도록 한다.**

산소농도 등을 측정할 수 있는 자 : 관리감독자, 안전·보건관리자, 안전관리대행기관, 지정측정기관

5 밀폐공간 적정공기

산소농도 범위	탄산가스 농도	일산화탄소 농도	황화수소 농도
18~23.5% 미만	1.5% 미만	30ppm 미만	10ppm 미만

6 밀폐공간 작업 전 확인·조치사항

(1) **작업 일시, 기간, 장소 및 내용 등 작업정보**

① 작업위치, 작업기간, 작업내용
② 화기작업(용접, 용단 등)이 병행되는 경우 별도의 작업승인(화기작업허가 등) 여부 확인

(2) 관리감독자, 근로자, 감시인 등 작업자 정보

　근로자 안전보건교육(특별안전보건교육 등) 및 안전한 작업방법 주지 여부 확인

(3) 산소 및 유해가스 농도의 측정결과 및 후속조치 사항

　① 산소유해가스 등의 농도, 측정시간, 측정자(서명 포함)
　② 최초 공기상태가 부적절할 경우 환기 실시 후 공기상태를 재측정하고 그 결과를 추가 기대
　③ 작업 중 적정공기 상태 유지를 위한 환기계획 기재(기계환기, 자연환기 등)

(4) 작업 중 불활성가스 또는 유해가스의 누출·유입·발생 가능성 검토 및 후속조치 사항

　밀폐공간과 연결된 펌프나 배관의 잠금상태 여부[펌프나 배관의 조직을 담당하는 담당자(부서)에 사전통지 및 밀폐공간 작업 종료 시까지 조작금지 요청]

(5) 작업 시 착용하여야 할 보호구의 종류

　안전대, 구명줄, 공기호흡기 또는 송기마스크

(6) 비상연락체계

　① 작업근로자와 외부 감시인, 관리자 사이에 긴급 연락할 수 있는 체계
　② 밀폐공간 작업 시 외부와 상시 소통할 수 있는 통신수단을 포함

7 산소결핍 발생 가능 장소

전기·통신·상하수도 맨홀, 오·폐수처리시설 내부(정화조, 집수조), 장기간 밀폐된 탱크, 반응탑, 선박(선창) 등의 내부, 밀폐공간 내 CO_2 가스 용접작업, 분뇨 집수조, 저수조(물탱크) 내 도장작업, 집진기 내부(수리작업 시), 화학장치 배관 내부, 곡물 사일로 내 작업 등

※ 산소결핍 위험 작업 시 산소 및 가스농도 측정기, 공급호흡기, 공기치환용 환기팬 등의 예방장비 없이 작업을 수행하여 대형사고 발생

8 산소결핍 위험 작업 안전수칙

(1) 작업시작 전 작업장 환기 및 산소농도 측정
(2) 송기마스크 등 외부공기 공급 가능한 호흡용 보호구 착용
(3) 산소결핍 위험 작업장 입장, 퇴장 시 인원 점검
(4) 관계자 외 출입금지 표지판 설치
(5) 산소결핍 위험 작업 시 외부 관리감독자와의 상시 연락
(6) 사고 발생 시 신속한 대피, 사고 발생에 대비하여 공기호흡기, 사다리 및 섬유로프 등 비치
(7) 특수한 작업(용접, 가스배관공사 등) 또는 장소(지하실 등)에 대한 안전보건조치

9 산소 및 유해가스 농도의 측정

사업주는 밀폐공간에서 근로자에게 작업을 하도록 하는 경우 작업을 시작(작업을 일시 중단하였다가 다시 시작하는 경우를 포함한다.)하기 전 다음 각 호의 어느 하나에 해당하는 자로 하여금 해당 밀폐공간의 산소 및 유해가스 농도를 측정하여 적정공기가 유지되고 있는지를 평가하도록 해야 한다.

(1) 관리감독자
(2) 안전관리자 또는 보건관리자
(3) 안전관리전문기관 또는 보건관리전문기관
(4) 건설재해예방전문지도기관
(5) 작업환경측정기관
(6) 한국산업안전보건공단법에 따른 한국산업안전보건공단이 정하는 산소 및 유해가스 농도의 측정평가에 관한 교육을 이수한 사람
(7) 사업주는 산소 및 유해가스 농도를 측정한 결과 적정공기가 유지되고 있지 아니하다고 평가된 경우에는 작업장을 환기시키거나, 근로자에게 공기호흡기 또는 송기마스크를 지급하여 착용하도록 하는 등 근로자의 건강장해 예방을 위하여 필요한 조치를 하여야 한다.

1 도급작업 전 위험성평가 실시

(1) 모든 근로자(협력업체, 공사업체, 방문객 포함)에게 안전보건상 영향을 주는 다음 사항을 고려해 위험성평가 실시

① 작업장에 제공되는 유해·위험시설 및 유해·위험물질

② 일상작업 및 수리·정비 등 비일상적인 작업, 비상조치작업

③ 교대작업, 야간작업, 장시간 근로 등에 대한 건강증진방안

④ 일시 고용, 외국인, 고령자 등 취약계층 근로자의 안전보건

(2) 작업의 위험성을 사전에 인지하도록 위험성평가 결과를 수급인에게 제공

① 수급업체에서 도급인으로부터 제공받은 위험성평가 결과를 반영

② 수급업체에서 수시 위험성평가를 자체적으로 실시할 수 있도록 지원

2 도급작업 전 안전보건 정보를 수급인에게 제공

(1) 유해·위험물질의 명칭과 유해성·위험성, 안전보건상 주의사항 및 유출 등 사고 발생 시 필요한 조치내용

(2) 위험작업의 시기 협의 조정

(3) 안전보건에 관한 제반 준수사항

(4) 안전작업을 위한 필요한 절차 협의

3 원청 보유 위험기계기구 및 설비의 안전성능 확보

(1) 위험기계기구 및 설비에 대한 점검, 정비 등의 관리방법과 책임과 권한 및 업무절차 수립 운영

(2) 법정검사 수검 및 방호조치 구비

(3) 위험기계기구 및 설비에 대한 위험요인 및 방호조치 내역 제공

4 작업 시작 전 안전점검 및 조치

도급작업 공정별 작업 전·중·후 안전점검 실시

(1) 화재·폭발·질식, 붕괴 등 대형사고 예방 필수항목이 누락되지 않도록 점검

(2) 안전점검으로 지적된 유해·위험요인에 대한 조치 이행

(3) 안전조치 완료 전 작업중지 등의 관리방안 구비

⑤ 안전점검에 따른 개선조치 이행 확인

(1) 작업 재개 전 유해·위험요인에 대한 안전조치 이행 여부 확인
　　① 안전조치 이행자와 완료 확인자를 별도 조직으로 구성
　　② 완료 확인결과에 따른 작업개시 승인자는 경영자 또는 경영자대리인의 책임자급으로 하여 책임과 권한을 명확히 함
(2) 개선사항에 대한 위험성평가 실시와 그 결과를 관련 작업자에게 주지

⑥ 신호체계 및 연락체계

(1) 중량물 취급작업, 밀폐공간 작업, 화재폭발 위험 작업, 정전 및 활선작업 등 신호체계가 필요한 유해위험작업의 종류와 신호방법 결정
(2) 수리·정비 작업 시 Lock−out/Tag−out 운영
(3) 도급인과 수급인 또는 수급업체 상호 간 이해관계자가 안전보건활동에 필요한 정보를 제공할 수 있도록 다양한 연락체계 구비
　　• 유·무선연락망, Fax, 온라인시스템 등의 소통 채널 운영
(4) 사고 발생 위험이 높은 작업이 혼재될 경우 안전회의를 수시 개최, 작업공정 간 위험에 대한 소통 및 위험작업의 시기 조정

⑦ 비상시 대피 및 피해 최소화 대책 운영

(1) 도급작업에서 발생될 가능성이 있는 화재폭발, 질식 등의 안전사고 또는 천재지변 등의 피해유형별 비상대응계획 수립
　　• 조직 구성원의 책임과 권한, 대응절차, 예방조치 및 사후조치 포함
(2) 비상대응절차(시나리오)별로 필요한 주기에 따라 훈련 실시
　　① 훈련 종료 후 성과 평가 및 피해 최소화를 위한 대응절차 재검토
　　② 유관 기관(고용노동부, 소방서 등)과 전문 의료기관의 연락체계 포함

⑧ 원·하청 작업자 현황관리 및 출입통제

(1) 도급작업장의 원·하청 작업자에 대한 출입관리 절차서 구비
(2) 도급작업장의 출입허가 및 출입통제 장소 구획
(3) 안전통로 등 이동경로 준수 여부, 필요한 보호구 착용 여부 확인
(4) 외부인 출입 시 위험요인 및 준수사항 안내, 출입허가가 필요한 작업구역 설정 및 대여 보호구 구비

007 도급인의 안전·보건 조치

1 개요

도급인은 사업장 재해예방을 위해 도급사업 전 위험성 평가의 실시는 물론 안전보건 정보를 수급인에게 제공할 의무가 있으며 협의체 구성, 작업장 순회점검 외 이행사항을 준수해야 한다.

2 도급인이 이행하여야 할 사항

(1) 안전보건협의체 구성·운영

(2) 작업장 순회점검

(3) 관계수급인이 근로자에게 하는 안전·보건교육을 위한 장소 및 자료제공 등 지원과 안전·보건교육 실시 확인

(4) 발파, 화재·폭발, 토사구조물 등의 붕괴, 지진 등에 대비한 경보체계 운영과 대피방법 등의 훈련

(5) 유해위험 화학물질의 개조·분해·해체·철거 작업 시 안전 및 보건에 관한 정보 제공

(6) 도급사업의 합동 안전·보건점검

(7) 위생시설 설치 등을 위해 필요한 장소 제공 또는 도급인이 설치한 위생시설 이용의 협조

(8) 안전·보건시설의 설치 등 산업재해예방조치

(9) 같은 장소에서 이루어지는 도급인과 관계수급인 등의 작업에 있어서 관계수급인 등의 작업시기·내용·안전보건조치 등의 확인

(10) 확인결과 관계수급인 등의 작업혼재로 인하여 화재·폭발 등 위험발생 우려 시 관계수급인 등의 작업시기 내용 등의 조정

3 도급인의 작업조정의무 대상

도급인이 혼재작업 시 관계수급인 등의 작업시기, 내용 및 안전보건조치 등을 확인하고 조정해야 할 작업 및 위험의 종류

(1) 근로자가 추락할 위험이 있는 경우

(2) 기계·기구 등이 넘어질 우려가 있는 경우

(3) 동력으로 작동되는 기계·설비 등에 의한 끼임 우려가 있는 경우

(4) 차량계 하역·운반기계, 건설기계, 양중기 등에 의한 충돌 우려가 있는 경우

(5) 기계·기구 등이 무너질 위험이 있는 경우

(6) 물체가 떨어지거나 날아올 위험이 있는 경우

(7) 화재·폭발 우려가 있는 경우

(8) 산소결핍, 유해가스로 질식·중독 등의 우려가 있는 경우

PART

05

환기

001 전체환기장치

1 개요

제어풍속을 조절하기 위하여 각 후드마다 댐퍼를 설치하여야 한다. 다만, 압력평형방법에 의해 설치된 국소배기장치에는 가능한 한 사용하지 않는 것이 원칙이다.

2 설치가능 범위

(1) 유해물질의 유해성이 낮거나 근로자와 발생원이 멀리 떨어져 노출량이 적어 건강상장해의 우려가 낮으며, 작업의 특성상 국소배기장치의 설치가 경제적·기술적으로 매우 곤란하다고 인정될 경우
(2) 원격조작에 의하여 운전되는 생산공정의 작업장과 운전실을 분리 설치한 경우
(3) 작업장에 근접하여 설치되는 기숙사, 사무실, 휴게실, 식당, 세면·목욕실이나 탈의실 등의 경우
(4) 발생원에 근로자의 접근은 없으나 화재·폭발방지 등을 위한 조치가 필요할 경우
(5) 화학물질을 저장하는 창고나 옥내장소에 근로자가 상시 출입하는 경우

3 설치 시 유의사항

(1) 배풍기만을 설치하여 열 수증기 및 오염물질을 희석·환기하고자 하는 경우에는 희석공기의 원활한 환기를 위하여 배기구를 설치하여야 한다.
(2) 배풍기만을 설치하여 열, 수증기 및 유해물질을 희석·환기하고자 하는 경우에는 발생원 가까운 곳에 배풍기를 설치하고, 근로자의 후위에 적절한 형태 및 크기의 급기구나 급기시설을 설치하여야 하며, 배풍기의 작동 시에는 급기구를 개방하거나 급기시설을 가동하여야 한다.
(3) 외부공기의 유입을 위하여 설치하는 배풍기나 급기구에는 필요시 외부로부터 열, 수증기 및 유해물질의 유입을 막기 위한 필터나 흡착설비 등을 설치하여야 한다.
(4) 작업장 외부로 배출된 공기가 당해 작업장 또는 인접한 다른 작업장으로 재유입되지 않도록 필요한 조치를 하여야 한다.

4 필요환기량 산정

유해물질이 발생원으로부터 작업장 내에서 확산되어 이동하는 경우, 유해물질의 농도가 노출기준 미만으로 유지되도록 적정한 필요 환기량을 산정하여야 한다.

1 개요

(1) 국소배기장치는 후드, 덕트, 공기정화장치, 배풍기 및 배기구의 순으로 설치하는 것을 원칙으로 한다. 다만, 배풍기의 케이싱이나 임펠러가 유해물질에 의하여 부식, 마모, 폭발 등이 발생하지 아니한다고 인정되는 경우에는 배풍기의 설치위치를 공기정화장치의 전단에 둘 수 있다.

(2) 국소배기장치는 유지보수가 용이한 구조로 하여야 한다.

2 후드

(1) 구조의 설치조건

① 후드는 발생원을 가능한 한 포위하는 형태인 포위식 형식의 구조로 하고, 발생원을 포위할 수 없을 때는 발생원과 가장 가까운 위치에 외부식 후드를 설치하여야 한다. 다만, 유해물질이 일정한 방향성을 가지고 발생될 때는 레시버식 후드를 설치하여야 한다.

② 슬로트후드의 외형단면적이 연결덕트의 단면적보다 현저히 큰 경우에는 후드와 덕트 사이에 충만실(Plenum Chamber)을 설치하여야 하며, 이때 충만실의 깊이는 연결덕트 지름의 0.75배 이상으로 하거나 충만실의 기류속도를 슬로트 개구면 속도의 0.5배 이내로 하여야 한다.

③ 후드 뒷면에서 주덕트 접속부까지의 가지덕트 길이는 가능한 한 가지덕트 지름의 3배 이상 되도록 하여야 한다. 다만, 가지덕트가 장방형 덕트인 경우에는 원형 덕트의 상당 지름을 이용하여야 한다.

④ 후드가 설비에 직접 연결된 경우 후드의 성능 평가를 위한 정압 측정구를 후드와 덕트의 접합부분(Hood Throat)에서 주덕트 방향으로 1~3직경 정도에 설치한다.

(2) 제어풍속

제어풍속을 조절하기 위하여 각 후드마다 댐퍼를 설치하여야 한다. 다만, 압력평형방법에 의해 설치된 국소배기장치에는 가능한 한 사용하지 않는 것이 원칙이다.

(3) 신선한 공기의 공급

① 국소배기장치를 설치할 때에는 배기량과 같은 양의 신선한 공기가 작업장 내부로 공급될 수 있도록 공기유입부 또는 급기시설을 설치하여야 한다.

② 신선한 공기의 공급방향은 유해물질이 없는 가장 깨끗한 지역에서 유해물질이 발생하는

지역으로 향하도록 하여야 하며, 가능한 한 근로자의 뒤쪽에 급기구가 설치되어 신선한 공기가 근로자를 거쳐서 후드방향으로 흐르도록 하여야 한다.

③ 신선한 공기의 기류속도는 근로자 위치에서 가능한 한 0.5m/sec를 초과하지 않도록 하고, 작업공정이나 후드의 근처에서 후드의 성능에 지장을 초래하는 방해기류를 일으키지 않도록 하여야 한다.

(4) 덕트

① 재질의 선정 등

㉠ 덕트는 내마모성, 내부식성 등의 재료 또는 도포한 재질을 사용하고, 변형 등이 발생하지 않는 충분한 강도를 지닌 재질로 하여야 한다.

㉡ 덕트는 가급적 원형관을 사용하고, 다음의 사항에 적합하도록 하여야 한다.
- 덕트의 굴곡과 접속은 공기흐름의 저항이 최소화될 수 있도록 할 것
- 덕트 내부는 가능한 한 매끄러워야 하며, 마찰손실을 최소화할 것
- 마모성, 부식성 유해물질을 반송하는 덕트는 충분한 강도를 지닐 것

② 덕트의 접속 등

㉠ 덕트의 접속 등은 다음의 사항에 적합하도록 설치하여야 한다.
- 접속부의 내면은 돌기물이 없도록 할 것
- 곡관(Elbow)은 5개 이상의 새우등 곡관으로 연결하거나, 곡관의 중심선 곡률 반경이 덕트지름의 2.5배 내외가 되도록 할 것
- 주덕트와 가지덕트의 접속은 30° 이내가 되도록 할 것
- 확대 또는 축소되는 덕트의 관은 경사각을 15° 이하로 하거나, 확대 또는 축소 전후의 덕트지름 차이가 5배 이상 되도록 할 것
- 접속부는 덕트 소용돌이(Vortex)기류가 발생하지 않는 구조로 할 것
- 가지덕트가 2개 이상인 경우 주덕트와의 접속은 각각 적절한 방향과 간격을 두고 접속하여 저항이 최소화되는 구조로 하고, 2개 이상의 가지덕트를 확대관 또는 축소관의 동일한부위에 접속하지 않도록 할 것

㉡ 덕트 내부에는 분진, 흄, 미스트 등이 퇴적할 수 있으므로 청소가 가능한 부위에 청소구를 설치하여야 한다.

㉢ 미스트나 수증기 등 응축이 일어날 수 있는 유해물질이 통과하는 덕트에는 덕트에 응축된 미스트나 응축수 등을 제거하기 위한 드레인밸브(Drain Valve)를 설치하여야 한다.

㉣ 덕트에는 덕트 내 반송속도를 측정할 수 있는 측정구를 적절한 위치에 설치하여야 하며, 측정구의 위치는 균일한 기류상태에서 측정하기 위해서, 엘보, 후드, 가지덕트 접속부 등 기류변동이 있는 지점으로부터 최소한 덕트 지름의 7.5배 이상 떨어진 하류 측에 설치하여야 한다.

ⓜ 덕트의 진동이 심한 경우, 진동전달을 감소시키기 위하여 지지대 등을 설치하여야 한다.

ⓑ 플렌지를 이용한 덕트 연결 시에는 가스킷을 사용하여 공기의 누설을 방지하고, 볼트 체결부에는 방진고무를 삽입하여야 한다.

ⓢ 덕트 길이가 1m 이상인 경우, 견고한 구조로 지지대 등을 설치하여 휨 등에 의한구조 변화나 파손 등이 발생하지 않도록 하여야 한다.

ⓞ 작업장 천정 등의 설치공간 부족으로 덕트형태가 변형될 때에는 그에 따르는 압력손실이 크지 않도록 설치하여야 한다.

ⓩ 주름관 덕트(Flexible Duct)는 가능한 한 사용하지 않는 것이 원칙이나, 필요에 의하여 사용한 경우에는 접힘이나 꼬임에 의해 과도한 압력손실이 발생하지 않도록 최소한의 길이로 설치하여야 한다.

③ 반송속도 결정

덕트에서의 반송속도는 국소배기장치의 성능향상 및 덕트 내 퇴석을 방지하기 위하여 유해물질의 발생형태에 따라 에서 정하는 기준에 따라야 한다.

④ 압력평형의 유지

㉠ 덕트 내의 공기흐름은 압력손실이 가능한 한 최소가 되도록 설계되어야 한다.

㉡ 후드, 충만실, 직선덕트, 확대 또는 축소관, 곡관, 공기정화장치 및 배기구 등의 압력손실과 합류관의 접속각도 등에 의한 압력손실이 포함되도록 하여야 한다.

㉢ 주덕트와 가지덕트의 연결점에서 각각의 압력손실의 차가 10% 이내가 되도록 압력평형이 유지되도록 하여야 한다.

⑤ 추가 설치 시 조치

㉠ 기설치된 국소배기장치에 후드를 추가로 설치하고자 하는 경우에는 추가로 인한 국소배기장치의 전반적인 성능을 검토하여 모든 후드에서 제어풍속을 만족할 수 있을 때에만 후드를 추가하여 설치할 수 있다.

㉡ 배기풍량, 후드의 제어풍속, 압력손실, 덕트의 반송속도 및 압력평형, 배풍기의 동력과 회전속도, 전기정격용량 등을 고려하여야 한다.

⑥ 화재폭발 등

㉠ 화재·폭발의 우려가 있는 유해물질을 이송하는 덕트의 경우, 작업장 내부로 화재·폭발의 전파방지를 위한 방화댐퍼를 설치하는 등 기타 안전상 필요한 조치를 하여야 한다.

㉡ 국소배기장치 가동중지 시 덕트를 통하여 외부공기가 유입되어 작업장으로 역류될 우려가 있는 경우에는 덕트에 기류의 역류 방지를 위한 역류방지댐퍼를 설치하여야 한다.

(5) 배기구의 설치

① 옥외에 설치하는 배기구는 지붕으로부터 1.5m 이상 높게 설치하고, 배출된 공기가 주변 지역에 영향을 미치지 않도록 상부 방향으로 10m/s 이상 속도로 배출하는 등 배출된 유해물질이 당해 작업장으로 재유입되거나 인근의 다른 작업장으로 확산되어 영향을 미치지 않는 구조로 하여야 한다.

② 배기구는 내부식성, 내마모성이 있는 재질로 설치하고, 배기구의 하단에 배수밸브를 설치하여야 한다.

1 총 압력손실 계산에 필요한 설계방법

(1) 덕트 내의 공기흐름은 압력손실이 가능한 한 최소가 되도록 설계되어야 하며, 후드, 충만실, 직선덕트, 혹대 또는 축소관, 곡관, 공기정화장치 및 배기구 등의 압력손실과 합류관의 접속 각도 등에 의한 압력손실이 포함되어야 한다.

(2) 또한 주 덕트와 가지덕트의 연결점에서 각각의 압력손실의 차가 10% 이내가 되도록 압력평형이 유지되도록 해야 한다.

2 유속조절평형법과 댐퍼조절평형법의 차이점

구분	유속조절평형법	댐퍼조절평형법
특징	합류점의 정압이 동일하도록 저항에 따라 덕트 직경을 변경하는 방법	댐퍼에 의한 압력조정으로 평형을 유지하는 방법
적용대상	분지관의 수가 적고 독성이 높은 물질이나 방사성 분진 및 폭발성 분진	분지관 및 배출원 수가 많고 덕트의 압력손실이 큰 경우
장점	• 침식, 부식, 분진 퇴적 등에 의한 덕트의 폐쇄가 없다. • 잘못된 분지관 및 최대저항 경로선정 등 문제점을 설계단계에서 쉽게 발견 가능하다. • 정확한 설계 시 효율적이다.	• 설계 및 계산이 간편하다. • 설치 후 최소 설계풍량으로 평형유지 및 송풍량의 조절이 용이하다. • 시설 설치 후 변경이 용이하다. • 덕트 크기 및 반송속도의 유지가 가능하다. • 덕트의 압력손실이 클 때 유용하다.
단점	• 설계가 복잡하다. • 설치 후 최소 설계풍량으로 평형유지 및 송풍량의 조절이 어렵다. • 시설 설치 후 변경이 어렵다. • 덕트 크기 및 반송속도의 유지가 어렵다. • 덕트의 압력손실이 적을 때 유용하다.	• 침식, 부식, 분진 퇴적 등에 의한 덕트의 폐쇄의 문제가 있다. • 잘못된 분지관 및 최대저항 경로선정 등 문제점을 설계단계에서 발견하기 어렵다. • 잘못된 댐퍼 설치 시 평형상태의 파괴가 유발된다.

3 검지관

(1) 측정대상 기체의 농도를 가장 저렴하게 가격으로 측정할 수 있는 방법으로, 대상 기체에 반응해 변색하는 입자상의 검지제를 일정 내경의 유리관에 긴밀히 충전해 양단을 용봉하여 유리관의 표면에 농도 눈금을 인쇄한 것이다.

(2) 충전하는 검지제는 건조제 등에 사용되고 있는 실리카겔이나 알루미나 등의 입체에 시약을 코팅하고 엄격한 조제 기준에 합격한 것만 사용해야 한다. 이때 코팅하는 시약은 측정대상 기체에만 반응하여 선명한 변색층을 나타내고 장시간에 걸쳐 안정된 것을 엄선하여야 정확한 측정이 가능하다.

4 특징

(1) 간단하게 조작하여 누구나 단시간에 측정할 수 있다.
(2) 눈금을 그대로 읽어내기만 하면 알기 쉬운 직독식이다.
(3) 흡입량을 조정하여 폭넓은 측정 범위를 커버할 수 있다.
(4) 엄격하게 정확성을 유지하기 위하여 제조로트마다 시험을 거쳐 눈금위치를 결정한다.
(5) 각각에 QC No.를 인쇄한다.
(6) 장기 안정성이 뛰어나며, 긴 유효기간을 가지고 있다.

5 기체 채취기

(1) 일정량의 시료 기체를 검지관으로 환기시키기 위한 흡인 펌프이다.
(2) 자전거의 공기 주입과 정반대의 역할로서 완전히 밀어 넣은 핸들을 단번에 당김으로써 실린더 내에 진공상태를 만들고 접속한 검지관을 통해 시료기체를 급속히 흡인하는 기능을 갖고 있다.
(3) 측정기의 분류에서는 실린더형 진공방식이라고 하며 가스텍 GV-100형 기체 채취기는 중량 약 250g, 내용적 100mL의 들기 쉬운 설계가 특징이다.
(4) 가스텍 단시간용 검지관의 대부분이 이 기체 채취기 한 대로 사용할 수 있다.

■ 후드의 형식 및 종류

형식	종류	비고
포위식 (Enclosing Type)	유해물질의 발생원을 전부 또는 부분적으로 포위하는 후드	• 포위형(Enclosing Type) • 장갑부착상자형(Glove Box Hood) • 드래프트 챔버형(Draft Chamber Hood) • 건축부스형 등
외부식 (Exterior Type)	유해물질의 발생원을 포위하지 않고 발생원 가까운 위치에 설치하는 후드	• 슬로트형(Slot Hood) • 그리드형(Grid Hood) • 푸쉬-풀형(Push-pull Hood) 등
레시버식 (Receiver Type)	유해물질이 발생원에서 상승기류, 관성기류 등 일정방향의 흐름을 가지고 발생할 때 설치하는 후드	• 그라인더커버형(Grinder Cover Hood) • 캐노피형(Canopy Hood)

② 개방조 설치후드의 설치위치

제어거리(m)	후드의 구조 및 설치위치	비고
0.5 미만	측면에 1개의 슬로트후드 설치	제어거리 : 후드의 개구면에서 가장 먼 거리에 있는 개방조의 가장자리까지의 거리
0.5~0.9	양측면에 각 1개의 슬로트후드 설치	
0.9~1.2	양측면에 각 1개 또는 가운데에 중앙선을 따라 1개의 슬로트후드를 설치하거나 푸쉬-풀형 후드 설치	
1.2 이상	푸쉬-풀형 후드 설치	

③ 유해물질 발생형태별 반송속도

유해물질 발생형태	유해물질 종류	반송속도(m/s)
증기·가스·연기	모든 증기, 가스 및 연기	5.0~10.0
흄	아연흄, 산화알미늄 흄, 용접흄 등	10.0~12.5
미세하고 가벼운 분진	미세한 면분진, 미세한 목분진, 종이분진 등	12.5~15.0
건조한 분진이나 분말	고무분진, 면분진, 가죽분진, 동물털 분진 등	15.0~20.0

유해물질 발생형태	유해물질 종류	반송속도(m/s)
일반 산업분진	그라인더 분진, 일반적인 금속분말분진, 모직물분진, 실리카분진, 주물분진, 석면분진 등	17.5~20.0
무거운 분진	젖은 톱밥분진, 입자가 혼입된 금속분진, 샌드블라스트분진, 주절보링분진, 납분진	20.0~22.5
무겁고 습한 분진	습한 시멘트분진, 작은 칩이 혼입된 납분진, 석면덩어리 등	22.5 이상

4 유해물질 형태별 공기정화방식

유해물질 발생형태			유해물질 종류	비고
분진	분진 지름 (μm)	5 미만	여과방식, 전기제진방식	분진지름 : 중량법으로 측정한 입경분포에서 최대빈도를 나타내는 입자 지름
		5~20	습식 정화방식, 여과방식, 전기제진방식	
		20 이상	습식 정화방식, 여과방식, 관성방식, 원심력방식 등	
흄			여과방식, 습식 정화방식, 관성방식 등	
미스트·증기·가스			습식 정화방식, 흡수방식, 흡착방식, 촉매산화방식, 전기제진방식 등	

5 필요환기량 계산식

구분	필요환기량 계산식	비고
희석	$Q = \dfrac{24.1 \times S \times G \times K \times 10^6}{M \times TLV}$	여기서, Q : 필요환기량(m³/h) S : 유해물질의 비중 G : 유해물질의 시간당 사용량(L/h) K=안전계수(혼합계수)로서 　　$K=1$: 작업장 내 공기혼합이 원활한 경우 　　$K=2$: 작업장 내 공기혼합이 보통인 경우 　　$K=3$: 작업장 내 공기혼합이 불완전인 경우 M : 유해물질의 분자량(g)
화재·폭발방지	$Q = \dfrac{24.1 \times S \times G \times sf \times 100}{M \times LEL \times B}$	TLV : 유해물질의 노출기준(ppm) LEL : 폭발하한치(%) B : 온도에 따른 상수 　　(121℃ 이하 : 1, 121℃ 초과 : 0.7) W : 수증기 부하량(kg/h)
수증기 제거	$Q = \dfrac{W}{1.2 \times \Delta G}$	ΔG : 작업장 내 공기와 급기의 절대습도차(kg/kg) Hs : 발열량(kcal/h) Cp : 공기의 비열(kcal/h·℃) Δt : 외부공기와 작업장 내 온도차(℃)
열배출	$Q = \dfrac{Hs}{Cp \times \Delta t}$	Sf : 안전계수(연속공정 : 4, 회분식 공정 : 10~12)

6 유해물질별 제어풍속

(1) 분진

① 국소배기장치[연삭기, 드럼 샌더(Drum Sander) 등의 회전체를 가지는 기계에 관련되어 분진작업을 하는 장소에 설치하는 것은 제외한다]의 제어풍속

분진작업 장소	제어풍속(m/sec)			
	포위식 후드의 경우	외부식 후드의 경우		
		측방흡인형	하방흡인형	상방흡인형
암석 등 탄소원료 또는 알루미늄박을 체로 거르는 장소	0.7	–	–	–
주물모래를 재생하는 장소	0.7	–	–	–
주형을 부수고 모래를 터는 장소	0.7	1.3	1.3	–
그 밖의 분진작업 장소	0.7	1.0	1.0	1.2

※ 비고 : 제어풍속이란 국소배기장치의 모든 후드를 개방한 경우의 제어풍속으로서 다음 각 목의 위치에서 측정한다.
　　가. 포위식 후드에서는 후드 개구면
　　나. 외부식 후드에서는 해당 후드에 의하여 분진을 빨아들이려는 범위에서 그 후드 개구면으로부터 가장 먼 거리의 작업위치

② 국소배기장치 중 연삭기, 드럼 샌더 등의 회전체를 가지는 기계에 관련되어 분진작업을 하는 장소에 설치된 국소배기장치 후드의 설치방법에 따른 제어풍속

후드의 설치방법	제어풍속(m/sec)
회전체를 가지는 기계 전체를 포위하는 방법	0.5
회천제의 회전으로 발생하는 분진의 흩날림 방향을 후드의 개구면으로 덮는 방법	5.0
회전체만을 포위하는 방법	5.0

※ 비고 : 제어풍속이란 국소배기장치의 모든 후드를 개방한 경우의 제어풍속으로서, 회전체를 정지한 상태에서 후드의 개구면에서의 최소풍속을 말한다.

(2) 관리대상 유해물질의 제어풍속

물질의 상태	후드 형식	제어풍속(m/sec)
가스상태	포위식 포위형	0.4
	외부식 측방흡인형	0.5
	외부식 하방흡인형	0.5
	외부식 상방흡인형	1.0
입자상태	포위식 포위형	0.7
	외부식 측방흡인형	1.0
	외부식 하방흡인형	1.0
	외부식 상방흡인형	1.2

※ 비고
1. '가스 상태'란 관리대상 유해물질이 후드로 빨아들여질 때의 상태가 가스 또는 증기인 경우를 말한다.
2. '입자 상태'란 관리대상 유해물질이 후드로 빨아들여질 때의 상태가 흄, 분진 또는 미스트인 경우를 말한다.
3. '제어풍속'이란 국소배기장치의 모든 후드를 개방한 경우의 제어풍속으로서 다음 각 목에 따른 위치에서의 풍속을 말한다.
　　가. 포위식 후드에서는 후드 개구면에서의 풍속
　　나. 외부식 후드에서는 해당 후드에 의하여 관리대상 유해물질을 빨아들이려는 범위 내에서 해당 후드 개구면으로부터 가장 먼 거리의 작업위치에서의 풍속

(3) 허가대상 유해물질의 제어풍속

물질의 상태	제어풍속(m/sec)
가스상태	0.5
입자상태	1.0

※ 비고
1. 이 표에서 제어풍속이란 국소배기장치의 모든 후드를 개방한 경우의 제어풍속을 말한다.
2. 이 표에서 제어풍속은 후드의 형식에 따라 다음에서 정한 위치에서의 풍속을 말한다.
　　가. 포위식 또는 부스식 후드에서는 후드의 개구면에서의 풍속
　　나. 외부식 또는 리시버식 후드에서는 유해물질의 가스·증기 또는 분진이 빨려들어가는 범위에서 해당 개구면으로부터 가장 먼 작업위치에서의 풍속

7 후드형태별 배풍량

후드	개구면의 세로/가로 비율(W/L)	배풍량(m³/min)
외부식 슬로트형	0.2 이하	$Q = 60 \times 3.7LVX$
외부식 플렌지부착 슬로트형	0.2 이하	$Q = 60 \times 2.6LVX$
외부식 장방형	0.2 이상 또는 원형	$Q = 60 \times V(10X^2 + A)$
외부식 플렌지부착 장방형	0.2 이상 또는 원형	$Q = 60 \times 0.75V(10X^2 + A)$
포위식 부스형	—	$Q = 60 \times VA = 60VWH$
레시버식 캐노피형	—	$Q = 60 \times 1.4PVD$ 여기서, P : 작업대의 주변길이(m) 　　　　D : 작업대와 후드 간의 거리(m)
외부식 다단 슬로트형	0.2 이상	$Q = 60 \times V(10X^2 + A)$
외부식 플렌지부착 다단 슬로트형	0.2 이상	$Q = 60 \times 0.75V(10X^2 + A)$

여기서, Q : 배풍량(m³/min), L : 슬로트길이(m), W : 슬로트폭(m), V : 제어풍속(m/s)
　　　A : 후드 단면적(m²), X : 제어거리(m), H : 높이(m)

8 분지관 연결형태 구분

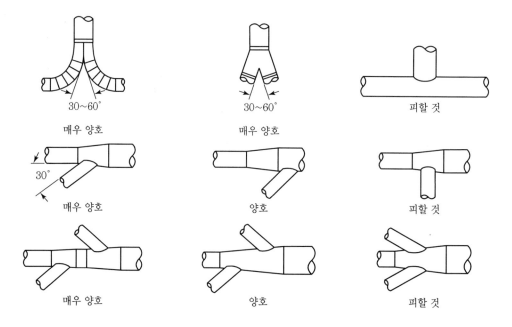

005 산업환기설비의 유지관리

1 국소배기장치 검사시기

국소배기장치 등의 효율적인 유지관리를 위해 다음에서 정하는 바에 따라 검사를 실시하여야
한다.

(1) 신규로 설치된 국소배기장치 최초 사용 전
(2) 국소배기장치 개조 및 수리 후 사용 전
(3) 법 제36조에 따른 안전검사 대상 국소배기장치
(4) 최근 2년간 작업환경측정 결과 노출기준 50% 이상일 경우 해당 국소배기장치

2 국소배기장치 검사방법

국소배기장치 검사는 체크리스트 내용에 따라 점검한다. 단, 안전검사 대상물질을 취급하는 국
소배기장치는 고용노동부고시(안전검사절차에 관한 고시) 별지 제3호에 따라 실시한다.

3 국소배기장치 등의 가동

(1) 국소배기장치는 근로자의 건강, 화재 및 폭발, 가스 등의 유해·위험성을 고려하여 안전하게
가동되어야 한다.
(2) 국소배기장치는 작업 중 계속 가동하여야 하며, 작업시작 전과 종료 후 일정시간 가동하여
야 한다. 다만, 작업이 미실시되는 시간이라도 유해물질에 의한 작업환경이 지속적으로 오
염될 우려가 있는 경우에는 국소배기장치를 계속 가동하여야 한다.
(3) 공기정화장치의 가동은 제조 및 시공자의 지침서에 따라 조작하고, 가동 중 공기정화장치의
성능 저하 시에는 즉시 청소·보수·교체 기타 필요한 조치를 하여야 한다.
(4) 배풍기와 전동기의 베어링 등 구동부에는 주기적으로 윤활유를 주유하고, 벨트가 파손되거
나 느슨해진 경우에는 벨트 전부를 새것으로 교체하여야 한다.
(5) 검사 결과 이상이 있는 경우, 반드시 수리나 부대품 교체 등을 하여 성능이 항상 유지될 수
있도록 하여야 한다.

1 후드정압

후드정압이란 후드로 공기가 흡인될 때 발생하는 압력손실로 후드 흡인유량 재설계 시 배기후드의 압력손실 설계자료로 활용할 수 있고, 후드의 흡인유량 변동 유무를 초기 측정값과 비교하여 확인할 수 있다.

2 후드정압 측정방법

후드정압 측정 시 베나수축이 예상되는 구간에서 측정하면 압력이 과대평가될 수 있다. 따라서 후드와 덕트의 접합부 하류 방향으로 $2\sim4D$(덕트 직경) 지점에서 정압 측정구를 이용하여 단일 튜브나 피토관을 이용하여 후드정압을 측정하기를 권장한다. 피토관의 정압구를 마노미터의 음압 측정구에 연결하여 후드정압을 측정한다. 각 후드마다 후드정압 측정장치를 달아 두면 산업환기시스템을 관리하는 데 상당한 도움이 된다.

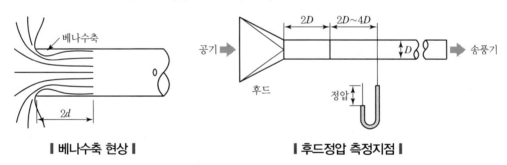

▎ 베나수축 현상 ▎   ▎ 후드정압 측정지점 ▎

3 베나수측

공기가 후드로 흡인될 때 유선이 일시적으로 수축했다가 다시 발달하는 현상이 나타나는데 이를 베나수축(Vena Contracta) 현상이라고 한다.

4 덕트 반송속도 측정

덕트 내 분진이 퇴적되지 않을 수 있는 속도인지 여부를 확인하기 위해 덕트 반송속도를 측정한다. 측정지점은 곡관 및 합류지점에서 하류방향으로 덕트 직경의 6배 이상, 상류방향으로 덕트 직경의 3배 이상에서 열선풍속계나 피토관을 이용하여 덕트 반송속도를 측정한다(Six in and Three Out). 덕트에서의 공기 흐름은 항상 난류상태이고, 덕트 표면의 마찰과 곡관에 의한 충돌로 덕트 단면의 기류 분포는 일정하지 않아 특정 지점에서 측정 시 유속이 과대 혹은 과소평가될 수 있다. 따라서 덕트 반송속도를 측정하기 위해서는 피토관 횡단법(Pitot Traverse)을 이용하여 덕트 단면에서 여러 지점을 측정하여 유속을 평균하는 것이 바람직하다.

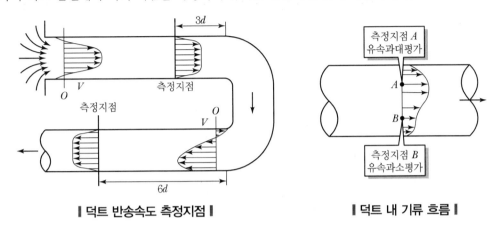

| 덕트 반송속도 측정지점 |　　　| 덕트 내 기류 흐름 |

5 송풍기 상사법칙

송풍기의 특성을 나타내는 것을 송풍기의 특성곡선이라고 하며, 송풍기 상사법칙은 이러한 특성에 따라 적용한다.

(1) 풍압은 회전수에 반비례한다.
(2) 풍량은 회전수의 제곱에 비례한다.
(3) 소요동력은 회전수의 세제곱에 비례한다.
(4) 풍압과 동력은 절대온도에 비례한다.

6 15−3−15 규칙

(1) 배출구와 공기를 유입하는 흡입구는 서로 15m 이상 이격시킨다.
(2) 배출구의 높이는 지붕꼭대기나 공기유입구보다 위로 3m 이상 높게 한다.
(3) 배출되는 공기는 재유입되지 않도록 배출가스 속도를 15m/s 이상 유지한다.

7 블로다운(Blow Down)

사이클론의 집진효율을 집진효율 향상을 위해 Dust Box 또는 Hoper에 설치해 처리대상 가스의 5~10%에 해당하는 함진가스를 흡입시키면 사이클론 내 집진된 분진의 난류현상을 억제시켜 비산을 방지함으로써 집진효율이 높아지는 현상으로 원추하부와 출구의 분진퇴적을 억제시키는 효과도 기대할 수 있다.

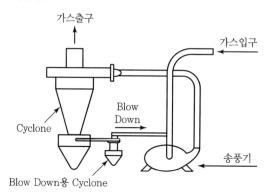

▮ Blow Down Cyclone ▮

1 후드

구분	내용
후드의 설치	• 유해물질 발산원마다 후드가 설치되어 있을 것 • 후드 형태가 해당 작업에 방해를 주지 않고 유해물질을 흡인하기에 적절한 형식과 크기를 갖출 것 • 근로자의 호흡위치가 오염원과 후드 사이에 위치하지 않으며, 후드가 유해물질 발생원 가까이에 위치할 것
후드의 표면상태	후드의 내외면은 흡기의 기능을 저하시키는 마모, 부식, 흠집, 기타 손상이 없을 것
흡입기류를 방해하는 방해물 등의 여부	• 흡입기류를 방해하는 기둥, 벽 등의 구조물이 없을 것 • 후드 내부 또는 전처리필터 등의 퇴적물로 인한 제어풍속의 저하 없이 기준치를 유지할 것
흡인성능	• 스모크테스터(발연관)를 이용하여 흡인기류(스모크)가 완전히 후드 내부로 흡인되어 후드 밖으로의 유출이 없을 것 • 회천체를 가진 레시버식 후드는 정상작업이 행해질 때 발산원으로부터 유해물질이 후드 밖으로 비산하지 않고 완전히 후드 내로 흡입되어야 할 것 • 후드의 제어풍속이 「보건규칙」 제202조 및 제244조, 별표 2와 별표 8의 제어풍속에 적합하게 관리될 것

2 덕트

구분	내용
표면상태 등	덕트 내외면의 파손, 변형 등으로 인한 설계 압력손실 증가 또는 파손부분 등에서의 공기 유입 또는 누출이 없고, 이상음 또는 이상진동이 없을 것
플렉시블 덕트	플렉시블(Flexible) 덕트의 심한 굴곡, 꼬임 등으로 인해 설계 압력손실 증가에 영향을 주지 않도록 관리될 것
퇴적물 여부	• 덕트내면의 분진, 오일미스크 등의 퇴적물로 인해 설계 압력손실 증가 등 배기성능에 영향을 주지 않도록 할 것 • 분진 등의 퇴적으로 인한 이상음 또는 이상 진동이 없을 것 • 덕트 내의 측정정압이 초기정압의 ±10% 이내일 것

구분	내용
접속부	• 플랜지의 결합볼트, 너트, 패킹의 손상이 없을 것 • 정상작동 시 스모크테스터의 기류가 흡입덕트에서는 접속부로 흡입되지 않고 배기덕트에서는 접속부로부터 배출되지 않도록 관리될 것 • 공기의 유입이나 누출에 의한 이상음이 없을 것 • 덕트 내의 정압은 초기정압의 ±10% 이내일 것
댐퍼	• 댐퍼가 손상되지 않고 정상적으로 작동될 것 • 댐퍼가 해당 후드의 적정 제어풍속 또는 필요 풍량을 가지도록 적절하게 개폐되어 있을 것 • 댐퍼 개폐방향이 올바르게 표시되어 있을 것

❸ 배풍기

구분	내용
표면상태 등	• 배풍기 또는 모터의 기능을 저하시키는 파손, 부식, 기타 손상 등이 없을 것 • 배풍기 케이싱(Casing), 임펠러(Impeller), 모터 등에서의 이상음 또는 이상 진동이 발생하지 않을 것 • 각종 구동장치, 제어반(Control Panel) 등이 정상적으로 작동될 것
벨트	벨트의 파손, 탈락, 심한 처짐 및 풀리의 손상 등이 없을 것
회전수	배풍기의 측정회전수 값과 설계 회전수 값의 비(측정/설계)가 0.8 이상일 것
회전방향	배풍기의 회전방향은 규정의 회전방향과 일치할 것
캔버스	• 캔버스의 파손, 부식 등이 없을 것 • 송풍기 및 덕트와의 연결부위 등에서 공기의 유입 또는 누출이 없을 것 • 캔버스의 과도한 수축 또는 팽창으로 배풍기 설계 정압 증가에 영향을 주지 않을 것
안전덮개	전동기와 배풍기를 연결하는 벨트 등에는 안전덮개가 설치되고 그 설치부는 부식, 마모, 파손, 변형, 이완 등이 없을 것
배풍량 등	• 배풍기의 측정풍량과 설계풍량의 비(측정/설계)가 0.8 이상일 것 • 배풍기의 성능을 저하시키는 설계정압의 증가 또는 감소가 없을 것

4 전기설비

구분	내용
전동기	전동기는 다음과 같이 관리할 것 • 전동기는 옥내, 옥외, 온도조건 및 기타 사용조건에 적합한 구조일 것 • 전동기는 이상소음, 이상발열이 없을 것 • 전동기의 절연저항값은 사용전압[V]/(1,000 + 출력[kW])[MΩ] 이상일 것
배전반 등	배전반·제어반 등은 다음과 같이 관리할 것 • 외함의 구조는 충전부가 노출되지 않도록 폐쇄형으로 잠금장치가 있고 사용장소에 적합한 구조일 것 • 조작용 전기회로 및 방호장치 조작용 전기회로의 전압은 교류 대지전압 150V 이하 또는 직류 300V 이하일 것 • 퓨즈의 정격전류 또는 기타 과전류보호장치의 전류설정치는 가능한 한 낮게 선정하되 예상 과전류에 적절한 것일 것 • 과전류보호장치의 정격전류 또는 설정은 장치에 의해 보호되는 도체의 허용전류용량으로 결정될 것 • 배전반·제어반 등에는 명칭, 전원의 정격(전압, 주파수, 상수)이 표시된 이름판이 부착될 것 • 계전기는 절손, 변형, 부식 또는 피로에 의한 열화가 없어야 하며 정상적으로 작동할 것 • 운전 상태를 표시하는 표시등이 점등되고 버튼별 명칭이 표기될 것
배선	배선은 다음과 같이 관리할 것 • 배선의 피복상태는 손상, 파손, 탄화부분이 없을 것 • 배선의 단자체결 부분은 전용의 단자를 사용하고 볼트 및 너트의 풀림 또는 탈락이 없을 것 • 배선의 절연저항은 아래의 값이 상일 것 　- 대지전압 150V 이하인 경우 0.1MΩ 　- 대지전압 150V 초과 300V 이하인 경우 0.2MΩ 　- 사용전압 300V 초과 400V 미만인 경우 0.3MΩ 　- 사용전압 400V 이상인 경우 0.4MΩ • 배선은 옥내, 옥외, 온도조건 및 기타 사용조건에 적합한 구조로 시공된 것일 것
접지	접지설비는 다음과 같이 관리할 것 • 전동기 외함 배전반 제어반의 프레임 등은 접지하여 그 접지저항은 아래의 값 이하일 것 　- 400V 미만일 때 100Ω 　- 400V 이상일 때는 10Ω 　다만, 방폭지역의 저압 전기기계·기구의 외함은 전압에 관계없이 10Ω 이하일 것 • 접지선은 당해 전기기계·기구에 대하여 충분한 용량 및 전기적, 기계적 강도를 가질 것

5 공기정화장치

구분	내용
형식 등	제거하고자 하는 오염물질의 종류, 특성을 고려한 적합한 형식 및 구조를 가질 것
표면상태 등	• 처리성능에 영향을 줄 수 있는 외면 또는 내면의 파손, 변형, 부식 등이 없을 것 • 구동장치, 여과장치 등이 정상적으로 작동되고, 이상음이 발생하지 않을 것
접속부	접속부는 볼트, 너트, 패킹 등의 이완 및 파손이 없고 공기의 유입 또는 누출이 없을 것
성능	여과재의 막힘 또는 파손이 없고, 정상 작동상태에서 측정한 차압과 설계차압의 비(측정/설계)가 0.8~1.4 이내일 것

6 최종배기구

구분	내용
구조 등	분진 등을 배출하기 위하여 설치하는 국소배기장치(공기정화장치가 설치된 이동식 국소배기장치를 제외한다)의 배기구는 직접 외기로 향하도록 개방하여 실외에 설치하는 등 배출되는 분진 등이 작업장으로 재유입되지 않는 구조일 것
비마개	최종배기구에 비마개 설치 등 배풍기 등으로의 빗물 유입방지조치가 되어 있을 것

PART
06

시료채취 및 분석

001 석면의 측정 및 분석

1 분석방법의 분류

석면의 분석은 목적에 따라 필터에 채취된 공기 중 석면 섬유의 계수분석과 건축자재 등 고형시료 중의 석면 함유율 분석으로 구분할 수 있다. 공기 중 석면 섬유의 계수분석에 널리 사용되고 있는 분석기술로는 위차현미경법(PCM), 투과전자현미경법(TEM), 주사전자현미경법(SEM) 등이 있으며, 이 중에서 위상차현미경법이 세계적으로 가장 보편적으로 사용되고 있으며 미국 EPA에서는 투과전자현미경법을 주로 사용하고 있다. 고형시료 중의 석면 분석기술로는 편광현미경법(PLM), 투과전자현미경법(TEM), 주사전자현미경법(SEM), X-선회절분석법(XRD), 열분석법(TG-DTA) 등이 있으며, 이 중에서 편광현미경법과 투과전자현미경법이 가장 보편적으로 사용되고 있는 분석기술이다.

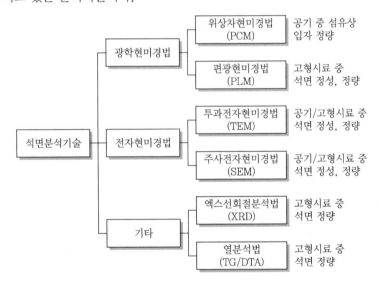

2 위상차현미경법(Phase Contrast Microscopy, PCM)

공기 중 석면 섬유의 계수분석 기술 중 가장 일반적으로 널리 사용되는 광학현미경법 중의 하나이다. 시료채취 매체로 $0.8\mu m$ pore size, 지름 25mm의 MCE 필터를 사용하여 공기 중의 입자상 물질을 채취한 후 슬라이드 형태로 전처리하여 위상차현미경에서 관찰하여, 현미경 시야상의 지름 100mm인 Walton-Beckett 그래티큘 내의 섬유상 물질을 약속된 계수법에 따라 계수하는 방법이다.

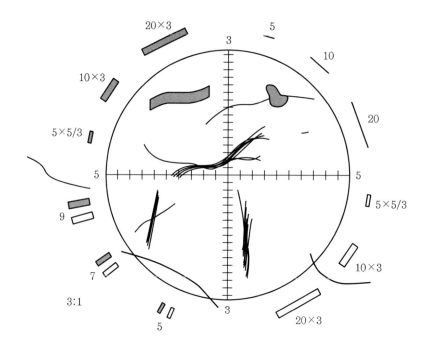

(1) 장점

위상차현미경법은 전처리가 비교적 간편하여 전처리 중 시료의 훼손 가능성이 적고 빠른 분석결과 산출이 가능하다. 장비의 이동이 쉬워서 건축물의 석면 해체작업장에서의 석면노출을 매일 모니터링(Daily Monitoring)하여 현장에서 빠르게 분석결과를 산출할 수 있다. 현행 노동부 산업안전보건법상의 작업환경 중 공기 중 석면노출에 대한 8시간 시간가중평균(TWA) 노출기준인 0.1fibers/cc와 환경부 다중이용시설법의 관리기준인 0.01fibers/cc는 위상차현미경법에 의한 분석결과를 기준으로 한 것이므로 위상차현미경법을 이용하여 적절히 시료 채취 전략을 수립하여 채취·분석할 경우 근로자 개인시료와 지역시료의 노출(관리)기준과 비교평가에 모두 적용할 수 있다. 또한 과거의 국내외 역학조사와 작업환경측정 자료 또한 대부분 위상차현미경법으로 분석한 결과이므로 석면 섬유 노출에 대한 위해도 평가에도 적절히 적용할 수 있다.

(2) 단점

위상차현미경법은 앞에서 언급한 석면분석을 위한 석면의 3가지 특징 중 길이 대 지름의 비(Aspect Ratio)만을 이용하여 섬유상 입자와 비섬유상 입자를 구분·분석하므로 석면이 아닌 섬유와 석면 섬유를 구분하지 못하고 모두 석면으로 간주하여 분석한다. 따라서 비석면 섬유상 물질이 분석의 방해물질로 작용하므로 이러한 입자의 농도가 높은 환경에는 위상차현미경법을 적용하기 어렵다. 비석면 섬유와 석면 섬유의 구분 분석이 필요한 경우는 주사전자현미경(SEM)이나 투과전자현미경(TEM) 등을 이용하여 화학조성이나 결정특성 등을 추가로 분석해서 석면인지 여부와 석면의 종류를 구분하여 분석하여야 한다. 또한 비섬유상 입자의 농도가 높은 경우 현미경 시야에서 섬유상 입자의 관찰이 어렵게 되므로 본 측정·분석방법의 검출한계를 증가시키는 방해물질로 작용한다. 위상차현미경법은 현미경의 분해능과 확대배율의 한계로 인해 채취된 모든 석면을 검출할 수 없으며, 백석면은 약 $0.25\mu m$, 기타 각섬석류는 약 $0.15\mu m$ 이상의 지름을 가지는 석면 섬유만을 검출할 수 있다. 예를 들어 섬유의 길이가 $10\mu m$이며 길이 대 지름의 비가 100 : 1인 경우, 지름이 $0.1\mu m$로 위상차현미경법으로는 검출이 불가능하다. 즉, 위상차현미경으로 관찰되는 모든 섬유는 현미경 시야 상에서는 가는 섬유형태로 보이더라도 사실은 섬유의 다발이며, 각각의 개별 섬유를 관찰하려면 투과전자현미경법(TEM)을 사용하여야 한다.

❸ 투과전자현미경법(Transmission Electron Microscopy, TEM)

투과전자현미경법은 석면의 동정에 있어서 현재까지 가장 정확하고 신뢰할 수 있는 궁극적인 방법이다. 필터에 채취된 공기 중 석면의 계수분석과 고형시료의 석면 함유율 분석에 모두 적용 가능하다. 측정·분석법에 따라 250~1,000배의 배율로 시료 중의 입자가 섬유상 물질인지 형태를 확인한 후 10,000배 이상의 배율에서 현미경에 장착된 EDXA(Energy Dispersive X-ray Analyzer)로 물질의 화학 조성을 확인하고 SAED(Selected Area Electron Diffraction)로 결정의 회절무늬를 확인하여 석면을 분석한다. 이와 같이 EDXA나 SAED를 장착하여 물질의 화학적 특성 분석이 가능한 전자현미경을 분석전자현미경(Analytical Electron Microscope, AEM)이라고 한다.

(1) 장점

투과전자현미경법은 석면의 정확한 동정을 위하여 확인하여야 하는 3가지 사항인 형태, 화학조성, 결정구조를 모두 확인 가능한 가장 정확한 석면 분석법이다. 투과전자현미경은 약 100,000배의 확대배율에서 약 10nm 이상의 분해능으로 이미지를 관찰할 수 있기 때문에 가장 가는 석면 개별 섬유(약 $0.02\mu m$)까지 관찰 가능하다. 따라서 위상차현미경이나 편광현미경법에서 관찰할 수 없는 매우 가늘거나 짧은 석면섬유도 분석이 가능하고 검출한계 또한 가장 낮다. 이러한 장점 때문에 투과전자현미경법은 건축물 중 석면의 해체작업이 끝나고 난 후 작업 완결여부의 확인을 위한 공기 중 석면 섬유농도의 분석, 매우 낮은 석면 섬유농도를 보이는 일반 환경 공기 중의 석면 분석, 비석면 섬유상 입자가 다량발생할 수 있는 학교, 지하철 역사 등의 공기 중 석면분석 등에 주로 적용되며 고형시료 중 석면분석 시에는 비닐바닥타일(리놀륨) 등과 같이 매우 짧거나 가늘어서 편광현미경에서 관찰이 어려운 석면(지름 $1\mu m$ 이하)을 함유한 고형시료의 분석 등에도 적용가능하다.

(2) 단점

투과전자현미경법은 가장 정확하게 석면을 동정할 수 있는 분석법이지만 공기 중 시료분석에 적용 시 현행 국내 노출(관리)기준과 대부분의 과거 역학조사 자료 등은 위상차현미경법을 이용한 결과이므로 투과전자현미경의 분석결과를 이와 직접 비교하는 것은 불가능하다. 이런 단점을 보완하기 위해서 미국 EPA AHERA Method에서는 공기 중 시료의 분석결과를 공시료에서 검출된 섬유 수와 비교하거나, 평가하고자 하는 실내와 실외를 동시에 측정하여 나온 분석결과를 비교하여 결과를 해석한다. 위상차현미경과 유사한 결과를 얻기 위해 지름 0.25μm 이상의 섬유만을 계수하는 방법인 PCM Equivalent(PCME) Counting Method를 이용하는 계수법도 사용하고 있으나 이 경우에도 투과전자현미경의 분해능과 확대배율이 높아서 위상차현미경의 값과 직접적인 비교는 불가능하다. NIOSH NMAM #7402의 경우 석면섬유의 농도를 계수하기 위한 방법이 아니라 PCM Equivalent(PCME) Counting Method를 통해서 PCME 섬유 중 석면섬유의 비율을 계산하여 위상차현미경법에서의 결과를 보정하기 위한 분석방법이다. 이 외에도 투과전자현미경법은 시료의 전처리과정이 복잡하여 전처리 중 시료의 훼손 가능성이 상대적으로 높고 분석에 오랜 시간이 소요되는 단점이 있다.

4 주사전자현미경법(Scanning Electron Microscopy, SEM)

주사전자현미경법은 EDXA를 장착하여 섬유상 물질의 화학조성의 확인이 가능한 전자현미경법의 일종으로 주로 영국, 독일 등 유럽에서 주로 사용되고 있으나 위상차현미경법이나 투과전자현미경법에 비해 상대적으로 널리 사용되고 있는 방법은 아니다. 필터에 채취된 공기 중 석면의 계수분석과 고형시료의 석면 함유율 분석에 모두 적용 가능하다. 주요 측정·분석방법으로는 영국 MDHS 87, 독일 VDI 3492 및 3866Blatt5 등이 있다.

(1) 장점

EDXA를 장착하여 섬유상 물질의 화학조성을 확인할 수 있어 석면, 비석면 및 석면의 종류 확인이 가능하다. 또한 투과전자현미경에 비해 해상도가 높아서 석면의 형태 관찰이 상대적으로 용이하며 시료의 전처리가 투과전자현미경에 비해 상대적으로 간편하여 비교적 저렴한 비용과 시간으로 비교적 신뢰성 있는 결과를 얻을 수 있다.

(2) 단점

SAED를 이용한 시료의 결정구조 확인이 불가능하므로 투과전자현미경법에 비해 분석의 신뢰도가 떨어진다. 또한 국제적으로 주사전자현미경법을 이용한 석면분석법에 대한 정도관리프로그램이 없어서 외부정도관리를 통한 분석결과의 정확도 관리가 어려운 측면이 있다.

4 편광현미경법(Polarized Light Microscopy, PLM)

편광현미경법은 고형시료 중에서 석면의 동정 및 함유율 분석에 가장 널리 사용되고 있는 광학현미경법 중의 하나이다. 100~400배의 배율로 관찰하며 석면의 형태, 굴절률, 분산염색의 색깔, 교차편광, 복굴절, 소멸각, 신장부호를 관찰하여 석면 여부 및 석면의 종류를 동정하고 함유율을 정량분석한다. 편광현미경을 이용한 정량분석 방법은 그 방법에 따라 현미경 시야상에 나타나는 석면의 면적비율을 통해 육안으로 정량하는 시야평가(Visual Estimation)법, 시야 내 정해진 포인트에 겹치는 입자 중 석면의 비율을 계수하여 평가하는 포인트카운팅(Point Counting)법, 석면 함유의 중량비율 평가를 위한 중량법(Gravimetric Analysis), 분석 정확도 및 정밀도를 높이기 위해 시야평가법과 포인트카운팅법을 혼용한 계층화된 정량법(Stratified Method) 등이 있다. 현재 국내 대부분의 고형석면 전문분석기관들은 고형시료 중 석면 함유율 정량 시 시야평가법을 사용하고 있다.

(1) 장점

대부분의 고형시료의 석면함유율 분석에 검출한계 1% 기준으로 보편·타당하게 적용할 수 있는 방법으로, 시료의 전처리가 간편하고 분석시간이 타 분석법에 비해 상대적으로 짧다.

(2) 단점

분석에 필요한 광학적 성질을 모두 육안으로 확인하므로 석면의 동정 시 오류가 발생할 가능성이 크므로 분석자의 경험과 능력이 크게 요구되는 분석기술이다. 고형시료의 석면함유율은 그 정확도가 큰 의미를 가지지는 않으나 시야평가법을 이용한 정량 시에는 분석자의 시야에 의존하기 때문에 10% 이하의 낮은 함량에서 분석결과의 변이가 매우 크다. 또한 편광현미경법은 석면 함유 중량비율(%w/w)을 직접적으로 산출할 수 없으며, 검출한계인 1% 이하 수준의 낮은 석면 함유율의 고형시료에 대한 정량이 어렵다. 100~400배의 비교적 낮은 배율로 분석하므로 비닐바닥타일(리놀륨), 매스틱, 가스켓 중의 석면 등 가늘고 짧은 석면섬유가 많은 시료의 경우 분석 시 정량에 큰 오차가 발생하거나 석면이 불검출되는 음성오류(False Negative Error)가 발생할 수도 있다.

5 X-선회절분석법(X-Ray Diffractometer, XRD)

X-선회절분석법은 고형시료 중에서 석면의 결정특성에서 기인하는 X-선 회절 패턴의 유사성을 통해 석면을 검출하고, 이 중 특정 고유 피크의 세기(Intensity)를 이용해 함유율을 분석하는 방법이다. 약 100mg의 고형시료를 분쇄하여 펠렛(Pellet) 형태로 제작한 후 분석하고, 표준시료로부터 얻은 회귀방정식을 이용하여 석면의 함유율을 분석하게 된다.

(1) 장점

X-선회절분석법의 가장 큰 장점은 고형시료 중 석면함유의 중량비율(%w/w)을 분석할 수 있다는 점으로 현재 노동부의 산업안전보건법에서 석면함유물질의 기준인 '중량비 1% 이상'의 평가에 가장 타당하게 적용할 수 있는 방법이다.

(2) 단점

섬유상과 비섬유상 입자의 구분이 불가능하기 때문에 석면의 형태를 확인하기 위해 분산염색 대물렌즈가 부착된 위상차현미경이나 편광현미경을 병행해 사용하여야 하다. 따라서 X-선회절분석기는 주로 석면의 동정보다는 중량비율 산출을 위한 정량분석이나 석면 함유 여부의 추가 확인의 목적으로 주로 이용된다.

002 유기용제 시료채취 및 분석

1 예비조사

예비조사의 주요 목적은 첫째 유사노출그룹을 설정하는 것이며, 둘째 정확한 시료채취전략을 수립하기 위해서이다. 이러한 예비조사의 목적을 달성하기 위해서는 작업장과 공정특성, 근로자의 작업특성, 유해인자의 특성 등을 정밀하게 조사해야 한다.

2 시료채취전략 수립

어떤 유해인자를, 누구를 대상으로, 어디에서, 어떻게, 어떠한 방법 등을 이용하여 측정할 것인지 등을 결정하는 것이 시료채취전략(Sampling Strategy)이다. 이러한 시료채취전략을 수립하는 데는 전문성과 경험이 요구된다.

시료채취의 방법은 흔히 채취위치에 따른 구분과 채취시간에 따른 구분으로 나눌 수 있다. 채취위치에 따른 구분으로는 각 채취목적에 따라 개인시료채취(Personal Monitoring)와 지역시료채취(Area Monitoring) 나눌 수 있다. 그리고 채취시간에 따른 구분으로는 크게 장시간 시료채취와 단시간시료채취로 나눌 수 있으며, 장시간 시료채취는 전 작업시간 단일시료채취(Full-period, Single Sampling), 전 작업시간 연속시료채취(Full-period, Consecutive Sampling), 부분 작업시간 연속시료채취(Partial-period, Consecutive Sampling)로 나눌 수 있다.

3 시료채취 전략수립

시료채취전략을 수립할 때 측정하고자 하는 해당 물질에 대해 이용 가능한 시료채취 및 분석방법을 검토해야 하며 국가별 시료채취 및 분석방법은 다음과 같다.

기관명	시료채취 및 분석방법
National Institute for Occupational Safety and Health(NIOSH)	NIOSH Manual of Analytical Methods
Occupational Safety and Health Administration(OSHA)	OSHA Analytical Methods Manual

4 정확도와 정밀도 선택

(1) OSHA에서는 95% 신뢰수준으로 노출기준 수준에서 참값의 ±25% 이내의 정확도와 정밀도가 검증된 방법을 선택할 것을 권고한다.

(2) 가스는 25℃, 1기압에서 기체상태로 존재하며, 예를 들어 공기 중 산소, 에틸렌옥사이드, 일산화탄소 등이 있다. 증기는 끓는점 이하에서 액체, 고체상과 평형상태에 있는 기체를 일컫는다. 물질의 특성인 증기압에 공기 중 포화농도가 결정되며, 증기압은 온도의 변수이다.

$$공기중 \ 포화농도(ppm) = \frac{대상물질의 \ 증기압(단위 : mmHg)}{760mmHg} \times 10^6$$

5 시료채취 원칙

노출평가전략을 세울 때는 시료채취위치, 시료채취를 할 작업자 수, 시료채취시간 등을 결정해야 한다. 시료의 종류는 시료채취방법에 따라 크게 두 가지로 나눌 수 있다.

(1) 합계시료채취(Integrated Sampling)

흡수제(Absorbing 혹은 Adsorption Medium)로 공기를 통과시켜서 흡수제 혹은 흡착제에 공기를 포집

(2) 그랩시료채취(Grab Sampling)

짧은 시간(몇 초, 몇 분)동안 Sampling Bag, Syringe, Evacuated Flask로 공기를 채취

6 능동식 시료채취

시료채취펌프로 흡착튜브, 전처리된 여과지, 임핀저와 같은 시료채취미디어를 통해 공기와 오염물질, 혼합물질을 모으는 방법으로 시료채취 과정 중 가장 중요하다.

① 펌프의 유속을 보정(Calibration)한다.

② 시료채취 시 시료채취기의 능력, 검출한계, 정량한계, 측정의 상한범위를 고려한다.

③ 시료채취기의 능력을 평가하기 위해 파과(Breakthrough) 현상을 확인한다.

④ 활성탄관은 두 개의 층으로 나뉘어져 있으며 뒤층은 전체 활성탄 양의 1/3이므로, 뒤층에 흡착된 양이 앞층의 25% 이상이면 "파과, 유의한 손실 가능성 있음"이라고 보고해야 한다. 뒤층에 흡착된 양이 앞층의 50% 이상이면 과소평가되었으므로 시료 결과를 사용할 수 없다.

(1) 능동식 시료채취방법의 장단점

장점	단점
• 대개 광범위하게 신뢰성이 검증되고 문서화 되어 있다. • 보정을 하는 경우 정확한 채취공기량에 대한 정보를 알 수 있다. • 고체 흡착관인 경우 뒤층이 있어 시료의 파과 여부를 판별할 수 있다. • 대상물질의 물질적인 성상이 여러 개인 경우 여과지, 흡착관을 연결하여 여러 성상을 동시에 측정할 수 있다.	• 장비가 작업자의 작업을 방해하고, 펌프 보정 이시간이 필요하다. • 기술적인 훈련이 필요하다. • 펌프 사용기간이 오래되면 일정한 유속을 유지하는 능력의 신뢰성이 문제가 된다.

(2) 보정(Calibration)

제1차 표준물질는 실린더의 길이와 직경과 같이 직접 측정가능한 Linear Dimension에 근거하는 것으로 Spirometer, Bubble Meters 등이 있다. 제2차 표준물질은 Precision Rotameter, Wet Test Meter, Dry Gas Meter 등이 있다.

7 수동식 시료채취

Fick's 확산 제1법칙에 의해 농도차에 따른 오염물질의 이동이다. 가스나 증기에 따라 특정한 확산계수(D)를 가지기 때문에 각 물질별로 다른 시료채취속도를 가지게 된다. 이때 확산계수와 시료채취기 모양에 따라 시료채취속도가 결정되므로 사용하기 전에 정확도와 신뢰도에 대해 평가가 이루어져야 한다.

(1) 수동식 시료채취방법의 장단점

장점	단점
• 사용하기 쉽고 전체적인 비용은 능동식 시료 채취기에 비해 경제적이다.	• 공인된 방법 중 수동식 시료채취기를 사용한 방법이 많지 않다. • 사용 시 시료채취속도가 현장에서도 유효한지 확인해야 한다[정체된 공기는 시료채취의 'Starvation'을 일으키며, 유속이 높으면 터뷸런스(Turbulence)를 일으킨다].

1 고체 흡착제

흡착제 표면에 오염물질을 흡착시키는 고체 흡착제를 가스 및 증기의 시료채취에 가장 널리 사용한다. 대개, 고체 흡착제는 미립(그래뉼)이나 구슬(비드) 형태이며 다음 네 가지 조건을 만족해야 한다.

(1) 공기 중 거의 모든 오염물질을 잡을 수 있어야 한다.

(2) 잡은 물질을 탈착 가능해야 한다.

(3) 큰 압력손실 없이 많은 오염물질을 잡을 수 있는 능력이 있어야 한다.

(4) 오염물질을 유도체화시키는 경우를 제외하고는 오염물질의 화학적 변화가 없어야 함은 물론 다른 오염물질이 있어도 대상 오염물질을 잘 흡착해야 한다.

2 흡착제의 종류

(1) 무기흡착제

무기흡착제는 실리카겔이며 알코올, 아민, 페놀을 포집하여 용매탈착하게 된다. 실리카겔은 활성탄보다 반응성이 적으며 비극성 탈착용매를 사용할 때 분석물질이 잘 회수된다. 실리카겔의 가장 큰 단점은 습도가 증가하면 흡착능력이 급격하게 감소하게 된다. 더구나 가스크로마토그래피에서 수분과 다른 물질을 분리하는 것이 쉽지 않다. 지방족아민, 방향족아민, 아미노에탄올, 니트로벤젠 등을 포집할 때 사용한다. 무기산은 미리 세척된 실리카겔과 유리섬유프리필터를 이용하여 포집한다.

(2) 탄소원자

활성탄이 가장 널리 사용된다. 활성탄은 코코넛껍질, 석탄, 나무, 석유 등에서 얻을 수 있으며, 각각 특징과 용도를 갖게 된다. 활성탄은 미세공극이 잘 발달되어 무게에 비해 넓은 표면적을 가지고 있어 흡착능력이 좋지만, 넓은 활용도에도 불구하고 한계가 있다. 활성탄은 메탄, 에탄과 같이 매우 휘발성이 높은 저분자 물질 및 암모니아, 에틸렌, 염화수소와 같은 끓는점이 낮은 물질들에 유용하지 않다. 특히 코코넛 활성탄은 케톤에 대해서 포집이 좋지 않다. 케톤이 흡착될 때 물과 관련된 반응에 의해 활성탄 표면에서 촉매작용이 일어나기 때문에 탈착효율과 저장안정성이 나쁘다.

(3) 탄화된 흡착제

Carbon Molecular Sieves는 넓은 표면적과 기공이 작아서 휘발성이 높은 유기화합물 포집에 효율적이다. 최근에 OSHA에서는 프레온 시료채취에 이흡착제 사용을 권고한다.

(4) 유기폴리머

상업적으로 이용가능한 폴리머는 Tenax, Porapak, Chromosorbs 등이 있으며 Tenax는 열에 안정하기 때문에 열탈착을 하는 경우 사용되며, 폭발물질의 시료채취를 위한 흡착제로도 사용된다. Porapak는 기공성의 폴리머군으로 이루어져 있으며, 케톤, 알데히드, 알코올, 글리콜의 분리를 가능하게 한다. XAD 중 NIOSH와 OSHA에서는 다양한 유기인계 농약에 대한 포집 시 XAD-2를 추천하고 있으며, 2-hydroxymethylpiperidine을 코팅한 XAD-2를 포름알데히드 포집 시 추천한다.

(5) 기타

폴리우레탄폼을 가진 유리흡착제 카트리지가 유기염소계 농약과 PCB 측정에 권고된다. 흡착제와 여과지 카세트를 여러상의 물질을 포집하기 위해 사용되는데 NIOSH method에서는 PNAs를 포집하기 위해 PTFE여과지와 XAD-2 튜브를, 유기주석을 포집하기 위해서는 유리섬유여과지와 XAD-2 튜브를 함께 사용할 것을 권고한다.

004 유기용제 가스 및 증기 시료분석

🔳 분석방법

분석방법은 크게 크로마토그래픽 방법, 스펙트로메트릭 방법 등이 있다. 이 중 크로마토그래피
는 'Color-Writing'의 그리스어에서 기원되며, 이동상과 정지상을 혼합물을 이용하여 분리하
는 과정이다. 이동상이 가스이면 가스크로마토그래피, 이동상이 액체이면 액체크로마토그래피
이다.

🔳 분석방법의 분류

(1) **가스크로마토그래피(Gas Chromatography, GC)**

가스와 증기의 상당부분을 가스크로마토그래피로 분석을 한다. GC는 공기 중 물질의 낮은
농도까지 분석할 수 있는 강력한 도구이다. 증기압과 열에 대해 안정성을 가지고 있는 물질
이면 GC분석이 가능하다.

① GC의 기본적인 구성

이동가스, 주입부, 칼럼, 검출기, 자료처리시스템이다. 이동가스로 대개 헬륨, 질소와 같
은 물질을 사용한다. 시료는 대개 액체나 가스 상태로 GC에 주입한다. 응축되는 것을 방
축하기 위해 주입부는 고온으로 유지된다. 충전된(Packed) 칼럼이나 모세관(Capillary)
칼럼을 통해 다양한 물질의 분리가 가능하다.

② 유의사항

칼럼 정지상의 극성, 화학물질, 표면적 등에 따라 분리가 다르게 일어나는데, 칼럼은 단
지 분리하는 기능만 있기 때문에 정량화하기 위해서는 검출기가 필요하다. 검출기의 반
응은 비특이적이며 정량화하기 위해서는 검량선이 필요하며, 물질의 정량적인 반응을
얻기 위해서는 검출기의 선택이 필요하다.

(2) **불꽃이온화 검출기(Flame Ionization Detector, FID)**

① 특징

FID는 대부분의 유기물질에 대해 매우 민감한 반응을 보인다. 민감도가 좋으며 넓은 범
위에서 직선반응을 보이기 때문에 가장 널리 사용된다. 정확한 정량분석을 하려면 시료
의 농도와 검출기의 감응 사이에 직선적인 관계가 성립되어야 한다.

② 유의사항

H₂/air 불꽃에서 시료를 태웠을 때 전하를 띤 이온을 생성하는 물질에만 감응한다. CS_2에서는 반응도가 낮기 때문에 CS_2가 좋은 용매로 사용될 수 있다.

(3) 기타 검출기

① 질소-인 검출기(Nitrogen-Phosphorus Detector, NPD)

NPD는 질소와 인을 가지고 있는 물질에 대해 민감도가 높기 때문에 아민, 유기인제 분석에 유용하다.

② 전자포착 검출기(Electron Capture Detector, ECD)

ECD는 할로겐화 탄화수소, 오존, 황화합물 등에 민감도가 매우 높다. 전자친화력이 있는 화합물에만 감응한다. 탄화수소, 알코올, 케톤 등에는 감도가 낮다. ECD는 직선성의 범위가 좁기 때문에 검량선을 작성할 때 주의해야 한다.

③ 불꽃광도 검출기(Flame Photometric Detector, FPD)

유기인제 농약과 머캅탄과 같이 인과 황을 함유한 분석에 유용하다. 황과 인을 분석할 때는 빛을 통과시키는 적절한 필터를 사용하여야 한다.

④ GC/Mass Spectrometry(GC/MSD)

오염물질의 성분이 확인되지 않을 때 GC분석만으로는 불충분하다. 기존의 GC에 물질의 정성적인 정보를 줄 수 있는 검출기를 부착한 것이 GC/MS이다. GC 칼럼을 통과한 물질들이 Mass Spectrometer에 주입되어 Parents Ion과 Ion Fragments를 생성하면서 이온화된다. 결과적으로 이온들은 Mass-to-Charge에 대한 정보를 제공한다. 화학물질들은 특징적인 Mass Spectrum을 가지므로 분석결과로 DB을 매치하여 분석물질에 대한 확인을 확률적으로 값으로 얻게 된다. Mass Spectrometer는 주입구, 이온소스, Accelerating System, Detetor System으로 구성이 되며 진공상태로 유지된다. GC/MSD는 일반적인 GC와 Mass Spectrometer가 특별히 고안된 Inletsystem으로 연결되어 있다. 복잡한 혼합물질의 확인, 열분해산물 확인 등에 사용 가능하다.

⑤ 고성능 액체크로마토그래피(HPLC)

낮은 증기압을 가지며, 열에 안정하지 않은 물질의 경우 GC보다 HPLC분석이 더 적합하다. GC가 가스를 이동상으로 사용하는 반면, LC는 액체를 이동상으로 사용한다. HPLC로 분석하기 위해서는 분석 대상오염물질이 이동상에 용해되어야 한다. HPLC는 유도체화 이소시아네이트들을 분리하여 검출하기 때문에 이소시아네이트 분석에 유용하며, PAHs 분석에도 사용된다. LC와 MS을 같이 사용하면 많은 벌크 시료에 대한 정보를 얻을 수 있다.

005 중금속 측정 및 분석

1 중금속 측정 시 준비물

먼저 시료채취매체에 대해 살펴보면 일반적인 금속먼지나 흄을 채취하는 매체(여재)로 직경 37mm, pore size 0.8μm인 셀룰로오스에스테르(MCE) 여과지를 사용한다. 일반적인 중금속 채취에는 MCE 여과지가 대부분 사용되지만 일부 금속의 경우 MCE 여과지 대신 PVC 여과지를 채취매체로 사용하는 경우도 있다.

2 유량보정

작업환경측정에서 기구보정이란 일반적으로 공기를 채취하는 기구인 펌프의 유량보정을 의미한다. 유량(Flow Rate)이란 펌프가 공기를 잡아당기는 속도를 의미하는 것으로 단위시간당 잡아당기는 공기의 부피를 말한다.

시료채취펌프의 유량보정을 위하여 가장 많이 사용되는 1차 표준기구는 비누거품미터(Soap Bubble Meter)이다. 이것은 뷰렛 내에 비눗방울을 형성시켜 이 비눗방울막이 펌프에 의하여 이동되는 속도를 이용하여 공기유량을 계산한다. 최근에는 사람의 눈으로 비눗방울이 뷰렛의 두 눈금을 지나는 시간을 읽는 대신 적외선을 이용하여 전자식으로 읽는 방법, 비눗방울 대신 피스톤방식을 이용하는 것이 제품으로 나와 있는데 흔히 우리가 비누거품미터 대신 가장 많이 쓰는 전자식 비누거품미터가 이와 같은 제품의 일종으로 이 기구의 정확도는 대략 ±2% 이내로 정확하다고 알려져 있다.

(1) 시료채취 전 유량보정

① 먼저 유량보정에 앞서 펌프를 5분 정도 가동시킨다.

② 유량보정 Data 작성양식에 일반적인 사항(보정자, 위치, 온도, 습도 등)을 기재한다.

③ 시료채취매체, 즉 3단 카세트를 시료채취 시와 동일하게 결합시킨다.

④ 카세트에 유연성 튜브를 연결시킨다.

⑤ 카세트의 뒷부분에 연결된 유연성 튜브는 펌프에 연결시키고 앞쪽(Inlet)에 연결된 유연성 튜브는 유량보정장치와 연결시킨다.

⑥ 유량보정을 실시한다.

⑦ 원하는 유량으로 펌프의 유량을 맞추게 되는데 만약 유량의 변동범위가 ±5%를 벗어나게 되면 펌프의 유량조절나사 등을 조절하여 변동 범위 내에 들도록 한다.

⑧ 일단 안정적인 유량이 확보되면 3회 이상 반복 측정하여 평균유량을 구한다.

⑨ 유량보정이 끝나면 펌프를 끄고 유량보정장치와 분리시켜 둔다.

144 • 산업보건지도사 **2차** 산업위생공학

(2) 시료채취 후 유량보정

① 시료채취 전 유량보정과 동일하게 유량을 체크한다.

② 시료채취 후의 유량의 변화는 시료채취 전과 ±10% 이내여야 한다.

③ 시료채취 전·후의 평균유량을 가지고 전체 평균 시료채취 유량(L/min)을 계산한다.

3 시료채취

금속의 채취방법은 일반적인 입자상물질의 채취방법과 동일하다. 시료채취방법의 순서를 나열하면 다음과 같다.

(1) 현장의 작업환경에 대한 예비조사를 실시한 후 현장측정용 데이터 작성양식 중 일반적인 사항을 기재한다.

(2) 측정지점이 선정되면 펌프에 시료채취기구를 연결하기 전에 5분 정도 미리 펌프를 작동시켜 펌프를 워밍업시킨다.

(3) 유연성 튜브를 이용하여 펌프와 시료채취기구를 연결한다.

(4) 개인시료채취의 경우 사람에게, 지역시료의 경우 일정한 장소에 펌프를 설치한다.

(5) 펌프를 작동시키고 시료번호와 작동시간 등 필요사항을 현장측정용 데이터 작성양식에 기록한다.

(6) 시료채취가 끝나면 펌프를 OFF시키고 종료시각을 기록한다.

(7) 카세트를 유연성 튜브로부터 분리시키고 마개로 막아 실험실로 운반한다.

4 분석기기

크게 금속시료를 분석하는 기기로는 원자흡광광도계(AAS)와 유도결합플라즈마 분광광도계(ICP)가 있다. 다양한 장점을 가지고 감도가 좋은 ICP의 경우 AAS보다 훨씬 고가의 장비로 아직까지 측정기관에서 많이 보유하고 있지는 않은 실정이다.

(1) 원자흡광광도계(AAS)

① 원자흡광광도계의 기본원리

- 모든 원자들은 빛을 흡수한다.
- 빛을 흡수할 수 있는 곳에서 빛은 각 화학적 원소에 대한 특정파장을 갖는다.
- 흡수되는 빛의 양은 시료에 함유되어 있는 원자의 농도에 비례한다.

② 불꽃방식 원자흡광광도계의 장단점

장점	• 조작이 쉽고 간편하다. • 가격이 흑연로장치나 유도결합플라즈마 – 원자발광분석기에 비하여 저렴하다. • 분석시간이 흑연로장치에 비하여 적게 소요된다. 즉, 한 가지 물질을 분석하는 데 걸리는 시간은 불꽃방식일 경우 10초 이내이고 흑연로장치는 2분 이상 소요된다.

단점	• 감도가 낮다. 이는 주입 시료액의 대부분이 큰 방울로 되어 버려지고 일부분만이 불꽃부분으로 보내지기 때문이다. • 시료양이 많이 소요된다. 만일 시료의 양이 10mL일 경우 여러 가지 금속을 여러 번 분석할 수 없는 경우가 생길 수 있다. • 고체시료의 경우 전처리에 의하여 매트릭스를 제거해야 한다. 또한 용질이 고농도로 용해되어 있는 경우 버너의 슬롯을 막을 수도 있고, 점성이 큰 용액은 분무가 어려우며 분무구멍을 막아버릴 수 있다.

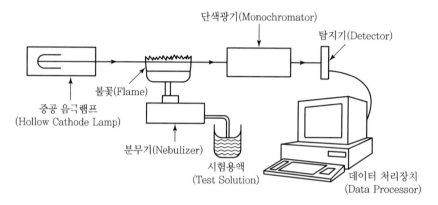

(3) 유도결합플라즈마 – 원자발광분석기(ICP)

① 유도결합플라즈마 – 원자발광분석기의 특징

ICP는 적은 양의 시료를 가지고 한꺼번에 많은 금속을 분석할 수 있다는 것이 가장 큰 장점이다. 이외에도 사용이 간편하고, 넓은 농도범위에서 직선성이 확보되며 속도와 분석의 정확성 등이 있다.

② 유도결합플라즈마 – 원자발광분석기의 장단점

장점	• 원자방출분광법을 사용하여 동시에 많은 금속을 분석할 수 있다. • 원자흡광광도계보다 더 좋거나 적어도 같은 정밀도를 갖는다. • 화학물질에 의한 방해로부터 거의 영향을 받지 않는다. • 검량선의 직선성 범위가 넓다. • 여러 금속을 분석할 경우 시간이 적게 소요된다.
단점	• 원자들은 높은 온도에서 많은 복사선을 방출하므로 분광학적 방해영향이 있을 수 있다. 화학적 간섭은 덜하나 분광학적 간섭의 가능성이 더 높다. • 시료의 분해과정 동안에 NO, CO, CN, C_2 등 안정한 화합물을 형성하여 바탕방출(Background Emission)이 있다. 이것은 컴퓨터처리과정을 통해서 교정이 필요하다. • ICP-AES의 기기비용이 원자흡광광도계의 두 배 이상으로 매우 비싸다. • 알칼리금속과 같이 이온화에너지가 낮은 원소들은 검출한계가 높으며 이들이 공존하면 다른 금속의 이온화에 방해를 주기도 한다.

5 농도계산

공기 중의 금속농도를 계산하는 데는 4가지 변수가 필요하다. 즉, 공기채취량(V, L), 여과지에 채취된 금속의 양, 공시료에서의 금속의 양, 그리고 회수율(%)이다.

금속의 양은 전처리과정에서 건고(Dryness) 후 추출에 사용된 최종용량(mL)과 분석기기에서 분석한 농도(μg/mL, ppm)에서 구한다. 채취한 여과지와 공시료에서 금속의 양을 보정한 것이 금속의 양이다. 이 양을 채취한 공기량으로 나누어 주면 공기 중 농도가 된다. 여기에 마지막으로 회수율을 보정해야 한다.

$$C(\text{mg/m}^3) = \frac{(W_s V_s - W_b V_b)}{V \times RE}$$

여기서, C : 금속농도(mg/m³)

$\quad W_s$: 시료여과지에서의 금속농도(μg/mL, ppm)

$\quad V_s$: 시료의 최종용액 부피(mL)

$\quad W_b$: 공시료에서의 금속농도(μg/mL, ppm)

$\quad V_b$: 공시료의 최종용액 부피(mL)

$\quad V$: 공기채취량(L), RE : 회수율

006 동일(유사)노출그룹(HEG)

1 개요

동일(유사)노출그룹(Homogeneous Exposure Group, HEG)이란 동일 유해인자에 대해 통계적으로 동일한 수준에 노출되는 근로자그룹을 말한다.

2 설정목적

(1) 시료채취수의 경제성 확보
(2) 작업장 내 관리대상의 우선적 그룹 결정
(3) 역학조사 시 해당 근로자가 속한 그룹의 노출농도를 근거로 노출원인 및 농도의 추정
(4) 모든 작업 근로자의 노출농도 평가

3 분류절차

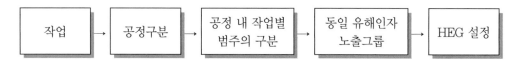

작업 → 공정구분 → 공정 내 작업별 범주의 구분 → 동일 유해인자 노출그룹 → HEG 설정

4 설정방법

(1) 작업장 내 공정구분
(2) 공정상 작업별 구분
(3) 동일유해인자 노출그룹 선정
(4) 근로자 작업대상 특정업무 분석
(5) 유해인자의 유사성 확보

주요물질의 작업환경
측정·분석 기술지침

시료채취 개요	분석 개요
• 시료채취매체 : 실리카겔 흡착관(150mg/75mg) • 유량 : 0.01~0.2L/min • 공기량 : 10L • 운반 : 시료포집 후 흡착관을 플라스틱 마개로 막은 후 운반 • 시료의 안정성 : 20℃에서 12일 이하, 냉장보관 • 공시료 : 총 시료수의 10% 이상 또는 시료 세트당 2~10개의 현장 공시료	• 분석기술 : 고성능액체크로마토그래프법, UV검출기 • 분석대상물질 : 트리클로로아세트산 • 전처리 : 증류수 1mL로 추출 • 칼럼 : 8cm×6.2mm Golden series Zorbax ODS 또는 동등 이상의 C18 칼럼 • 파장 : 자외선검출기, 229nm • 주입량 : 40μL • 유속 : 1mL/min • 범위 : 0.7~90μg/mL • 검출한계 : 1μg/sample • 정밀도 : −
방해작용 및 조치	정확도 및 정밀도
시료는 장기간 보관 시 안정성이 확보되지 않으므로 빠른 시간 내에 분석해야 함	• 연구범위(Range Studied) : 7.88~78.8μg/mL • 편향(Bias) : − • 총 정밀도(Overall Precision) : 0.00433 • 정확도(Accuracy) : − • 시료채취분석오차 : −
시약	기구
• 증류수 • Trichloroacetic Acid, 시약등급 • Methanol, HPLC 등급 • Phosphoric Acid, 시약등급 • 이동상용매 : 75/25/0.1 증류수/메탄올/인산(v/v)	• 시료채취매체 : 실리카겔 흡착관(150mg/75mg) • 개인시료채취용 펌프, 유량 0.2L/min • 액체크로마토그래프, UV검출기 • 칼럼 : 8cm×6.2mm Golden series Zorbax ODS 또는 동등 이상의 C18 칼럼 • 용매여과장치 : 진공펌프, 삼각플라스크, 펀넬, 0.45μm pore 필터 • 피펫 • 비커 • 폴리에틸렌 용기 • 플라스틱 주사기 • 시린지 필터(공극 0.8μm, PTFE 멤브레인) • 마이크로 주사기 • PTFE로 코팅된 핀셋 • 오토샘플러 바이알

특별 안전보건 예방조치
트리클로로아세트산은 부식성이 있으므로 눈 보호를 위하여 보호안경, 보호장갑 및 보호복을 착용하고 흡 후드 내에서 사용하여야 한다.

Ⅰ. 시료채취

1. 각 개인 시료채취펌프를 하나의 대표적인 시료채취매체를 연결하여 보정한다.
2. 0.2mL/min의 유량으로 총 10L의 공기를 채취한다.
3. 채취가 끝난 직후 흡착튜브를 플라스틱 마개로 막아 운반한다. 벌크 시료를 운반할 때는 밀봉하여 공기 채취시료와 분리하여 운반한다.
4. 실험실로 옮긴 시료는 즉시 냉장(4℃) 보관한다.
5. 시료를 수령 후 12일 이내 분석을 실시한다.

Ⅱ. 시료 전처리

6. 시료(흡착튜브)를 꺼내서 상온조건으로 옮긴다.
7. 흡착튜브의 앞 층과 뒤 층을 각각 다른 바이알에 넣는다.
8. 각 바이알에 증류수 1mL씩 넣고 즉시 마개를 한 후 30분간 탈착한다.

Ⅲ. 분석

[검량선 작성]

9. 시료농도가 포함될 수 있는 적절한 범위에서 최소한 6개의 표준물질로 검량선을 작성한다.
10. 시료 및 공시료를 함께 분석한다.
11. 다음 과정을 통해 탈착효율을 구한다.

> **〈탈착효율 시험〉**
>
> 1) 각 시료군 회분(Batch)당 최소한 한 번씩은 행하여야 하며, 3개의 농도 수준에서 각각 3개씩과 공시료 3개를 준비한다.
> 2) 탈착효율 분석용 흡착관의 뒤 층을 제거한다.
> 3) 분석물질의 원액 또는 희석액을 마이크로 시린지를 이용하여 정확히 흡착관 앞 층에 주입한다.
> 4) 흡착관을 마개로 막아 밀봉하고, 하루 동안 상온에 놓아둔다.
> 5) 탈착시켜 검량선 표준용액과 같이 분석한다.
> 6) 다음 식에 의해 탈착효율을 구한다.
>
> $$탈착효율(Desorption\ Efficiency,\ DE) = 검출량/주입량$$

[분석과정]

12. 액체크로마토그래프 제조회사가 권고하는 방법에 따라 기기를 작동시키고 조건을 설정한다.

    ※ 분석기기, 칼럼 등에 따라 적정한 분석조건을 설정하며, 아래의 조건은 참고사항임

주입량	$10 \sim 40 \mu L$
이동상	증류수 : 메탄올 : 인산 = 75 : 25 : 0.1(v/v), 1.0mL/min
검출기	UV, 229nm

13. 시료를 정량적으로 정확히 주입한다.

Ⅳ. 계산

14. 다음 식에 의하여 해당 물질의 농도를 구한다.

$$C = \frac{(W_f + W_b - B_f - B_b)}{V \times DE} \times \frac{24.45}{MW}$$

여기서, C : 분석물질의 농도(ppm)

W_f : 시료 앞 층의 양(μg)

W_b : 시료 뒤 층의 양(μg)

B_f : 공시료 앞 층의 양(μg)

B_b : 공시료 뒤 층의 양(μg)

V : 공기채취량(L)

DE : 탈착효율(예 98% → 0.98)

24.45 : 정상상태(25℃, 1기압)에서의 공기용적

MW : 분자량

※ 주의 : 만일 뒤 층에서 검출된 양이 앞 층에서 검출된 양의 10%를 초과하면($W_b > W_f/10$), 시료 파과가 일어난 것이므로 해당 자료는 사용할 수 없다.

시료채취 개요	분석 개요
• 시료채취매체 : MCE 여과지 • 유량 : 0.5~16L/min • 공기량 : 최소 400L • 운반 : 3단 마스크의 마개를 완전히 밀봉한 후 상온, 상압상태에서 운반 • 시료의 안정성 : 안정함 • 공시료 : 시료 세트당 2~10개 또는 시료수의 10% 이상	• 분석기술 : 위상차현미경분석법 • 분석대상물질 : 공기 중 석면 • 전처리 : 아세톤(Acetone)/트리아세틴(Triacetin) • 검출한계 : 7개/mm^2 • 정밀도 : −
방해작용 및 조치	**정확도 및 정밀도**
• 석면 이외의 섬유상 물질이나 입자상 물질이라 할지라도 체인상으로 연결된 경우 석면섬유와 구분이 쉽지 않으므로 계수에 방해물질로 작용할 수 있다. • 석면 분석을 방해하거나 방해할 수 있다고 의심되는 물질(유리섬유, 세라믹섬유, 암면, 기타 섬유상 물질 등)이 작업장 공기 중에 존재한다면 관련 정보를 시료분석자에게 시료전달 시 제공하여야 한다.	• 연구범위(Range Studied) : − • 편향(Bias) : − • 총 정밀도(Overall Precision) : − • 정확도(Accuracy) : − • 시료채취분석오차 : 0.300
시약	**기구**
• 아세톤(Acetone) • 트리아세틴(Triacetin) • 투명 매니큐어	• 시료채취매체 : MCE 여과지, 공극 0.8μm, 직경 25mm, 약 5cm 길이의 카울이 장착된 전도성 있는 3단 카세트 홀더 • 개인시료채취펌프 • 위상차현미경 : Positive Phase 방식, 쌍안형, 10배 대안렌즈, 40배 대물렌즈(개구수 0.65~0.75), 그린필터, 400배에서 지름 100±2μm인 석면계수자(Walton−Beckett Graticule) • 분해능 테스트 슬라이드(HSE/NPL Test Slide) • 슬라이드글라스(25mm×75mm) • 커버슬립(22mm×22mm) • 아세톤증기화장치

특별 안전보건 예방조치

석면은 주로 호흡기를 통해 폐에 침입함으로써 석면폐증, 중피종, 폐암 등을 유발할 수 있음. 따라서 후드 내에서 전처리를 수행하여야 하며, 적절한 호흡보호구를 착용해야 한다.

Ⅰ. 시료채취

1. 시료채취매체와 펌프를 유연성 튜브로 연결한 후, 유량보정장치를 사용하여 적정유량(0.5~16L/min)으로 보정한다.
2. 시료채취 전에 시료채취매체와 펌프를 유연성 튜브로 연결한다.
3. 펌프를 근로자에게 장착시키고 시료채취매체는 근로자의 호흡영역에 부착시킨다.
4. 3단 카세트의 상단부 뚜껑을 열고(Open Face) 카세트의 열린 면이 작업장 바닥 쪽을 향하도록 하여 시료를 채취한다.
5. 시료채취 시 펌프의 유량 및 채취 공기량은 섬유계수의 정밀도를 높이기 위해 섬유밀도가 100~1,300개/mm²이 되도록 유량과 채취시간을 조정한다.
   1) 먼지가 적고 섬유농도가 0.1개/cm³ 정도인 환경에서는 1~4L/min의 유량으로 8시간 동안 시료를 채취한다. 그러나 먼지가 많은 환경에서는 공기채취량을 400L보다 적게 한다.
   2) 석면농도가 높고 먼지가 많은 곳에서는 여과지를 여러 번 바꿔 연속 시료채취한다.
   3) 간헐적으로 노출되는 경우, 고유량(7~16L/min)으로 짧은 시간동안 채취한다.
   4) 비교적 깨끗한 대기에서 석면의 농도가 0.1개/cm³보다 적으면 정량가능한 양이 채취되도록 충분한 공기량을 채취한다. 그러나 이때에도 여과지 표면적의 50% 이상이 먼지로 덮이지 않도록 해야 하며, 먼지가 과도하게 채취되면 계수결과에 오차를 유발하게 된다.

시료채취		
유량(L/min)	총량(L)	
	최소	최대
0.5~16	400[1]	—[2]

   1) 공기 중의 농도가 약 0.1개/cm³일 때 기준임
   2) 여과지면적(mm²)당 100~1,300개의 섬유가 채취되도록 시료채취 공기량 결정

6. 채취된 시료는 3단 카세트의 마개를 완전히 밀봉한 후 상온, 상압 상태에서 운반하며, 시료보관 시 상온에서 보관하여도 시료는 안정하다. 현장 공시료의 개수는 채취된 총 시료수의 10% 이상 또는 시료 세트당 2~10개를 준비한다.
   ※ 시료운반 과정에서 시료채취기에 충격 등이 가해지면 시료의 손실이 발생할 수 있다.

Ⅱ. 시료 전처리

7. 슬라이드글라스와 커버슬립을 깨끗이 닦는다.
8. 핀셋으로 여과지의 가장자리를 잡고 카세트에서 조심스럽게 꺼낸 후 시료를 채취한 면이 위쪽을 향하도록 슬라이드글라스 위에 올려놓는다.
9. 수술용 칼의 날을 따라 굴리듯이 움직여서 여과지를 1/4등분한다.
10. 절단된 여과지를 올린 슬라이드를 아세톤증기화장치의 증기가 나오는 부분에서 1~2초간 증기에 노출되면 여과지가 투명하게 된다.
11. 마이크로피펫을 사용하여 수 방울의 트리아세틴을 떨어뜨린다.
   ※ 트리아세틴은 커버슬립을 덮었을 때 전체를 투명하게 채울 수 있는 최소량을 사용한다. 과량을 사용하는 경우 여과지에 채취된 섬유의 이동이 일어날 수 있으므로 주의한다.
12. 커버슬립을 여과지 위에 기포가 생기지 않도록 주의하여 얹는다.
13. 커버슬립의 가장자리를 매니큐어로 칠하여 밀봉한다.
   ※ 투명화가 느리게 진행되는 경우 약 50℃ 가열판에 수 분간 두는 등 온도를 가하여 투명화를 촉진시킨다.

Ⅲ. 분석

[분석과정]

14. 최적의 위상차 이미지가 관찰되도록 위상차현미경을 조율한다.

15. 분해능 테스트 슬라이드를 이용하여 위상차현미경의 분해능을 확인한다(매회 일련의 분석을 시작하기 전에 주기적으로 확인한다).

16. 현미경 재물대에 전처리된 시료를 올려놓고 400배에서 초점을 맞춘 후 다음 규정에 따라 석면섬유를 계수한다.

17. 길이가 5μm보다 길고, 길이 대 넓이의 비가 3 : 1 이상인 섬유를 계수한다.

18. 섬유의 양쪽 끝이 계수면적 내에 있으면 1개로, 섬유의 한쪽 끝만 있으면 1/2개로 계수한다.

19. 섬유의 양쪽 끝이 계수면적 밖에 있거나 계수면적을 통과하는 섬유는 계수하지 않는다.

20. 100개의 섬유가 계수될 때까지 최소 20개 이상 충분한 수의 계수면적을 계수하되, 계수한 면적의 수가 100개를 넘지 않도록 한다.

21. 섬유다발뭉치는 각 섬유의 끝단이 뚜렷이 보이지 않으면 1개로 계수하고, 뚜렷하게 보이면 각각 계수한다.

22. 계수면적의 이동은 여과지의 중심으로부터 반대 끝까지 지름을 따라 이동한 다음, 수직으로 약간 움직여 다시 수평으로 이동시키고, 다시 반대편 방향으로 계수한다.

    ※ 계수면적 선정 시 접안렌즈로부터 잠깐 눈을 돌린 후 재물대를 이동시켜 이를 선정한다.
    ※ 전처리한 여과지의 한 부분에 치우치지 않게 전체적인 면적을 골고루 계수한다.
    ※ 섬유덩어리가 계수면적의 1/6을 차지하면 그 계수면적은 버리고 다른 것을 선정한다. 버린 계수면적은 총 계수면적에 포함시키지 않는다.
    ※ 계수면적을 옮길 때 계속해서 미세조정 손잡이로 초점을 맞추면서 섬유를 측정한다. 작은 직경의 섬유는 매우 희미하게 보이나 전체 분석결과에 큰 영향을 미친다.

[정도관리]

23. 시료채취 및 운반과정의 오염여부를 확인하기 위해 현장공시료를 분석한다.

24. 실험실 내의 오염이 의심되는 경우 실험실 공시료를 분석한다.

Ⅳ. 계산

25. 다음 식에 의하여 작업장의 공기 중 석면(섬유)농도를 계산한다.

    1) 다음 식에 의하여 섬유밀도를 계산한다.

$$E = \frac{\left(\dfrac{F}{n_f}\right) - \left(\dfrac{B}{n_b}\right)}{A_f}$$

여기서, E : 단위면적당 섬유밀도(개/mm²), F : 시료의 계수 섬유수(개)
n_f : 시료의 계수 시야수, B : 공시료의 평균 계수 섬유수(개)
n_b : 공시료의 계수 시야수
A_f : 석면계수자 시야면적, 0.00785mm²(그래티큘의 직경이 100μm일 때)

    2) 위에서 계산한 섬유밀도를 이용하여 다음과 같이 농도를 계산한다.

$$C = \frac{E \times A_c}{V \times 1,000}$$

여기서, C : 개/cm³, E : 단위면적당 섬유 밀도
A_c : 여과지의 유효 시료채취면적(실측하여 사용함), V : 시료의 공기 채취량(L)

시료채취 개요	분석 개요
• 시료채취매체 : PVC여과지(37mm, 공극 5μm) • 유량 : 1~4L/min • 공기량 : 최대 1,000L 　　　　　최소 100L • 운반 : 시료채취기의 마개를 완전히 밀봉하여 운반하고 도금공정에서 채취된 시료는 시료채취 후 즉시 여과지를 꺼내 바이알에 넣고 추출용액(2% 수산화나트륨/3% 탄산나트륨) 5mL를 첨가하여 여과지를 완전히 적신 후 마개로 밀봉하고 냉장보관하여 운반 • 시료의 안정성 : 냉장보관하고 2주 이내 분석, 스테인리스강 용접공정의 시료는 채취 후 8일 이내 분석 • 공시료 : 시료 세트당 2~10개 또는 시료수의 10% 이상	• 분석기술 : 이온크로마토그래피법, 전도도검출기 또는 분광검출기 • 분석대상물질 : CrO_4^{2-} − Diphenylcarbazide(DPC) Complex • 전처리 : 2% 수산화나트륨/3% 탄산나트륨 • 칼럼 : Pre−칼럼, 음이온교환 칼럼(Anion−exchange Column), 음이온 서프레서(Anion Suppressor) • 시료주입량 : 50~100μL • 검출한계 : 3.5μg/sample

방해작용 및 조치	정확도 및 정밀도
작업장 공기 중에 철, 구리, 니켈, 또는 바나듐은 분석과정에서 방해물질로 작용할 수 있다. 이러한 방해물질의 영향은 알칼리 추출방법을 사용함으로써 최소화시킬 수 있다.	• 연구범위(Range Studied) : − • 편향(Bias) : − • 총 정밀도(Overall Precision) : − • 정확도(Accuracy) : − • 시료채취분석오차 : 0.130

시약	기구
• 황산(Sulfuric Acid, 98% w/w) • 수산화암모늄(Ammonium Hydroxide, 28%) • 황산암모늄(Ammonium Sulfate Monohydrate, 시약등급) • 탄산나트륨(Sodium Carbonate, Anhydrous) • 수산화나트륨(Sodium Hydroxide, 시약등급) • 메탄올(Methanol, HPLC 등급) • 1,5−디페닐카바자이드(1,5−diphenylcarbazide, 시약등급) • 1,000μg/mL 또는 동등 이상의 6가 크롬 표준용액 • 추출용액(2% 수산화나트륨/3% 탄산나트륨) : 1L 용량플라스크에 20g의 수산화나트륨(NaOH)과 30g의 탄산나트륨(Na_2CO_3)을 넣고 증류수로 표시선까지 맞춘다.	• 시료채취매체 : PVC여과지(37mm, 공극 5μm), 폴리스티렌 카세트홀더 • 개인시료채취펌프, 유량 1~5L/min • 이온 크로마토그래피, Pre−칼럼, 음이온교환 칼럼(Anion−exchange Column), 음이온 서프레서(Anion Suppressor) • 바이알, PTFE캡 • 핀셋 • 보호장갑 • PTEF 시린지 필터 • 비커 • 시계접시 : 1:1 HNO_3 : H_2O로 세척하여 사용 • 용량플라스크 • 오븐(핫플레이트 혹은 초음파수조 가능)

시약	기구
• 용리액(Eluent) 　－ 전도도검출기(7mM 탄산나트륨/0.5mM 수산화나트륨) : 4L 용량플라스크에 탄산나트륨 2.97g을 증류수로 녹인 후 0.1M 수산화나트륨(8g/L) 20mL를 넣은 후 증류수로 표시선까지 맞춘다. 　－ 분광검출기(250mM 황산염/200mM 수산화암모늄) : 1L 용량플라스크에 황산암모늄 33g을 증류수로 녹인 후 수산화암모늄 6.5mL를 넣은 후 증류수로 표시선까지 맞춘다. • 발색시약 용액 : 2mM 1,5-디페닐카바자이드/10% 메탄올/1N 황산 　① 1,5-디페닐카바자이드(1,5-diphenylcarbazide) 0.5g을 100mL 용량플라스크에 넣어 메탄올로 녹인 후 표시선까지 맞춘다. 　② 1L 용량플라스크에 증류수를 넣고 황산(H_2SO_4) 28mL를 첨가하고 ①용액을 넣은 후 증류수로 표시선까지 맞춘다.	

특별 안전보건 예방조치

크롬 화합물은 사람에게 발암성이 확인된 물질이다. 모든 시료는 반드시 후드 안에서 작업하도록 하여야 한다. 고농도의 산과 염기는 유독하며 부식성이 있으므로 고농도의 물질을 취급 시에는 보호장비를 반드시 착용하여야 한다. 수산화암모늄은 호흡기계에 자극을 주며, 메탄올은 가연성이며 유독하다.

Ⅰ. 시료채취

1. 각 개인 시료채취펌프를 하나의 대표적인 시료채취매체로 보정한다.
2. 1~4L/min의 유량으로 총 100~1,000L의 공기를 채취한다.
3. 채취된 시료는 시료채취기의 마개를 완전히 밀봉한 후 운반한다.
   　※ 6가 크롬 도금공정에서 채취된 시료는 시료채취 후 즉시 여과지를 꺼내 바이알에 넣고 추출용액(2% 수산화나트륨/3% 탄산나트륨) 5mL를 첨가하여 여과지를 완전히 적신 후 마개로 밀봉하여 냉장보관한다.
   　※ 스테인리스강(Stainless Steel) 용접공정에서 채취된 시료의 경우는 시료채취 후 8일 이내에 분석한다.

Ⅱ. 시료 전처리

4. 시료채취기로부터 여과지를 핀셋을 이용해 꺼낸 후 50mL 비커에 넣고, 추출용액을 5mL 첨가한다. 바이알에 추출용액으로 담구어 운반 보관한 시료는 여과지와 용액을 50mL 비커에 넣은 후 추출용매로 바이알을 2~3번 헹구어 비커에 담는다.
   　※ 시료에 Cr(Ⅲ)이 존재한다면 비커에 담긴 시료용액에 질소가스를 5분 정도 불어(버블링) 넣어준다.
   　※ 수용성 6가 크롬화합물만 존재한다면 추출용매 대신 증류수를 사용할 수 있다.
5. 비커에 유리덮개를 덮고 약 100~135℃ 정도의 가열판 위에서 45분 정도 가끔 흔들어 주면서 가열시킨다. 이때 용액에 끓어오르지 않도록 주의한다.

Ⅱ. 시료 전처리

※ 시료용액을 너무 오랫동안 가열하여 완전히 증발시키거나 건조시키면 안 된다. 여과지의 색깔이 갈색으로 변할 정도로 가열하면 Cr(VI)이 PVC 여과지와 반응하여 손실될 수 있으므로 주의한다.

※ 페인트 스프레이 공정에서 채취한 6가 크롬화합물 경우 90분 이상 가열이 필요할 수도 있다.

6. 용액을 식힌 후 10~25mL의 용량플라스크에 옮긴다. 이때 비커를 증류수로 2~3번 헹구어 시료손실이 없도록 한다.

Ⅲ. 분석

[검량선 작성 및 정도관리]

7. 시료농도범위가 포함될 수 있도록 최소 5개 이상의 농도 수준을 표준용액으로 하여 검량선을 작성한다. 이때 표준용액의 농도 범위는 현장시료 농도범위를 포함하는 것이어야 한다.

8. 표준용액의 조제는 25mL 용량플라스크에 추출용액 5mL를 넣고 일정량의 6가 크롬 표준용액을 첨가한 후 증류수로 최종부피가 25mL가 되게 하는 방식으로 조제토록 한다.

9. 작업장에서 채취된 현장시료, 회수율 시험시료, 현장 공시료 및 공시료를 분석한다.

10. 분석된 회수율 검증시료를 통해 아래와 같이 회수율을 구한다.

$$회수율(Recovery, RE) = 검출량/첨가량$$

[분석과정]

11. 이온크로마토그래피에서 제조회사가 권고하는 대로 기기를 작동시키고 기타 조건을 설정한다.

12. 시료를 정량적으로 정확히 주입한다. 시료 주입법은 자동주입기를 이용하는 방법이 있다.

※ 분석기기, 칼럼 등에 따라 적절한 분석조건을 설정하며, 아래 조건은 참고사항임

※ 만약 시료 피크가 검량선을 벗어난다면 희석하여 재분석한다.

1) 전도도 검출기 사용

칼럼	Dionex HPIC-AG5 Guard, HPIC-AS5 Separator, Anion Suppressor
시료주입량	$50\mu L$
전도도 설정	1us full scale
용리액	7.0mM Na_2CO_3/0.5mM NaOH, Na_2CO_3
유량	2mL/분

2) 분광 검출기 사용

칼럼	IonPac NG1 Guard, IonPac AS7 Separator, Anion Suppressor
시료주입량	$50\sim100\mu L$
유량	1.5mL/분
용리액	250mM $(NH_4)_2SO_4$ + 100mM NH_4OH
발색용액	2mM 1,5-diphenylcarbazide/10% MeOH/1N H_2SO
발색용액 유량	0.5mL/분
파장	540nm

13. 다음 식에 의하여 해당 물질의 농도를 구한다.

$$C = \frac{C_s V_s - C_b V_b}{V \times RE}$$

여기서, C : 분석물질의 최종농도$(\mathrm{mg/m^3})$

C_s : 시료의 농도$(\mu\mathrm{g/mL})$

C_b : 공시료의 농도$(\mu\mathrm{g/mL})$

V_s : 시료에서 희석한 최종용량(mL)

V_b : 공시료에서 희석한 최종용량(mL)

V : 공기채취량(L)

RE : 회수율

※ 회수율의 적용을 위해 위에서 구한 시료농도를 회수율로 나누어 계산하거나, 위 공식의 분모에 회수율을 추가시킨다.

시료채취 개요	분석 개요
• 채취방법 : 고체흡착관 　　　　활성탄관(100mg/50mg) • 유량 : 0.01~0.2L/min • 공기량 : 최대 60L 　　　　최소 2L(10ppm 기준) • 운반 : 일반적인 운반 • 시료의 안정성 : 30일 • 공시료 : 총 시료수의 10% 이상 또는 시료 세트 　당 2~10개의 현장 공시료	• 분석기기 : 가스크로마토그래프/불꽃이온화검출기 • 분석대상물질 : 1,1,2-트리클로로에탄 • 전처리 : 1mL 이황화탄소, 30분 • 기기조건 : 주입구(225℃), 검출기(250℃), 오븐 　(35℃(3min)-8℃/min, 190℃), 주입량(1μL), 　이동상(헬륨, 4.7mL/min) • 칼럼 : Capillary, Fused Silica, 30m×0.53- 　mm ID ; 3μm film 35% Diphenyl- 65% 　Dimethyl Polysiloxane 또는 동등 이상의 칼럼 • 범위 : 26~111mg/m³ • 정밀도 : 0.036 • 검출한계 : 1.0μg/sample • 탈착률 : 1(18~1200μg 기준)
방해작용 및 조치	정확도 및 정밀도
높은 습도에 의해 매체의 시료 흡착량이 감소되거 나 파과현상이 일어날 수 있음	• 연구범위(Range Studied) : 26~111mg/m³ • 편향(Bias) : -9.0% • 총 정밀도(Overall Precision) : 0.057 • 정확도(Accuracy) : ±17.5%
시약	기구
• 탈착용매 : 이황화탄소(크로마토그래피 분석등급) • 각 분석물질의 원액 : 분석등급 이상으로 검량선 　및 탈착률을 구할 때 사용 • 질소 또는 헬륨가스 • 수소가스 • 여과된 공기	• 시료채취매체 : 흡착관(활성탄, 100mg/50mg) • 개인시료채취펌프 : 유량 0.01~0.2L/min • 가스크로마토그래프, 불꽃이온화검출기 • 2mL 바이알, PTFE-lined Crimp Caps • 10μL 마이크로시린지, 최소눈금 0.1μL • 10mL 용량플라스크 • 피펫

특별 안전보건 예방조치
이황화탄소는 독성이 강하고 인화성이 강한 물질(인화점 : -30℃)이므로 특별히 주의해야 함. 실험 시 장갑 및 실험복 등 개인 보호구를 적절히 착용 후 후드 안에서 작업해야 함

Ⅰ. 시료채취

1. 시료채취 시와 동일한 연결상태에서 각 시료채취펌프를 보정한다.
2. 시료채취 바로 전에 흡착관의 양 끝을 절단한 후 유연성 튜브를 이용하여 펌프에 연결한다.
3. 0.01~0.2L/min 범위 내 정확한 유량으로 약 10L 정도 시료를 채취한다.
4. 시료채취 후 흡착관은 플라스틱 마개로 밀봉하여 운반한다.

Ⅱ. 시료 전처리

5. 흡착관의 앞 층과 뒤 층을 각각 다른 바이알에 넣는다. 이때 유리섬유는 앞 층에 포함시킨다. 우레탄 폼은 버린다.
6. 각 바이알에 1mL의 탈착액을 넣고 즉시 마개를 닫는다.
7. 가끔 흔들면서 30분 정도 방치한다.

Ⅲ. 분석

[검량선 작성 및 정도관리]

8. 0.001~0.03mg/시료(필요시 더 높게 실징) 농도범위 내에서 최소한 6개의 표준물질로 검량선을 작성한다.

> 1) 10mL 용량플라스크에 1,1,2-트리클로로에탄을 적정량 넣고 이황화탄소로 눈금까지 채운다.
> 2) 시료와 공시료를 함께 분석한다.
> 3) 검량선을 작성한다.

9. 탈착률은 각 시료군 배치당 최소한 한 번씩은 행하여야 한다. 이때 3개의 농도 수준에서 각각 3개씩 과 공시료 3개를 준비한다.

> 1) 탈착률 분석용 흡착관의 뒤 층을 제거한다.
> 2) 탈착률용 원액을 미량주사기를 이용하여 흡착관 앞 층에 주입한다.
> 3) 흡착관을 마개로 막고 하룻밤(Overnight) 동안 상온에 방치한다.
> 4) 탈착률 분석용 흡착관을 탈착시켜 검량선 표준용액과 같이 분석한다.
> 5) 다음의 식으로 탈착률을 구한다.
> $$\text{탈착률(Desorption Efficiency, } DE) = \text{검출량/주입량}$$

10. 검량선과 탈착률이 적정한지를 확인하기 위하여 필요한 경우, 3개의 정도관리용 주입시료와 3개의 분석자 주입시료를 만들어서 분석한다.

[기기분석]

11. 가스크로마토그래프 제조회사가 권고하는 대로 기기를 작동시키고, 이 방법에서 제시하는 조건을 참고하여 기기를 설정한다. 자동시료주입기 또는 마이크로시린지 등을 이용하여 정량 주입한다.
12. 피크면적을 측정한다.

13. 다음 식에 의하여 해당 물질의 농도를 구한다.

$$C = \frac{(W_f + W_b - B_f - B_b)}{V \times DE} \times \frac{24.45}{MW}$$

여기서, C : 분석물질의 농도(ppm)

W_f : 시료 앞 층의 양(μg)

W_b : 시료 뒤 층의 양(μg)

B_f : 공시료 앞 층의 양(μg)

B_b : 공시료 뒤 층의 양(μg)

V : 공기채취량(L)

DE : 탈착효율

24.45 : 정상상태(25℃, 1기압)에서의 공기용적

MW : 분자량

※ 주의 : 만일 뒤 층에서 검출된 양이 앞 층에서 검출된 양의 10%를 초과하면($W_b > W_f/10$) 시료 파과가 일어난 것이므로 이 자료는 사용할 수 없다.

005 메탄올에 대한 작업환경측정·분석 기술지침

1 활성탄 흡착관법

시료채취 개요	분석 개요

• 시료채취매체 : 활성탄 흡착관
   – 두 개의 Anasorb 747튜브(앞 400mg와 뒤 200mg 튜브를 실리콘 튜브로 연결)
• 유량 : 0.05L/min
• 공기량(상대습도에 따른 최대 공기량)
  – 최대 5L(상대습도≥50% @25℃, @420ppm)
  – 최대 3L(상대습도<50% @25℃, @420ppm)
  ※ 상대습도가 낮은 경우 활성탄 흡착관에서 파과 현상이 일어나기 쉬우므로 최대 공기량을 지키기 어려운 경우 실리카겔 흡착관법 사용을 권고함
• 운반 : 일반적인 방법
• 시료의 안정성 : 회수율 88.7%(18일 실온보관)
• 공시료 : 시료 세트당 2~10개 또는 시료수의 10% 이상
	• 분석기술 : 가스크로마토그래피법, 불꽃이온화검출기
	• 분석대상물질 : 메탄올
	• 전처리 : 50/50(v/v) 이황화탄소와 디메틸포름아미드 용액, 2mL
	• 칼럼 : Capillary, 30m×0.32mm ID, 0.5μm film Polyethylene Glycol, DB-wax 또는 동등 이상
	• 기기조건 : 오븐 40℃ → 10℃/min, 200℃ 주입구 220℃, 검출기 250℃
	• 범위 : 134.5~2,690μg/sample
	• 검출한계 : 2.09μg/sample
	• 정밀도 : –

방해작용 및 조치	**정확도 및 정밀도**
• 다른 용제가 존재하면 Anasorb 747 튜브가 메탄올을 포집하는 용량이 감소한다. • 낮은 습도는 Anasorb 747튜브가 메탄올을 흡착하는 능력을 떨어뜨린다.	• 연구범위(Range Studied) : – • 편향(Bias) : – • 총 정밀도(Overall Precision) : ±10.2% • 정확도(Accuracy) : – • 시료채취분석오차 : 0.264
시약	**기구**
• 메탄올(Methanol) • 이황화탄소(Carbon Disulfide, CS_2) • 디메틸포름아미드(Dimethylformamide, DMF) • 옥탄올(1-Octanol) • 탈착용액 : CS_2와 DMF를 50 : 50으로 혼합 • 내부 표준액 : 0.5% 1-Octanol(필요시) • 질소(N_2) 또는 헬륨(He) 가스(순도 99.9% 이상) • 수소(H_2) 가스(순도 99.9% 이상) • 여과된 공기	• 시료채취매체 : 한 개의 400mg 튜브와 한 개의 200mg Anasorb 747(11cm×6mm ID×8mm OD)를 실리콘 튜브로 연결 • 개인시료채취펌프(유연한 튜브관 연결됨), 유량 0.01~1L/min • 가스크로마토그래프, 불꽃이온화검출기 • 칼럼 : 30m×0.32mm ID, 0.5μm, film Polyethylene Glycol, DB-wax 또는 동등 이상 • 바이알, PTFE캡 • 마이크로 시린지 • 용량플라스크 • 피펫

164 • 산업보건지도사 2차 산업위생공학

· 특별 안전보건 예방조치

메탄올은 인화성 물질로 화재와 폭발 위험성이 있다. CS₂는 독성과 인화성이 강한 물질이므로 반드시 보호장비를 착용한 상태로 후드 안에서 실험을 수행해야 한다.

Ⅰ. 시료채취

1. 각 개인 시료채취펌프를 하나의 대표적인 시료채취매체로 보정한다.
2. 흡착튜브의 양끝을 절단하고 400mg의 배출부 끝부분이 200mg 유입부 끝부분이 되도록 ID 1/4인치 길이 1인치의 실리콘 튜브로 연속으로 연결한다. 이것을 유연성 튜브를 이용하여 펌프에 연결한다.
3. 흡착튜브 400mg 부분이 공기 유입부가 되도록 위치시킨다.
4. 25℃에서 습도가 50% 이상일 때 0.05L/min에서 최대 5L, 25℃에서 습도가 50% 미만일 때 0.05L/min에서 최대 3L 정도의 시료를 채취한다.

   ※ 상대습도가 낮은 경우 활성탄 흡착관에서 파과 현상이 일어나기 쉬우므로 최대 공기량을 지키기 어려운 경우 실리카겔 흡착관법 사용을 권고함

5. 시료채취가 끝나면 두 튜브를 분리하고 흡착튜브를 플라스틱 마개로 밀봉하여 운반한다.

Ⅱ. 시료 전처리

6. 시료 튜브의 내용물을 4mL 바이알로 옮긴다. 유리섬유와 우레탄폼 마개는 버린다.
7. 각각의 바이알에 탈착액 2mL를 넣고, 즉시 뚜껑을 닫는다.
8. 가끔 흔들면서 1시간 정도 방치한다.

Ⅲ. 분석

[검량선 작성 및 정도관리]

9. 시료 농도가 포함될 수 있는 적절한 범위에서 최소한 5개(공시료 제외)의 표준물질로 검량선을 작성한다.

   1) 메탄올을 물로 희석하여 원액을 준비한다. 원액을 탈착용액으로 희석하여 분석 표준액을 준비한다. 예를 들어, 77.4mg/mL의 표준원액은 메탄올 1mL를 물 10mL에 희석하여 만들 수 있다. 분석 표준액은 원액 17μL를 탈착용액 2mL에 희석하여 만들 수 있다. 분석표준액의 농도는 1,315.8μg/시료이며 이것은 대략 200ppm의 공기를 5L 채취한 값과 동일하다.
   2) 시료, 공시료와 함께 분석한다.
   3) 검량선을 작성한다(기기반응값 vs 메탄올 질량(μg)).

10. 한번 작성한 검량선에 따라 보통 10개의 시료를 분석한 다음, 표준용액으로 분석기기 반응에 대한 재현성을 점검한다. 재현성이 나쁘면 검량선을 다시 작성하고 시료를 분석한다.
11. 탈착효율(DE)을 구한다. 각 시료군 배치당 최소한 한 번씩은 행하여야 한다. 이때 3개의 농도 수준에서 각각 3개씩과 공시료 3개를 준비한다.

   1) 유리 바이알에 Anasorb 747의 흡착제 400mg를 넣는다.
   2) 물과 섞여 있는 메탄올을 미량 주사기를 이용하여(1~20μL) 정확히 주입한다.
   3) 이 시료들을 상온에서 하룻밤 방치한 다음 탈착하여 분석한다.
   4) 검량선 표준용액과 같이 분석한다.

5) 다음 식에 의해 탈착효율을 구한다.

$$탈착효율(Desorption\ Efficiency,\ DE) = 검출량/주입량$$

[분석과정]

12. 가스크로마토그래피 제조회사가 권고하는 대로 기기를 작동시키고 조건을 설정한다.

※ 분석기기, 칼럼 등에 따라 적정한 분석조건을 설정하며, 아래의 조건은 참고사항임

주입량		$1\mu L$
운반가스		질소 또는 헬륨, 2mL/min
온도	도입부(Injector)	200℃
	칼럼(Column)	40℃(5min) → 10℃/min, 200℃(5min)
	검출부(Detector)	250℃

13. 시료를 정량적으로 정확히 주입한다. 시료주입방법은 Flush Injection Technique과 자동주입기를 이용하는 방법이 있다.

14. 다음 식에 의하여 분석물질의 농도를 구한다.

$$C = \frac{(W_f + W_b - B_f - B_b)}{V \times DE} \times \frac{24.45}{MW}$$

여기서, C : 분석물질의 농도(ppm)

W_f : 시료 앞 층의 양(μg)

W_b : 시료 뒤 층의 양(μg)

B_f : 공시료 앞 층의 양(μg)

B_b : 공시료 뒤 층의 양(μg)

V : 공기채취량(L)

DE : 탈착효율

24.45 : 정상상태(25℃, 1기압)에서의 공기용적

MW : 분자량

※ 주의 : 만일 뒤 층에서 검출된 양이 앞 층에서 검출된 양의 10%를 초과하면($W_b > W_f/10$), 시료 파과가 일어난 것이므로 해당 자료는 사용할 수 없다.

② 실리카겔 흡착관법

시료채취 개요	분석 개요
• 시료채취매체 : 실리카겔관(100mg/50mg) 　※ 메탄올이 고농도로 존재하거나 상대습도가 높은 　　환경에서는 고용량의 3단 실리카겔관 사용(700mg 　　/150mg/150mg) • 유량 : 0.02~0.2L/min • 공기량 : 최대 5L 　　　　　최소 1L(200ppm) • 운반 : 5℃로 저장하여 운반 • 시료의 안정성 : 5℃에서 30일간 안정함 • 공시료 : 시료 세트당 2~10개 또는 시료수의 　10% 이상	• 분석기술 : 가스크로마토그래피법, 불꽃이온화검 　출기 • 분석대상물질 : 메탄올 • 전처리 : 95/5(v/v) 증류수/이소프로필알코올, 1mL • 칼럼 : Capillary, 30m×0.53mm ID, 3μm film 　35% diphenyl−65% Dimethyl Polysilozane, 　Rtx™−35 또는 동등 이상 • 기기조건 : 오븐 40℃ → 10℃/min, 200℃ 　주입구 220℃, 검출기 250℃ • 범위 : 2.2~6,000μg/sample • 검출한계 : 0.7μg/sample • 정밀도 : 0.030
방해작용 및 조치	**정확도 및 정밀도**
• 머무름 시간이 비슷한 물질이 존재할 경우 간섭을 　일으킬 수 있다. • 메탄올이 고농도로 존재하거나 상대습도가 높은 　환경에서는 고용량의 3단 실리카겔관(700mg/ 　150mg/150mg)이 필요하다.	• 연구범위(Range Studied) : 140~540mg/m³ • 편향(Bias) : −4.4% • 총 정밀도(Overall Precision) : 0.074 • 정확도(Accuracy) : ±16.2% • 시료채취분석오차 : 0.264
시약	**기구**
• 메탄올(Methanol) • 증류수(Water, Distilled and Prepurified) • 이소프로필알코올(Isopropanol, IPA) • 탈착용액 : 5% 이소프로필알코올과 95% 증류수 • 질소(N₂) 또는 헬륨(He) 가스(순도 99.9% 이상) • 수소(H₂) 가스(순도 99.9% 이상) • 여과된 공기	• 시료채취매체 : 실리카겔 관(7cm×4mm ID, 　20/40mesh, 100mg/50mg) 　※ 메탄올이 고농도이거나 상대습도가 높을 경우 고 　　용량의 3단 실리카겔관(15cm×8mm ID, 700mg/ 　　150mg/150mg)을 사용함 • 개인시료채취펌프 : 0.02~0.2L/min에서 조절 　가능한 펌프 • 가스크로마토그래프, 불꽃이온화검출기 • 칼럼 : Capillary, 30m×0.53mm ID, 3μm film 　35% Diphenyl−65% Dimethyl Polysilozane, 　Rtx™−35 또는 동등 이상 • 바이알, PTFE캡 • 마이크로 시린지 • 용량플라스크 • 피펫

특별 안전보건 예방조치

메탄올은 인화성 물질로 화재와 폭발 위험성이 있으므로, 반드시 보호장비를 착용한 상태로 후드 안에서 실험을 수행해야 한다.

Ⅰ. 시료채취

1. 각 개인 시료채취펌프를 하나의 대표적인 시료채취매체로 보정한다.
2. 시료채취 바로 전에 실리카겔관 양끝을 절단한 후 유연성 튜브를 이용하여 짧게 연결하고, 다시 유연성 튜브를 이용하여 펌프와 연결한다.
3. 0.02~0.2L/min에서 정확한 유량으로 1~5L 정도 시료를 채취한다.
4. 시료채취가 끝나면 실리카겔관을 플라스틱 마개로 밀봉하여 운반한다.

Ⅱ. 시료 전처리

5. 흡착관의 앞 층과 뒤층을 각각 다른 바이알에 담는다. 이때 앞 층의 유리섬유는 앞 층 바이알에 함께 담아주고 우레탄폼 마개는 버린다.
6. 각각의 바이알에 탈착액 1mL를 넣고, 즉시 뚜껑을 닫는다.
7. 가끔 흔들면서 30~60분 정도 방치한다.

Ⅲ. 분석

[검량선 작성 및 정도관리]

8. 시료농도가 포함될 수 있는 적절한 범위에서 최소한 5개(공시료 제외)의 표준물질로 검량선을 작성한다.
9. 시료 및 공시료를 함께 분석한다.
10. 다음 과정을 통해 탈착효율을 구한다.

> 1) 각 시료군 회분(Batch)당 최소한 한 번씩은 행하여야 하며, 3개의 농도수준에서 각각 3개씩과 공시료 3개를 준비한다.
> 2) 탈착효율 분석용 흡착관의 뒤 층을 제거한다.
> 3) 분석물질의 원액 또는 희석액을 마이크로 시린지를 이용하여 정확히 흡착관 앞 층에 주입한다.
> 4) 흡착관을 마개로 막아 밀봉하고, 하루 동안 상온에 놓아둔다.
> 5) 탈착시켜 검량선 표준용액과 같이 분석한다.
> 6) 다음 식에 의해 탈착효율을 구한다.
> $$\text{탈착효율(Desorption Efficiency, } DE) = \text{검출량/주입량}$$

[분석과정]

11. 가스크로마토그래피 제조회사가 권고하는 대로 기기를 작동시키고 조건을 설정한다.

※ 분석기기, 칼럼 등에 따라 적정한 분석조건을 설정하며, 아래의 조건은 참고사항임

주입량		$1\mu L$
운반가스		질소 또는 헬륨, 2mL/min
온도	도입부(Injector)	200℃
	칼럼(Column)	40℃(5min) → 10℃/min, 200℃(5min)
	검출부(Detector)	250℃

12. 시료를 정량적으로 정확히 주입한다. 시료주입방법은 Flush Injection Technique과 자동주입기를 이용하는 방법이 있다.

Ⅳ. 계산

13. 다음 식에 의하여 분석물질의 농도를 구한다.

$$C = \frac{(W_f + W_b - B_f - B_b)}{V \times DE} \times \frac{24.45}{MW}$$

여기서, C : 분석물질의 농도(ppm)

W_f : 시료 앞 층의 양(μg)

W_b : 시료 뒤 층의 양(μg)

B_f : 공시료 앞 층의 양(μg)

B_b : 공시료 뒤 층의 양(μg)

V : 공기채취량(L)

DE : 탈착효율

24.45 : 정상상태(25℃, 1기압)에서의 공기용적

MW : 분자량

※ 주의 : 만일 뒤 층에서 검출된 양이 앞 층에서 검출된 양의 10%를 초과하면($W_b > W_f/10$), 시료 파과가 일어난 것이므로 해당 자료는 사용할 수 없다.

시료채취 개요	분석 개요

• 시료채취매체 : 흡착관(실리카겔, 150mg/75mg)
• 유량 : 0.01~1L/min
• 공기량 : 최대 80L
        최소 15L(at 30mg/m³ 기준)
• 운반 : 일반적인 방법
• 시료의 안정성 : 25℃에서 최소 5일
• 공시료 : 시료 세트당 2~10개 또는 시료수의 10%
  이상
	• 분석기술 : 가스크로마토그래피법, 불꽃이온화검출기
	• 분석대상물질 : N,N-디메틸포름아미드
	• 전처리 : 1mL 메탄올, 1시간 초음파처리
	• 칼럼 : Capillary, Fused Silica, 30m×0.32mm ID ; 0.5μm film DB Wax 또는 동급 이상
	• 기기조건 : 오븐 40℃ → 10℃/min, 200℃ 주입구 220℃, 검출기 250℃
	• 검량선 : −
	• 범위 : 0.5~4mg/sample
	• 검출한계 : 0.05mg/sample
	• 정밀도 : 0.037

방해작용 및 조치	정확도 및 정밀도
알려진 바 없음	•연구범위(Range Studied) : 11~61mg/m³ • 편향(Bias) : −1.1% • 총 정밀도(Overall Precision) : 0.056 • 정확도(Accuracy) : ±11.7% • 시료채취분석오차 : 0.117
시약	기구
• 디메틸포름아미드(Dimethylformamide, DMF) • 메탄올(Methanol) • 아세톤(Acetone) • 탈착효율(DE) 원액 : 0.05mg/mL(디메틸포름아미드를 아세톤에 넣어 만듦) • 질소(N₂) 또는 헬륨(He) 가스(순도 99.9% 이상) • 수소(H₂) 가스(순도 99.9% 이상) • 여과된 공기	• 시료채취매체 : 실리카겔(20/40mesh, 150mg/75mg, OD 6mm, ID 4mm, 길이 7cm) • 개인시료채취펌프(유연한 튜브관 연결됨) : 유량 0.01~1L/min • 초음파 수욕조 • 가스크로마토그래프, 불꽃이온화검출기 • 칼럼 : Capillary, Fused Sillica, 30m×0.32mm ID ; 0.5μm film DB Wax 혹은 이와 동급 이상 • 바이알, PTFE캡 • 마이크로 시린지 • 용량플라스크 • 피펫

특별 안전보건 예방조치

아세톤과 메탄올은 인화성이 있고 화재 및 폭발 위험성이 있음. 흡입 및 경구 독성은 중간정도임. 디메틸포름아미드는 간에 손상을 주는 중간 정도의 독성물질이며, 눈에 접촉되면 일시적인 결막 및 각막염이 올 수 있음. 따라서 흄 후드에서 작업을 해야 함

Ⅰ. 시료채취

1. 각 개인 시료채취펌프를 하나의 대표적인 시료채취매체로 보정한다.
2. 시료채취 바로 전에 흡착관의 양끝을 절단한 후 유연성 튜브를 이용하여 펌프에 연결한다.
3. 흡착관 뒷부분이 펌프를 향하게 하고 채널링(Channeling, 피검물질이 흡착되지 않고 통과하는 것) 을 최소화하도록 흡착관이 수직이 되도록 위치시킨다.
4. 0.01~1L/min에서 정확한 유량으로 15~80L 정도 시료를 채취한다.
5. 시료채취가 끝나면 흡착관을 플라스틱 마개로 밀봉하여(고무마개는 피한다) 운반한다.

Ⅱ. 시료 전처리

6. 흡착관의 앞부분과 뒷부분 흡착제를 각각 바이알에 담는다. 유리섬유와 우레탄폼 플러그는 버린다.
7. 각각의 바이알에 메탄올 1mL를 넣고, 뚜껑을 닫는다.
8. 초음파 수욕조에서 1시간 동안 탈착한다.

Ⅲ. 분석

[검량선 작성 및 정도관리]

9. 시료농도가 포함될 수 있는 적절한 범위에서 최소한 5개의 표준물질로 검량선을 작성한다.
10. 시료 및 공시료를 함께 분석한다.
11. 다음 과정을 통해 탈착효율을 구한다.

> 〈탈착효율 시험〉
>
> 1) 각 시료군 회분(Batch) 당 최소한 한 번씩은 행하여야 하며, 3개의 농도 수준에서 각각 3개씩과 공시료 3개를 준비한다.
> 2) 탈착효율 분석용 흡착관의 뒤 층을 제거한다.
> 3) 분석물질의 원액 또는 희석액을 마이크로 시린지를 이용하여 정확히 흡착관 앞 층에 주입한다.
> 4) 흡착관을 마개로 막아 밀봉하고, 하루 동안 상온에 놓아둔다.
> 5) 탈착시켜 검량선 표준용액과 같이 분석한다.
> 6) 다음 식에 의해 탈착효율을 구한다.
>
> $$\text{탈착효율(Desorption Efficiency, } DE) = 검출량/주입량$$

[분석과정]

12. 가스크로마토그래피 제조회사가 권고하는 대로 기기를 작동시키고 조건을 설정한다.

   ※ 분석기기, 칼럼 등에 따라 적정한 분석조건을 설정하며, 아래의 조건은 참고사항임

주입량		$1\mu L$
운반가스		질소 또는 헬륨, 1~2mL/min
온도	도입부(Injector)	220℃
	칼럼(Column)	40℃(5min) → 10℃/min, 200℃(5min)
	검출부(Detector)	250℃

13. 시료를 정량적으로 정확히 주입한다. 시료주입방법은 Flush Injection Technique과 자동주입기 를 이용하는 방법이 있다.

14. 다음 식에 의하여 분석물질의 농도를 구한다.

$$C = \frac{(W_f + W_b - B_f - B_b)}{V \times DE} \times \frac{24.45}{MW}$$

여기서, C : 분석물질의 농도(ppm)

W_f : 시료 앞 층의 양(μg)

W_b : 시료 뒤 층의 양(μg)

B_f : 공시료 앞 층의 양(μg)

B_b : 공시료 뒤 층의 양(μg)

V : 공기채취량(L)

DE : 탈착효율

24.45 : 정상상태(25℃, 1기압)에서의 공기용적

MW : 분자량

※ 주의 : 만일 뒤 층에서 검출된 양이 앞 층에서 검출된 양의 10%를 초과하면($W_b > W_f/10$), 시료 파과가 일어난 것이므로 해당 자료는 사용할 수 없다.

시료채취 개요	분석 개요
• 시료채취매체 : 1-(2-pyridyl)piperazine(1-2PP)으로 코팅된 유리섬유여과지 • 유량 : 1~2L/min • 공기량 : 최대 480L 　　　　　최소 15L • 운반 : 측정 후 밀폐된 상태로 운반 후 냉장보관 • 시료의 안정성 : - • 공시료 : 시료 세트당 2~10개 또는 시료수의 10% 이상	• 분석기술 : 고성능액체크로마토그래피법, 자외선검출기 또는 형광검출기 • 전처리 : 아세토니트릴/디메틸설폭사이드 : 90/10 (v/v) 용액 2mL, 1시간 방치 • 칼럼 : Altech C8, 25cm×4.7mm, 10μm • 파장 : 자외선검출기 254nm 또는 313nm 　　　　형광검출기 240nm(exitation) 　　　　　　　　　370nm(emission) • 검량선 : 2,4-TDI와 1-2PP의 유도체화 표준용액 구입 또는 제조하여 사용 • 주입량 : 10~25μL • 유속 : 1mL/min • 이동상 : 37.5/62.5 아세토니트릴/증류수(v/v)에 0.01M 암모늄아세테이트 넣은 후 초산으로 pH 6.2로 조정 • 범위 : 16.9~101.4ng/sample • 검출한계 : 24.4ng/sample • 정밀도 : -
방해작용 및 조치	**정확도 및 정밀도**
화학적 방해(Chemical Interferences) : 작업장 공기 중에 무수물, 아민류, 알코올류, 카르복시산류 등 1-2PP와 반응할 수 있는 물질이 존재하면 2,6-TDI와 경쟁하게 되므로 간섭물질로 작용할 수 있다.	• 연구범위(Range Studied) : 0.7~2.8μg/sample • 편향(Bias) : - • 총 정밀도(Overall Precision) : 0.009 • 정확도(Accuracy) : ±12.9% • 시료채취분석오차 : 0.156
시약	**기구**
• 디클로로메탄(Ddichloromethane, HPLC grade) • 헥산(Hexane, HPLC grade) • 아세토니트릴(Acetonitrile, HPLC grade) • 디메틸설폭사이드(Dimethyl Sulfoxide, HPLC grade) • 1-2-피리딜 피페라진(1-(2-pyridyl)piperazine) • 톨루엔-2,6-디이소시아네이트(2,6-TDI) • 암모늄아세테이트(Ammonium Acetate) • 초산(Glacial Acetic Acid)	• 시료채취매체 : 1-2PP로 코팅된 유리섬유여과지, 직경 37mm 3단 카세트 홀더 • 개인시료채취펌프 : 유량 1~2L/min • 고성능액체크로마토그래피, 자외선검출기 또는 형광검출기 • 칼럼 : 이소시아네이트 1-2PP 유도체 분리가능한 HPLC 스테인리스스틸 칼럼(예 : Altech C8, 25cm×4.6mm, 10μm) • 비커

시약	기구
• 증류수 ※ 모든 시약은 가능한 한 순도가 좋은 것(95% 이상) 　을 사용한다.	• 용량플라스크 • 바이알 • 피펫 • 시린지 • 마이크로발란스 • pH미터기

특별 안전보건 예방조치

모든 전처리 등의 실험은 후드 내에서 이루어져야 한다.

Ⅰ. 시료채취

1. 각 개인 시료채취펌프를 하나의 대표적인 시료채취매체(0.1mg 1-2PP로 코팅한 유리섬유여과지를 넣은 37mm 3단 카세트)로 보정한다.

　　※ 여과지는 디클로로메탄에 1-2PP를 첨가하여 0.2mg/mL 농도의 용액을 제조한 후 각 유리섬유여과지에 0.5mL씩 골고루 도포한다. 젖은 여과지는 보관하기 전 건조시킨 이후, 진공 오븐에서 완전히 건조시켜 잔류 디클로로메탄이 없도록 한다. 코팅된 여과지는 냉장보관 한다. 코팅된 필터는 1-2PP 분해를 방지하기 위하여 밀폐된 용기에 보관하고 강한 햇빛의 노출을 피한다.

　　※ 또는 1-2PP가 도포된 유리섬유여과지를 구입하여 사용할 수 있다.

2. 1~2L/min의 정확한 유량으로 총 15~480L의 공기를 채취하며, 채취 시 카세트의 맨 위쪽 커버를 제거한 후 오픈 페이스(Open-Face)로 측정한다.

3. 채취가 끝난 카세트는 마개를 닫고 밀봉하여 운반한다. 벌크 시료를 운반할 때는 밀봉하여 공기 채취 시료와 분리하여 운반한다.

Ⅱ. 표준용액 제조

4. 표준용액 제조는 상업적으로 구매한 표준원액(2,6-TDI와 1-2PP의 유도체 용액)을 사용하거나 다음의 방법으로 제조하여 사용한다. 표준용액은 시료분석 때마다 제조하여 사용한다.

　　1) 25mL 용량플라스크에 3.5g의 2,6-TDI를 첨가한 후 디클로로메탄을 가해 녹인 후 부피가 25mL가 되도록 디클로로메탄을 채운다.

　　2) 100mL 용량플라스크에 7.25g의 1-2PP를 첨가한 후 디클로로메탄을 가해 녹인 후 부피가 100mL가 되도록 디클로로메탄을 채운다.

　　3) 1)의 용액을 2)용액에 저어주면서 서서히 첨가한 후, 35℃에서 10분간 가열한다.

　　4) 가열이 끝난 후 용액의 부피가 10Ml 정도 될 때까지 질소가스를 퍼지(Purge) 시킨다.

　　5) 퍼지가 끝나면 용액에 노말헥산을 첨가하여 침전시킨다(노말헥산이 첨가되기 전에 약간의 침전이 일어날 수 있다).

　　6) 침전물을 여과시킨 후 여과된 침전물에 소량의 디클로로메탄을 가하여 녹인 후 다시 노말헥산을 가하여 재침전시킨다.

　　7) 침전물을 다시 여과시킨 후 노말헥산으로 세척하고 진공건조시킨다. 위 과정을 통해 약 9g의 톨루엔-2,6-디이소시아네이트 유도체를 얻을 수 있다.

5. 4번에서 제조한 톨루엔-2,6-디이소시아네이트 유도체를 디메틸설폭사이드(DMSO)로 녹여 표준원액(Stock Solution)을 만든다. 2,6-TDI의 무게는 2,6-TDI 분자량과 2,6-TDI 유도체 분자량의 비를 2,6-TDI 유도체의 무게에 곱하여 구한다.

Ⅱ. 표준용액 제조

$$\frac{2,6-TDI\ 분자량}{유도체\ 분자량} = \frac{174.16}{500.61} = 0.3479$$

6. 5번에서 제조한 표준원액을 아세토니트릴로 용매로 희석하여 원하는 농도의 표준용액을 제조한다.

Ⅲ. 시료 전처리

7. 3단 카세트를 열어 유리섬유여과지를 4mL 바이알 등에 옮긴다. 이때 유리섬유여과지가 접히거나 구겨지지 않도록 바이알 안쪽 표면에 평평하게 넣는다.
8. 추출용액[90/10(v/v) 아세토니트릴/디메틸설폭사이드(ACN/DMSO)] 2mL를 바이알에 주입한다.
9. 바이알 캡을 닫고 여과지와 필터사이에 공기층이 생기지 않도록 잘 흔들어준 후 1시간 방치한다.

Ⅳ. 시료분석

[검량선 작성 및 회수율 계산]

10. 시료농도가 포함될 수 있는 적절한 범위에서 최소한 5개의 표준용액을 제조한다.
11. 시료와 공시료를 함께 분석한다.
12. 다음 과정을 통해 회수율을 구한다.

> 1) 각 시료군 배치당 최소한 한 번씩은 행하여야 하며 3개의 농도 수준에서 각각 3개씩과 공시료 3개를 준비한다.
> 2) 분석물질의 원액 또는 희석액을 마이크로피펫 또는 시린지를 이용하여 정확히 여과지에 주입한다.
> 3) 여과지를 밀봉하여 하루 동안 상온에 놓아둔다.
> 4) 시료 전처리 방법과 동일하게 전처리 한 후 분석한다.
> 5) 다음의 식으로 회수율을 구한다.
> $$회수율(Recovery) = 검출량/주입량$$

[기기분석]

13. 고성능액체크로마토그래피 제조회사가 권고하는 대로 기기를 작동시키고 조건을 설정한 후 표준용액, 회수율시료, 현장시료를 분석한다.

※ 분석기기, 칼럼 등에 따라 적정한 분석조건을 설정하며, 아래의 조건은 참고사항임

칼럼	Altech C8, 25cm×4.7mm, 10μm
주입량	10~25μL
유속	1mL/min
파장	자외선검출기 : 254nm 또는 313nm 형광검출기 : 240nm(Exitation) 370nm(Emission)
이동상	아세토니트릴과 초순수를 부피비로 37.5 : 62.5로 혼합한 용액 500mL에 암모늄아세테이트 0.77g을 넣어 녹인 후 혼합용매를 추가하여 최종용액의 부피가 1L가 되도록 한 다음, 초산을 가하여 pH 6.2가 되게 한다.

Ⅳ. 계산

14. 다음 식에 의하여 해당 물질의 농도를 구한다.

$$C = \frac{W - B}{V \times RE} \times V_E$$

여기서, C : 분석물질의 최종농도(mg/m^3)
W : 시료의 농도$(\mu g/mL)$
B : 공시료의 농도$(\mu g/mL)$
V : 공기채취량(L)
RE : 회수율
V_E : 추출용액의 양(mL)

시료채취 개요	분석 개요
• 시료채취매체 : 활성탄관(100mg/50mg) • 유량 : 0.2L/min 이하 • 공기량 : 최대 30L 　　　　 최소 5L • 운반 : 일반적인 방법 • 시료의 안정성 : 5℃에서 30일 • 공시료 : 시료 세트당 2~10개 또는 시료수의 10% 이상	• 분석기술 : 가스크로마토그래피법, 불꽃이온화검출기 • 분석대상물질 : 벤젠 • 전처리 : 1mL CS_2, 30분간 방치 • 칼럼 : Capillary, Fused Silica, 30m×0.32mm ID ; 1.00μm film 100% Dimethyl Polysiloxane 또는 동등 이상 • 범위 : 0.004~0.35mg/sample • 검출한계 : 0.5μg/sample • 정밀도 : 0.013
방해작용 및 조치	정확도 및 정밀도
물질 상호 간의 간섭, 높은 습도에 의한 시료파과로 공기량 또는 탈착효율에 영향을 미칠 수 있음	• 연구범위(Range Studied) : 42~165mg/m^3 • 편향(Bias) : -0.4% • 총 정밀도(Overall Precision) : 0.059 • 정확도(Accuracy) : ±11.4% • 시료채취분석오차 : 0.114
시약	기구
• 벤젠(Benzene, 시약 등급) • 이황화탄소(Carbon Disulfide, CS_2) • 질소(N_2) 또는 헬륨(He) 가스(순도 99.9% 이상) • 수소(H_2) 가스(순도 99.9% 이상) • 여과된 공기	• 시료채취매체 : 활성탄관(Coconut Shell Charcoal, 100mg/50mg) • 개인시료 채취용 펌프 : 0.01~0.2L/min에서 조절 가능한 펌프 • 가스크로마토그래프, 불꽃이온화검출기 • 칼럼 : Capillary, Fused Silica, 30m×0.32mm ID ; 1.00μm film 100% Dimethyl Polysiloxane 또는 동등 이상 • 바이알, PTFE캡 • 마이크로 시린지 • 용량플라스크 • 피펫

특별 안전보건 예방조치

이황화탄소는 독성과 인화성이 강한 물질이므로(인화점 : -30℃) 특별한 주의를 기울여야 한다. 벤젠은 발암성 물질이다.

Ⅰ. 시료채취

1. 각 개인 시료채취펌프를 하나의 대표적인 시료채취매체로 보정한다.
2. 시료채취 바로 전에 활성탄관 양끝을 절단한 후 유연성 튜브를 이용하여 짧게 연결하고, 다시 유연성 튜브를 이용하여 펌프와 연결한다.
3. 0.01~0.2L/min에서 정확한 유량으로 5~30L 정도 시료를 채취한다.
4. 시료채취가 끝나면 활성탄관을 플라스틱 마개로 막아 밀봉한 후 운반한다.

Ⅱ. 시료 전처리

5. 흡착관의 앞 층과 뒤층을 각각 다른 바이알에 담는다. 유리섬유와 우레탄폼 마개는 버린다.
6. 각각의 바이알에 탈착액(CS_2) 1mL를 넣고, 즉시 뚜껑을 닫는다.
7. 가끔 흔들면서 30분 정도 방치한다.

Ⅲ. 분석

[검량선 작성 및 정도관리]

8. 시료농도가 포함될 수 있는 적절한 범위에서 최소한 5개의 표준물질로 검량선을 작성한다.
9. 시료 및 공시료를 함께 분석한다.
10. 다음 과정을 통해 탈착효율을 구한다.

> **〈탈착효율 시험〉**
> 1) 각 시료군 배치당 최소한 한 번씩은 행하여야 하며 3개의 농도 수준에서 각각 3개씩과 공시료 3개를 준비한다.
> 2) 탈착효율 분석용 흡착관의 뒤 층을 제거한다.
> 3) 분석물질의 원액 또는 희석액을 마이크로 시린지를 이용하여 정확히 흡착관 앞 층에 주입한다.
> 4) 흡착관을 마개로 막아 밀봉하고, 하루 동안 상온에 놓아둔다.
> 5) 탈착시켜 검량선 표준용액과 같이 분석한다.
> 6) 다음 식에 의해 탈착효율을 구한다.
>
> $$탈착효율(Desorption\ Efficiency,\ DE) = 검출량/주입량$$

[분석과정]

11. 가스크로마토그래피 제조회사가 권고하는 대로 기기를 작동시키고 조건을 설정한다.

   ※ 분석기기, 칼럼 등에 따라 적정한 분석조건을 설정하며, 아래의 조건은 참고사항임

주입량		1μL
운반가스		질소 또는 헬륨, 2.4mL/min
온도	도입부(Injector)	220℃
	칼럼(Column)	40℃(5min) → 10℃/min, 200℃(5min)
	검출부(Detector)	250℃

12. 시료를 정량적으로 정확히 주입한다. 시료주입방법은 Flush Injection Technique과 자동주입기를 이용하는 방법이 있다.

13. 다음 식에 의하여 분석물질의 농도를 구한다.

$$C = \frac{(W_f + W_b - B_f - B_b)}{V \times DE} \times \frac{24.45}{MW}$$

여기서, C : 분석물질의 농도(ppm)

W_f : 시료 앞 층의 양(μg)

W_b : 시료 뒤 층의 양(μg)

B_f : 공시료 앞 층의 양(μg)

B_b : 공시료 뒤 층의 양(μg)

V : 공기채취량(L)

DE : 탈착효율

24.45 : 정상상태(25℃, 1기압)에서의 공기용적

MW : 분자량

※ 주의 : 만일 뒤 층에서 검출된 양이 앞 층에서 검출된 양의 10%를 초과하면($W_b > W_f/10$), 시료파과가 일어난 것이므로 이 자료는 사용할 수 없다.

시료채취 개요	분석 개요
• 시료채취매체 : 막여과지(0.8μm Cellulose Ester Membrane) • 유량 : 1~3L/min • 공기량 : 최대 30L(0.002mg/m³ 기준) 　　　　최소 1,000L • 운반 : 여과지의 시료포집 부분이 위를 향하도록 하고 마개를 닫아 밀폐된 상태에서 운반 • 시료의 안정성 : 냉장보관 시 안정함 • 공시료 : 시료 세트당 2,110개의 현장 공시료	• 분석기술 : 원자흡광광도계 　− Flame(Atomic Absorption, Flame) 　− 불꽃 : 수소, 아르곤 가스 　− 파장 : 193.7nm • 분석대상물질 : 비소(As) • 전처리 : 질산 3mL, 황산 1mL, 과염소산 1mL로 140℃에서 회화 • 최종용액 : 4% 황산용액 25mL • 범위 : 0.05~2.0μg/시료 • 검량선 : 4% 황산용액, 0.2~8μg/100mL • 검출한계 : 0.02μg/시료 • 정밀도 : 0.11
방해작용 및 조치	정확도 및 정밀도
배경흡수작용(Background Absorption)은 D_2 또는 H_2 컨티늄(Continuum) 사용으로 보정할 수 있다.	• 연구범위(Range Studied) : − • 편향(Bias) : − • 총 정밀도(Overall Precision) : − • 정확도(Accuracy) : −
시약	기구
• 질산(특급) • 염산(특급) • 황산(특급) • 과염소산(특급) • 표준용액(1,000mg/mL) : 표준품을 구입하거나 조제함. 20%(w/v) 수산화칼륨용액 25mL에 1,320g의 삼산화비소(As_2O_3)를 녹이고 20% 질산으로 페놀프탈레인 종말점까지 중화시킴. 질산 10mL을 첨가하고 증류수나 탈이온수로 1L로 희석시킴 • 회화용액 : 질산 : 황산 : 과염소산=3 : 1 : 1의 비율로 혼합 • 수소 • 아르곤 • 증류수 또는 탈이온수 • 수소화붕소나트륨(Sodium Borohydride) 펠렛 • 압축공기	• 시료채취매체 : 막여과지(Cellulose Ester Filter, 공극 0.8μm, 직경 37 mm), 카세트 홀더 • 개인시료채취펌프(유연한 튜브로 연결), 유량 1~3L/min • 원자흡광광도계(Atomic Absorption Spectrophotometer − Flame) • 수소 및 아르곤 가스 레귤레이터 • 125mL 또는 50mL 비커, 시계접시 뚜껑 • 25mL 및 100mL 용량플라스크 • 피펫 • 가열판(표면온도 140℃) ※ 모든 유리기구는 사용 전에 질산으로 씻고 증류수로 헹구어 준다.

특별 안전보건 예방조치
비소는 발암물질이므로 안전하게 취급하여야 한다. 모든 과염소산 회화작업은 흄 후드에서 이루어져야 한다.

Ⅰ. 시료채취

1. 시료채취매체를 이용하여 각 개인시료채취펌프를 보정한다.
2. 1~3L/min의 정확한 유량으로 총 30~1,000L의 공기를 채취하며, 여과지에 채취된 먼지가 총 2mg을 넘지 않도록 한다.
3. 채취가 끝난 여과지는 밀봉하여 먼지가 떨어지지 않도록 카세트를 바로 세워서 운반한다.

Ⅱ. 시료 전처리

4. 카세트필터 홀더를 열고 시료와 공시료를 깨끗한 비커로 옮긴다.
   ※ 참고 : 삼산화비소(As_2O_3) 증기의 정성적 분석을 위해서는 백업 패드(Backup Pad)를 따로 분석하고, 정량적 포집 및 분석을 위해서는 NIOSH Method 7901을 이용한다.
5. 회화용액 5mL를 넣고 시계접시를 덮는다.
6. 용액의 색깔이 투명해질 때까지 가열판(140℃)에서 가열한다.
7. 질산 1mL와 70% 과염소산을 용액이 투명해 질 때까지 한 방울씩 떨어트리면서 회화한다.
   ※ 이때 색의 변화는 갈색에서 점점 옅어진다.
8. 시계접시를 제거한다.
9. 가열판(140℃)에서 진한 흰색의 삼산화황(SO_3) 증기가 발생할 때까지 가열한다.
   ※ 만약 잔류 유기물이 탄화되어 용액이 색소를 띠게 되면 1방울씩 용액이 맑아질 때까지 과산화수소 용액을 조심스럽게 첨가한다.
10. 위 혼합물이 식을 때까지 놔둔다.
11. 용액을 25mL 용량플라스크에 옮겨 담는다.
12. 증류수 또는 탈이온수로 눈금까지 희석한다.

Ⅲ. 분석

[검량선 작성 및 정도관리]

13. 100mL 용량플라스크에 황산 4mL를 넣고 증류수로 눈금까지 희석한다. 분석기기(AAS)의 최적 범위 내에서 표준용액을 제조하며, 이때 일반적인 분석범위는 0.2~0.8µg As/100mL(0.05~2µg As/시료)이다.
14. 표준용액을 공시료 및 시료와 함께 분석한다.
15. 검량선 그래프를 작성한다[흡광도 vs 표준용액 농도(µg/mL)].
16. 한번 작성한 검량선에 따라 보통 10개의 시료를 분석한 다음, 표준용액으로 분석기기 반응에 대한 재현성을 점검한다. 재현성이 나쁘면 검량선을 다시 작성하고 시료를 분석한다.
    ※ 표준용액의 흡광도 변화가 ±5%를 초과했다면 교정조치를 취하고 검량선을 다시 작성하여 시료를 분석한다.
17. 시료채취매체에 기지량의 분석대상물질을 첨가한 시료(Spike 시료)로 아래와 같이 회수율(Recovery) 시험을 실시하여 현장 시료 분석값을 보정한다.

> **〈회수율 시험〉**
> 1) 예상 시료량이 포함되도록 3가지 이상의 수준 및 공시료를 각각 3번 반복하여 시료를 만든다.
> 2) 하룻밤 방치한 후 'Ⅱ. 시료 전처리' 과정과 동일하게 전처리하고 현장 시료와 동일하게 분석한 후 회수율을 구한다.
> 3) 계산식에 적용하여 시료의 분석값을 보정하며, 수준별로 회수율의 차이가 뚜렷하면 수준별로 보정한다.

Ⅲ. 분석

18. 방해작용을 확인하기 위해 가끔씩 표준용액 첨가법(Method of Standard Additions)을 사용한다.

[분석과정]

19. 원자흡광광도계 제조사의 권고와 "분석개요"에 제시된 조건을 참고하여 기기를 설정한다.
20. 제조사의 지침에 따라 Arsine 발생 장치(Arsine Generator)의 조건을 설정한다.
21. Arsine 발생 플라스크(Arsine Generation Flask) 안에 전처리한 시료 25mL 중 5mL를 피펫으로 재서 넣는다.
22. 같은 플라스크 안에 25mL 증류수와 3mL 염산을 넣고 잘 섞어준다.
23. 위 플라스크를 Arsine 발생 시스템에 연결한다.
24. 수소화붕소나트륨 펠렛(Pellet) 하나 또는 수소화붕소나트륨 용액을 시료 용액에 넣는다.
25. 기체가 원자흡광광도계의 불꽃 안에서 붉게 빛나기 시작하도록 둔다.
26. 흡광도 기록을 저장한다.

  ※ 참고 : 만약 시료의 흡광도 값이 검량선 그래프 직선보다 위에 있다면 그 용액을 희석하거나 더 작은 양의 시료를 넣은 후 재분석하여 희석계수를 적용한다.

Ⅳ. 계산

27. 시료의 용액 부피(V_s)와 공시료 부피(V_b)를 이용하여 채취된 공기(V) 중 채취물질의 농도(C)를 다음 식에 의하여 구한다.

$$C = \frac{C_s V_s - C_b V_b}{V \times R} \, (\mathrm{mg/m^3})$$

여기서, C_s : 시료에서의 분석물질의 농도(μg/mL)
  C_b : 공시료에서의 분석물질의 농도(μg/mL)
  V_s : 시료에서 희석한 최종용량(mL)
  V_b : 공시료에서 희석한 최종용량(mL)
  V : 공기채취량(L)
  R : 회수율

크롬에 대한 작업환경측정·분석 기술지침

시료채취 개요	분석 개요
• 시료채취매체 : 막여과지(Mixed Cellulose Ester (MCE) 또는 Polyvinyl Chloride(PVC) Filters) • 유량 : 1~3L/min • 공기량 : 최대 1,000L 　　　　　최소 10L • 운반 : 여과지의 시료포집 부분이 위를 향하도록 하고 마개를 닫아 밀폐된 상태에서 운반 • 시료의 안정성 : 안정함 • 공시료 : 시료 세트당 2~10개의 현장 공시료	• 분석기술 : 원자흡광광도계법(Atomic Absorption Spectrophotometer, Flame) • 파장 : 357.9nm • 분석대상물질 : Cr • 전처리 : 진한염산(HCl) 9mL 　　　　　진한질산(HNO_3) 9mL • 최종용액 : 5% HNO_3, 20mL • 검량선 : Cr 표준용액 in 4% HNO_3 • 범위 : 5~250μg/sample • 검출한계 : 0.06μg/sample • 정밀도 : 0.04~0.06
방해작용 및 조치	**정확도 및 정밀도**
• 화학적 방해(Chemlcal Interferences) : 시료를 희석하거나 고온의 원자화기를 사용하여 화학적 방해를 줄일 수 있다. • 분광학적 방해(Spectral Interferences) : 신중한 파장 선택, 물질 상호 간의 교정과 공시료 교정으로 최소화할 수 있다.	• 연구범위(Range Studied) 　－ 0.4~1.8mg/m³(불용성) 　－ 0.3~1mg/m³(가용성) • 편향(Bias) : －0.64% • 총 정밀도(Overall Precision) : 0.076(불용성), 0.085(가용성) • 정확도(accuracy) : ±20.91%
시약	**기구**
• 진한 질산, HNO_3(특급) • 진한 염산, HCl(특급) • 질산용액 5%(v/v) : 1L 용량플라스크에 500mL의 탈이온수를 넣고 50mL 진한 질산을 넣은 후, 탈이온수로 1L로 희석한다. • 표준용액, 1,000μg/mL : 시약업체에서 구매 가능, 또는 3.735g K_2CrO_4 또는 2.829g $K_2Cr_2O_7$에 증류수를 가해 1L로 희석시킴 • 아세틸렌(Acetylene) • 산화질소(Nitric Oxide) • 증류수 또는 탈이온수	• 시료채취매체 : 막여과지(Cellulose Ester Filter, 공극 0.8μm, 직경 37mm, 카세트 홀더 • 개인시료채취펌프(유연한 튜브관 연결됨), 유량 1~3L/min • 원자흡광광도계(Atomic Absorption Spectro-photometer, Flame) • 125mL 또는 50mL 비커, 시계접시 뚜껑 • 10, 20, 25, 100mL 및 1L 용량플라스크 • 피펫 • 가열판(표면온도 100~400℃) ※ 모든 유리기구는 사용 전에 질산으로 씻고 증류수로 헹구어 준다.

특별 안전보건 예방조치
모든 산 회화작업은 흄 후드에서 이루어져야 한다.

Ⅰ. 시료채취

1. 각 개인 시료채취펌프를 하나의 대표적인 시료채취매체로 보정한다.
2. 1~3L/min의 유량으로 총 10~1,000L의 공기를 채취하며, 여과지에 채취된 먼지가 총 2mg을 넘지 않도록 한다.
3. 채취가 끝난 여과지는 밀봉하여 먼지가 떨어지지 않도록 카세트를 바로 세워서 운반한다.

Ⅱ. 시료 전처리

4. 카세트필터 홀더를 열고 시료와 공시료를 깨끗한 비커로 옮긴다.
5. 염산 3mL를 넣고 시계접시를 덮은 후, 용액이 0.5mL 남을 때까지 가열판에서 가열한다. 염산 3mL를 넣고 앞의 과정을 두 번 정도 반복한다.
6. 질산 3mL를 넣고 시계접시를 덮은 후, 용액이 0.5mL 남을 때까지 가열판에서 가열한다. 질산 3mL를 넣고 앞의 과정을 두 번 정도 반복한다.
7. 용액을 식힌 후, 시계접시와 비커를 증류수로 헹군다.
8. 용액을 20mL 용량플라스크에 옮겨 담고, 증류수로 플라스크 표선을 맞춘다.
   ※ 다른 전처리 방법으로 마이크로파 회화기를 사용할 수 있으며, 마이크로파 회화기를 이용한 전처리 과정은 제조사의 매뉴얼 및 관련 문헌을 참고한다.
   ※ 전처리 시 막여과지에 채취된 시료를 잘 회화시킬 수 있는 다른 산 용액을 사용할 수 있다.

Ⅲ. 분석

[검량선 작성 및 정도관리]

9. 크롬 0~10μg/mL가 되도록 100mL 용량플라스크에 5% 질산용액을 사용하여 최소 5개의 표준용액을 제조한다.
10. 표준용액을 공시료 및 시료와 함께 분석한다.
11. 표준용액 농도(μg/mL)에 따른 흡광도 결과를 바탕으로 검량선 그래프를 작성한다.
    ※ 이때 선형 회귀 분석을 이용하는 것이 좋다. 검량선용 공시료의 흡광도를 다른 검량선용 표준용액의 흡광도에서 뺀 후 검량선을 작성할 것을 권장한다.
12. 작성한 검량선에 따라 보통 10개의 시료를 분석한 후, 표준용액을 이용하여 분석기기 반응에 대한 재현성을 점검한다. 재현성이 나쁘면 검량선을 다시 작성하고 시료를 분석한다.
    ※ 표준용액의 흡광도 변이가 ±5%를 초과했다면 검량선을 재작성하여 시료를 분석한다.
13. 시료채취매체(막여과지)에 알고 있는 양의 분석대상물질을 첨가한 시료(Spike 시료)로 아래와 같이 회수율(Recovery) 시험을 실시하여 현장 시료 분석값을 보정한다.

> 〈회수율 시험〉
> 1) 예상 시료량이 포함되도록 3가지 이상의 수준 및 각 수준별로 3개 이상의 시료를 만든다.
> 2) 하룻밤 방치한 후 'Ⅱ. 시료 전처리' 과정과 동일하게 전처리하고 현장 시료와 동일하게 분석한 후 회수율을 다음과 같이 구한다.
> 회수율＝분석값/첨가량
> 3) 2)에서 구한 회수율로 시료의 분석값을 다음과 같이 보정한다. 수준별로 회수율의 차이가 뚜렷하면 수준별로 보정한다.
> 보정 분석값＝현장시료 분석값/회수율

14. 방해작용을 확인하기 위해 가끔씩 표준용액 첨가법(Method of Standard Additions)을 사용한다.

Ⅲ. 분석

[분석과정]

15. 제조사의 권고와 첫 페이지에 제시된 바에 따라 기기의 조건을 설정한다.

   ※ 보통 에어－아세틸렌 불꽃이 사용되어 지며, 에어－아세틸렌 불꽃의 감소는 최고의 감도를 주지만 방해물질의 간섭이 커진다. 한편, 산화질소－아세틸렌 불꽃을 감소시키면 철(Fe)과 니켈(Ni)에 의한 방해작용은 감소되나 크롬의 감도가 작아진다.

16. 시험용액을 각각 분석한다.

17. 적당한 비율로 표준용액을 희석하여 분석대상 금속의 검출한계를 구한다.

   ※ 검출한계는 분석기기의 검출한계와 분석방법의 검출한계로 구분되며, 분석기기의 검출한계라 함은 최종 시료 중에 포함된 분석대상물질을 검출할 수 있는 최소량을 말하고, 분석방법의 검출한계라 함은 작업환경측정 시료 중에 포함된 분석대상물질을 검출할 수 있는 최소량을 말하며, 구하는 요령은 다음과 같다.
   • 기기 검출한계 : 분석대상물질을 용매에 일정 양을 주입한 후 이를 점차 희석하여 가면서 분석기기가 반응하는 가능한 낮은 농도를 확인한 후, 이 최저 농도를 7회 반복 분석하여 반복 시 기기의 반응값들로부터 표준편차를 가한 후 다음과 같이 검출한계 및 정량한계를 구한다.
   ‐ 검출한계 : 3.143×표준편차
   ‐ 정량한계 : 검출한계×4
   • 분석방법의 검출한계 : 분석기기가 검출할 수 있는 가능한 저농도의 분석대상물질을 시료채취기구에 직접 주입시켜 흡착시킨 후, 시료 전처리 방법과 동일한 방법으로 탈착시켜, 이를 7회 반복 분석하여 기기 검출한계 및 정량한계 계산방법과 동일한 방법으로 구한다.
   ※ 검출한계를 구하는 방법은 위 방법 외에도 다양하며, 다른 방법으로도 계산이 가능하다.

18. 흡광도 기록을 저장한다.

   ※ 참고 : 만약 시료의 흡광도 값이 검량선 그래프 직선보다 위에 있다면 그 용액을 4% 질산으로 희석하여 재분석하고 농도계산 시 정확한 희석계수를 적용한다.

Ⅳ. 계산

19. 측정된 흡광도를 이용하여 그에 상응하는 시료의 금속 농도(C_s)와 공시료의 평균값(C_b)을 계산한다.

20. 시료의 용액 부피(V_s)와 공시료 부피(V_b)를 이용하여 채취된 공기(V) 중 채취물질의 농도(C)를 계산한다.

21. 다음 식에 의하여 해당 물질의 농도를 구한다.

$$C = \frac{C_s V_s - C_b V_b}{V} \ (\mathrm{mg/m^3})$$

여기서, C_s : 시료에서의 분석물질의 농도(μg/mL)
C_b : 공시료에서의 분석물질의 농도(μg/mL)
V_s : 시료에서 희석한 최종용량(mL)
V_b : 공시료에서 희석한 최종용량(mL)
V : 공기채취량(L)

※ 회수율의 적용을 위해 위에서 구한 시료농도를 회수율로 나누어 계산하거나, 위 공식의 분모에 회수율을 추가시킨다.

시료채취 개요	분석 개요
• 시료채취매체 : MCE 여과지 혹은 PVC 여과지 • 유량 : 1~3L/min • 공기량 : 최대 1,500L 　　　　　 최소 25L • 운반 : 여과지의 시료포집 부분이 위를 향하도록 　하고 마개를 닫아 밀폐된 상태에서 운반 • 시료의 안정성 : 안정함 • 공시료 : 시료 세트당 2~10개 또는 시료수의 　10% 이상	• 분석기술 : 유도결합플라스마 분광광도계법 또는 　원자흡광광도계법 • 분석대상물질 : Cd • 전처리 : 진한질산(HNO_3) 6mL ; 140℃ 　　　　　　 진한염산(HCl) 6mL ; 400℃ • 파장 : 228.8nm • 검량선 : Cd 표준용액(0.5N HCl) • 범위 : 2.5~30μg/sample • 검출한계 : 0.05μg/sample • 정밀도 : 0.05(3~23μg/sample 범위)
방해작용 및 조치	**정확도 및 정밀도**
• 화학적 방해(Chemlcal Interferences) : 시료를 　희석하거나 고온의 원자화기를 사용하여 화학적 　방해를 줄일 수 있다. • 분광학적 방해(Spectral Interferences) : 신중 　한 파장 선택, 물질 상호 간의 교정과 공시료 교정 　으로 최소화할 수 있다.	• 연구범위(Range Studied) : 0.12~0.98mg/m³ • 편향(Bias) : -1.57% • 총 정밀도(Overall Precision) : 0.06 • 정확도(Accuracy) : ±13.23% • 시료채취분석오차 : 0.0821(ICP), 0.132(AAS)
시약	**기구**
• 진한 질산, HNO_3(특급) • 진한 염산, HCl(특급) • 염산용액 0.5N : 1L 용량플라스크에 500mL의 　증류수를 넣고 41.5mL 진한 질산을 넣은 후, 증 　류수로 1L로 희석한다. • 표준용액, 100μg/mL : 시약업체에서 구매가능, 　또는 Cd 0.1g을 소량의 염산 혼합액에 첨가하고, 　증류수를 가해 1L로 희석시킴 • 아세틸렌(Acetylene) • 에어(Air, Filterd) • 증류수	• 시료채취매체 : MCE 여과지 혹은 PVC 여과지 　(공극 0.8μm, 직경 37mm), 카세트 홀더 • 개인시료채취펌프(유연한 튜브관 연결됨), 유량 　1~3L/min • 유도결합플라스마 분광광도계 또는 원자흡광광 　도계 • 비커, 시계접시 • 용량플라스크 • 피펫 • 가열판(표면온도 100~400℃) 또는 마이크로웨 　이브 회화기 　※ 모든 유리기구는 사용 전에 질산으로 씻고 증류수 　　로 헹구어 준다.

특별 안전보건 예방조치
모든 산 회화작업은 흄 후드에서 이루어져야 한다.

Ⅰ. 시료채취

1. 각 개인 시료채취펌프를 하나의 대표적인 시료채취매체로 보정한다.
2. 1~3L/min의 유량으로 총 25~1,500L의 공기를 채취하며, 여과지에 채취된 먼지가 총 2mg을 넘지 않도록 한다.
3. 채취가 끝난 여과지는 밀봉하여 먼지가 떨어지지 않도록 카세트를 바로 세워서 운반한다.

Ⅱ. 시료 전처리

4. 카세트필터 홀더를 열고 시료와 공시료를 깨끗한 비커로 옮긴다.
5. 질산 2mL를 넣고 시계접시를 덮은 후, 용액이 0.5mL 남을 때까지 가열판에서 가열한다. 질산 2mL를 넣고 앞의 과정을 두 번 정도 반복한다.
6. 염산 2mL를 넣고 시계접시를 덮은 후, 용액이 0.5mL 남을 때까지 가열판(약 400℃)에서 가열하고, 마찬가지로 염산 2mL를 놓고 앞의 과정을 두 번 정도 반복한다.
   ※ 이때 용액이 완전히 건조되어서는 안 된다.
7. 용액을 식힌 후, 시계접시와 비커를 증류수로 헹군다.
8. 용액을 25mL 용량플라스크에 옮겨 담고, 증류수로 플라스크 표선을 맞춘다.
   ※ 다른 전처리 방법으로 마이크로파 회화기를 사용할 수 있으며, 마이크로파 회화기를 이용한 전처리 과정은 제조사의 매뉴얼 및 관련 문헌을 참고한다.
   ※ 전처리 시 막여과지에 채취된 시료를 잘 회화시킬 수 있는 다른 산 용액을 사용할 수 있다.

Ⅲ. 분석

[검량선 작성 및 정도관리]
9. 최소 5개의 표준 용액을 제조한다.
10. 표준용액을 공시료 및 시료와 함께 분석한다.
11. 표준용액 농도(μg/mL)에 따른 흡광도 결과를 바탕으로 검량선 그래프를 작성한다.
   ※ 이때 선형 회귀 분석을 이용하는 것이 좋다. 검량선용 공시료의 흡광도를 다른 검량선용 표준용액의 흡광도에서 뺀 후 검량선을 작성할 것을 권장한다.
12. 작성한 검량선에 따라 보통 10개의 시료를 분석한 후, 표준용액을 이용하여 분석기기 반응에 대한 재현성을 점검한다. 재현성이 나쁘면 검량선을 다시 작성하고 시료를 분석한다.
   ※ 표준용액의 흡광도 변이가 ±5%를 초과했다면 검량선을 재작성하여 시료를 분석한다.
13. 시료채취매체(막여과지)에 알고 있는 양의 분석대상물질을 첨가한 시료(Spike 시료)로 아래와 같이 회수율(Recovery) 시험을 실시하여 현장 시료 분석값을 보정한다.

> **〈회수율 시험〉**
> 1) 예상 시료량이 포함되도록 3가지 이상의 수준 및 각 수준별로 3개 이상의 시료를 만든다.
> 2) 하룻밤 방치한 후 'Ⅱ. 시료 전처리' 과정과 동일하게 전처리하고 현장 시료와 동일하게 분석한 후 회수율을 다음과 같이 구한다.
> $$회수율 = 분석값/첨가량$$
> 3) 2)에서 구한 회수율로 시료의 분석값을 다음과 같이 보정한다. 수준별로 회수율의 차이가 뚜렷하면 수준별로 보정한다.
> $$보정 분석값 = 현장시료 분석값/회수율$$

14. 방해작용을 확인하기 위해 가끔씩 표준용액 첨가법(Method of Standard Additions)을 사용한다.

Ⅲ. 분석

[분석과정]

15. 제조사의 권고와 첫 페이지에 제시된 바에 따라 기기의 조건을 설정한다.

16. 시험용액을 각각 분석한다.

17. 적당한 비율로 표준용액을 희석하여 분석대상 금속의 검출한계를 구한다.

  ※ 검출한계는 분석기기의 검출한계와 분석방법의 검출한계로 구분되며, 분석기기의 검출한계라 함은 최종 시료 중에 포함된 분석대상물질을 검출할 수 있는 최소량을 말하고, 분석방법의 검출한계라 함은 작업환경 측정 시료 중에 포함된 분석대상물질을 검출할 수 있는 최소량을 말하며, 구하는 요령은 다음과 같다.
  • 기기 검출한계 : 분석대상물질을 용매에 일정 양을 주입한 후 이를 점차 희석하여 가면서 분석기기가 반응하는 가능한 낮은 농도를 확인한 후, 이 최저 농도를 7회 반복 분석하여 반복 시 기기의 반응값들로부터 표준편차를 가한 후 다음과 같이 검출한계 및 정량한계를 구한다.
    - 검출한계 : 3.143×표준편차
    - 정량한계 : 검출한계×4
  • 분석방법의 검출한계 : 분석기기가 검출할 수 있는 가능한 저농도의 분석대상물질을 시료채취기구에 직접 주입시켜 흡착시킨 후, 시료 전처리 방법과 동일한 방법으로 탈착시켜, 이를 7회 반복 분석하여 기기 검출한계 및 정량한계 계산방법과 동일한 방법으로 구한다.
  ※ 검출한계를 구하는 방법은 위 방법 외에도 다양하며, 다른 방법으로도 계산이 가능하다.

18. 흡광도 기록을 저장한다.

  ※ 참고 : 만약 시료의 흡광도 값이 검량선 그래프 직선보다 위에 있다면 그 용액을 0.5N 염산으로 희석하여 재분석하고 농도계산 시 정확한 희석계수를 적용한다.

Ⅳ. 계산

19. 측정된 흡광도를 이용하여 그에 상응하는 시료의 금속 농도(C_s)와 공시료의 평균값(C_b)을 계산한다.

20. 시료의 용액 부피(V_s)와 공시료 부피(V_b)를 이용하여 채취된 공기(V) 중 채취물질의 농도(C)를 계산한다.

21. 다음 식에 의하여 해당물질의 농도를 구한다.

$$C = \frac{C_s V_s - C_b V_b}{V \times RE}$$

  여기서, C : 분석물질의 최종 농도(mg/m³)
  C_s : 시료의 농도(μg/mL)
  C_b : 공시료의 농도(μg/mL)
  V_s : 시료에서 희석한 최종용량(mL)
  V_b : 공시료에서 희석한 최종용량(mL)
  V : 공기채취량(L)
  RE : 회수율

012 주석에 대한 작업환경측정·분석 기술지침

시료채취 개요	분석 개요
• 시료채취매체 : 막여과지(Mixed Cellulose Ester (MCE) 또는 Polyvinyl Chloride(PVC) Filters) • 유량 : 2L/min • 공기량 : 최대 960L 　　　　최소 480L • 운반 : 여과지의 시료포집 부분이 위를 향하도록 하고 마개를 닫아 밀폐된 상태에서 운반 • 시료의 안정성 : 안정함 • 공시료 : 시료 세트당 2~10개의 현장 공시료	• 분석기술 : 원자흡광광도계법(Atomic Absorption Spectrophotometer, Flame) • 파장 : 224.6nm • 분석대상물질 : Sn • 전처리 : 염산(HCl) 9mL, 질산(HNO₃) 2mL ; 140℃ • 최종용액 : 10% HCl, 25mL • 검량선 : Sn 표준용액(10% HCl) • 범위 : 0.1~40μg/mL • 검출한계 : 0.01μg/mL • 정밀도 : 0.079
방해작용 및 조치	**정확도 및 정밀도**
• 화학적 방해(Chemlcal Interferences) : 시료를 희석하거나 고온의 원자화기를 사용하여 화학적 방해를 줄일 수 있다. • 분광학적 방해(Spectral Interferences) : 신중한 파장 선택, 물질 상호 간의 교정과 공시료 교정으로 최소화할 수 있다.	• 연구범위(Range Studied) : － • 편향(Bias) : － • 총 정밀도(Overall Precision) : － • 정확도(Accuracy) : －
시약	**기구**
• 진한 질산, HNO₃(특급) • 진한 염산, HCl(특급) • 염산용액 10%(v/v) : 1L 용량플라스크에 500mL 의 탈이온수를 넣고 100mL 진한 염산을 넣은 후, 탈이온수로 1L로 희석한다. • 표준용액, 1,000μg/mL : 시약업체에서 구매가능, 또는 Sn 1g을 소량의 질산과 염산 혼합액에 첨가하고, 증류수를 가해 1L로 희석시킴 • 아세틸렌(Acetylene) • 에어(Air, Filterd) • 증류수 또는 탈이온수	• 시료채취매체 : 막여과지(Cellulose Ester Filter, 공극 0.8μm, 직경 37mm, 카세트 홀더 • 개인시료채취펌프(유연한 튜브관 연결됨), 유량 1~3L/min • 원자흡광광도계(Atomic Absorption Spectro-photometer, Flame) • 125mL 또는 50mL 비커, 시계접시 뚜껑 • 10, 20, 25, 100mL 및 1L 용량플라스크 • 피펫 • 가열판(표면온도 100~400℃) ※ 모든 유리기구는 사용 전에 질산으로 씻고 증류수로 헹구어 준다.

특별 안전보건 예방조치
모든 산 회화작업은 흄 후드에서 이루어져야 한다.

Ⅰ. 시료채취

1. 각 개인 시료채취펌프를 하나의 대표적인 시료채취매체로 보정한다.
2. 2L/min의 유량으로 총 480~960L의 공기를 채취하며, 여과지에 채취된 먼지가 총 2mg을 넘지 않도록 한다.
3. 채취가 끝난 여과지는 밀봉하여 먼지가 떨어지지 않도록 카세트를 바로 세워서 운반한다.

Ⅱ. 시료 전처리

4. 카세트필터 홀더를 열고 시료와 공시료를 깨끗한 비커로 옮긴다.
5. 염산 9mL를 넣고 비커를 가볍게 흔들어 준 후, 질산 2mL를 첨가한다.
6. 시계접시를 덮은 후, 용액이 0.5mL 남을 때까지 가열판에서 가열한다.
7. 용액을 식힌 후, 시계접시와 비커를 증류수로 헹군다.
8. 용액을 25mL 용량플라스크에 옮겨 담고, 증류수로 플라스크 표선을 맞추어, 최종 용액을 10% 염산용액으로 만든다(전처리된 시료가 함유되어 있는 염산 2.5mL를 25mL 용량플라스크에 희석하면 최종 용액은 10% 염산용액이 된다).
   ※ 다른 전처리 방법으로 마이크로파 회화기를 사용할 수 있으며, 마이크로파 회화기를 이용한 전처리 과정은 제조사의 매뉴얼 및 관련 문헌을 참고한다.
   ※ 전처리 시 막여과지에 채취된 시료를 잘 회화시킬 수 있는 다른 산 용액을 사용할 수 있다.

Ⅲ. 분석

[검량선 작성 및 정도관리]

9. 주석 0~200μg/mL가 되도록 100mL 용량플라스크에 10% 염산용액을 사용하여 최소 5개의 표준용액을 제조한다.
10. 표준용액을 공시료 및 시료와 함께 분석한다.
11. 표준용액 농도(μg/mL)에 따른 흡광도 결과를 바탕으로 검량선 그래프를 작성한다.
    ※ 이때 선형 회귀 분석을 이용하는 것이 좋다. 검량선용 공시료의 흡광도를 다른 검량선용 표준용액의 흡광도에서 뺀 후 검량선을 작성할 것을 권장한다.
12. 작성한 검량선에 따라 보통 10개의 시료를 분석한 후, 표준용액을 이용하여 분석기기 반응에 대한 재현성을 점검한다. 재현성이 나쁘면 검량선을 다시 작성하고 시료를 분석한다.
    ※ 표준용액의 흡광도 변이가 ±5%를 초과했다면 검량선을 재작성하여 시료를 분석한다.
13. 시료채취매체(막여과지)에 알고 있는 양의 분석대상물질을 첨가한 시료(Spike 시료)로 아래와 같이 회수율(Recovery) 시험을 실시하여 현장 시료 분석값을 보정한다.

> **〈회수율 시험〉**
> 1) 예상 시료량이 포함되도록 3가지 이상의 수준 및 각 수준별로 3개 이상의 시료를 만든다.
> 2) 하룻밤 방치한 후 'Ⅱ. 시료 전처리' 과정과 동일하게 전처리하고 현장 시료와 동일하게 분석한 후 회수율을 다음과 같이 구한다.
> 회수율 = 분석값/첨가량
> 3) 2)에서 구한 회수율로 시료의 분석값을 다음과 같이 보정한다. 수준별로 회수율의 차이가 뚜렷하면 수준별로 보정한다.
> 보정 분석값 = 현장시료 분석값/회수율

14. 방해작용을 확인하기 위해 가끔씩 표준용액 첨가법(Method of Standard Additions)을 사용한다.

Ⅲ. 분석

[분석과정]

15. 제조사의 권고와 첫 페이지에 제시된 바에 따라 기기의 조건을 설정한다.

16. 시험용액을 각각 분석한다.

17. 적당한 비율로 표준용액을 희석하여 분석대상 금속의 검출한계를 구한다.

   ※ 검출한계는 분석기기의 검출한계와 분석방법의 검출한계로 구분되며, 분석기기의 검출한계라 함은 최종 시료 중에 포함된 분석대상물질을 검출할 수 있는 최소량을 말하고, 분석방법의 검출한계라 함은 작업환경 측정 시료 중에 포함된 분석대상물질을 검출할 수 있는 최소량을 말하며, 구하는 요령은 다음과 같다.
   - 기기 검출한계 : 분석대상물질을 용매에 일정 양을 주입한 후 이를 점차 희석하여 가면서 분석기기가 반응하는 가능한 낮은 농도를 확인한 후, 이 최저 농도를 7회 반복 분석하여 반복 시 기기의 반응값들로부터 표준편차를 가한 후 다음과 같이 검출한계 및 정량한계를 구한다.
     - 검출한계 : 3.143×표준편차
     - 정량한계 : 검출한계×4
   - 분석방법의 검출한계 : 분석기기가 검출할 수 있는 가능한 저농도의 분석대상물질을 시료채취기구에 직접 주입시켜 흡착시킨 후, 시료 전처리 방법과 동일한 방법으로 탈착시켜, 이를 7회 반복 분석하여 기기 검출한계 및 정량한계 계산방법과 동일한 방법으로 구한다.

   ※ 검출한계를 구하는 방법은 위 방법 외에도 다양하며, 다른 방법으로도 계산이 가능하다.

18. 흡광도 기록을 저장한다.

   ※ 참고 : 만약 시료의 흡광도 값이 검량선 그래프 직선보다 위에 있다면 그 용액을 10% 염산으로 희석하여 재분석하고 농도계산 시 정확한 희석계수를 적용한다.

Ⅳ. 계산

19. 측정된 흡광도를 이용하여 그에 상응하는 시료의 금속 농도(C_s)와 공시료의 평균값(C_b)을 계산한다.

20. 시료의 용액 부피(V_s)와 공시료 부피(V_b)를 이용하여 채취된 공기(V) 중 채취물질의 농도(C)를 계산한다.

21. 다음 식에 의하여 해당 물질의 농도를 구한다.

$$C = \frac{C_s V_s - C_b V_b}{V} \, (\mathrm{mg/m^3})$$

   여기서, C_s : 시료에서의 분석물질의 농도(μg/mL)
   C_b : 공시료에서의 분석물질의 농도(μg/mL)
   V_s : 시료에서 희석한 최종용량(mL)
   V_b : 공시료에서 희석한 최종용량(mL)
   V : 공기채취량(L)

   ※ 회수율의 적용을 위해 위에서 구한 시료농도를 회수율로 나누어 계산하거나, 위 공식의 분모에 회수율을 추가시킨다.

시료채취 개요	분석 개요
• 시료채취매체 : MCE 여과지 혹은 PVC 여과지 • 유량 : 2L/min • 공기량 : 최대 960L 　　　　　최소 480L • 운반 : 여과지의 시료포집 부분이 위를 향하도록 하고 마개를 닫아 밀폐된 상태에서 운반 • 시료의 안정성 : 안정함 • 공시료 : 시료 세트당 2~10개 또는 시료수의 10% 이상	• 분석기술 : 유도결합플라스마 분광광도계법 또는 원자흡광광도계법 • 분석대상물질 : Mn • 전처리 : 진한질산(HNO_3) 3~5mL • 칼럼 : − • 파장 : 279.5nm • 검량선 : Mn 표준용액(4% HNO_3) • 범위 : 0.01~3μg/mL • 검출한계 : 0.002μg/mL • 정밀도 : 0.044
방해작용 및 조치	정확도 및 정밀도
• 화학적 방해(Chemlcal Interferences) : 시료를 희석하거나 고온의 원자화기를 사용하여 화학적 방해를 줄일 수 있다. • 분광학적 방해(Spectral Interferences) : 신중한 파장 선택, 물질 상호 간의 교정과 공시료 교정으로 최소화할 수 있다.	• 연구범위(Range Studied) : − • 편향(Bias) : − • 총 정밀도(Overall Precision) : − • 정확도(Accuracy) : − • 시료채취분석오차 : 0.120(ICP), 0.132(AAS)
시약	기구
• 진한 질산, HNO_3(특급) • 질산용액 4%(v/v) : 1L 용량플라스크에 500mL의 증류수를 넣고 40mL 진한 질산을 넣은 후, 증류수로 1L로 희석한다. • 표준용액, 1,000μg/mL : 시약업체에서 구매가능, 또는 Mn 1g을 소량의 질산과 염산 혼합액에 첨가하고, 증류수를 가해 1L로 희석시킴 • 아세틸렌(Acetylene) • 공기(Air, Filterd) • 증류수	• 시료채취매체 : MCE 여과지 혹은 PVC 여과지 (공극 0.8μm, 직경 37mm), 카세트 홀더 • 개인시료채취펌프(유연한 튜브관 연결됨), 유량 1~3L/min • 유도결합플라스마 분광광도계 또는 원자흡광광도계 • 비커, 시계접시 • 용량플라스크 • 피펫 • 가열판(표면온도 100~400℃) 또는 마이크로웨이브 회화기 ※ 모든 유리기구는 사용 전에 질산으로 씻고 증류수로 헹구어 준다.

특별 안전보건 예방조치
모든 산 회화작업은 흄 후드에서 이루어져야 한다.

Ⅰ. 시료채취

1. 각 개인 시료채취펌프를 하나의 대표적인 시료채취매체로 보정한다.
2. 2L/min의 유량으로 총 480~960L의 공기를 채취하며, 여과지에 채취된 먼지가 총 2mg을 넘지 않도록 한다.
3. 채취가 끝난 여과지는 밀봉하여 먼지가 떨어지지 않도록 카세트를 바로 세워서 운반한다.

Ⅱ. 시료 전처리

4. 카세트필터 홀더를 열고 시료와 공시료를 깨끗한 비커로 옮긴다.
5. 질산 3~5mL를 넣고 시계접시를 덮은 후, 용액이 1mL 남을 때까지 가열판에서 가열한다. 질산 1~2mL를 넣고 앞의 과정을 두 번 정도 반복한다.
6. 용액을 식힌 후, 시계접시와 비커를 증류수로 헹군다.
7. 용액을 25mL 용량플라스크에 옮겨 담고, 증류수로 플라스크 표선을 맞춘다(전처리된 시료가 함유되어 있는 질산 1mL를 25mL 용량플라스크에 희석하면 최종 용액은 4% 질산용액이 된다).
   ※ 다른 전처리 방법으로 마이크로파 회화기를 사용할 수 있으며, 마이크로파 회화기를 이용한 전처리 과정은 제조사의 매뉴얼 및 관련 문헌을 참고한다.
   ※ 전처리 시 막여과지에 채취된 시료를 잘 회화시킬 수 있는 다른 산 용액을 사용할 수 있다.

Ⅲ. 분석

[검량선 작성 및 정도관리]

8. 최소 5개의 표준 용액을 제조한다.
9. 표준용액을 공시료 및 시료와 함께 분석한다.
10. 표준용액 농도(μg/mL)에 따른 흡광도 결과를 바탕으로 검량선 그래프를 작성한다.
    ※ 이때 선형 회귀 분석을 이용하는 것이 좋다. 검량선용 공시료의 흡광도를 다른 검량선용 표준용액의 흡광도에서 뺀 후 검량선을 작성할 것을 권장한다.
11. 작성한 검량선에 따라 보통 10개의 시료를 분석한 후, 표준용액을 이용하여 분석기기 반응에 대한 재현성을 점검한다. 재현성이 나쁘면 검량선을 다시 작성하고 시료를 분석한다.
    ※ 표준용액의 흡광도 변이가 ±5%를 초과했다면 검량선을 재작성하여 시료를 분석한다.
12. 시료채취매체(막여과지)에 알고 있는 양의 분석대상물질을 첨가한 시료(Spike 시료)로 아래와 같이 회수율(Recovery) 시험을 실시하여 현장 시료 분석값을 보정한다.

> ### 〈회수율 시험〉
> 1) 예상 시료량이 포함되도록 3가지 이상의 수준 및 각 수준별로 3개 이상의 시료를 만든다.
> 2) 하룻밤 방치한 후 'Ⅱ. 시료 전처리' 과정과 동일하게 전처리하고 현장 시료와 동일하게 분석한 후 회수율을 다음과 같이 구한다.
> $$회수율 = 분석값/첨가량$$
> 3) 2)에서 구한 회수율로 시료의 분석값을 다음과 같이 보정한다. 수준별로 회수율의 차이가 뚜렷하면 수준별로 보정한다.
> $$보정 분석값 = 현장시료 분석값/회수율$$

13. 방해작용을 확인하기 위해 가끔씩 표준용액 첨가법(Method of Standard Additions)을 사용한다.

Ⅲ. 분석

[분석과정]

14. 제조사의 권고와 첫 페이지에 제시된 바에 따라 기기의 조건을 설정한다.

15. 시험용액을 각각 분석한다.

16. 적당한 비율로 표준용액을 희석하여 분석대상 금속의 검출한계를 구한다.

　※ 검출한계는 분석기기의 검출한계와 분석방법의 검출한계로 구분되며, 분석기기의 검출한계라 함은 최종 시료 중에 포함된 분석대상물질을 검출할 수 있는 최소량을 말하고, 분석방법의 검출한계라 함은 작업환경 측정 시료 중에 포함된 분석대상물질을 검출할 수 있는 최소량을 말하며, 구하는 요령은 다음과 같다.

　　• 기기 검출한계 : 분석대상물질을 용매에 일정 양을 주입한 후 이를 점차 희석하여 가면서 분석기기가 반응하는 가능한 낮은 농도를 확인한 후, 이 최저 농도를 7회 반복 분석하여 반복 시 기기의 반응값들로부터 표준편차를 가한 후 다음과 같이 검출한계 및 정량한계를 구한다.

　　　− 검출한계 : 3.143×표준편차

　　　− 정량한계 : 검출한계×4

　　• 분석빙법의 김출한계 : 분식기기가 검출할 수 있는 가능한 저농도의 분석대상물질을 시료채취기구에 직접 주입시켜 흡착시킨 후, 시료 전처리 방법과 동일한 방법으로 탈착시켜, 이를 7회 반복 분석하여 기기 검출한계 및 정량한계 계산방법과 동일한 방법으로 구한다.

　※ 검출한계를 구하는 방법은 위 방법 외에도 다양하며, 다른 방법으로도 계산이 가능하다.

17. 흡광도 기록을 저장한다.

　※ 참고 : 만약 시료의 흡광도 값이 검량선 그래프 직선보다 위에 있다면 그 용액을 4% 질산으로 희석하여 재분석하고 농도계산 시 정확한 희석계수를 적용한다.

Ⅳ. 계산

18. 측정된 흡광도를 이용하여 그에 상응하는 시료의 금속 농도(C_s)와 공시료의 평균값(C_b)을 계산한다.

19. 시료의 용액 부피(V_s)와 공시료 부피(V_b)를 이용하여 채취된 공기(V) 중 채취물질의 농도(C)를 계산한다.

20. 다음 식에 의하여 해당 물질의 농도를 구한다.

$$C = \frac{C_s V_s - C_b V_b}{V \times RE}$$

여기서, C : 분석물질의 최종 농도(mg/m³)

　　　　C_s : 시료의 농도(μg/mL)

　　　　C_b : 공시료의 농도(μg/mL)

　　　　V_s : 시료에서 희석한 최종용량(mL)

　　　　V_b : 공시료에서 희석한 최종용량(mL)

　　　　V : 공기채취량(L)

　　　　RE : 회수율

014 수동식 시료채취기를 이용한 탄화수소(끓는점 36~180℃)에 대한 작업환경측정·분석 기술지침

시료채취 개요	분석 개요
• 시료채취매체 : 수동식 시료채취기 – 형태 : 방사형(Radial Style), 배지형(Axial Style) – 흡착제 : 활성탄(Activated Charcoal) • 운반 : 일반적인 방법 • 시료의 안정성 : 4℃에서 21일간 안정함 • 공시료 : 시료 세트당 2~10개 또는 시료수의 10% 이상	• 분석기술 : 가스크로마토그래피, 불꽃이온화검출기 • 분석대상물질 : 탄화수소(표1 참조) • 탈착용매 : 99/1(v/v) CS$_2$/Methanol 등 • 전처리 : 1mL 혹은 2mL 탈착용매, 30분간 방치 • 칼럼 : Capillary, Fused Silica, 30m×0.25mm ID ; 1.40μm Film 100% Dimethyl Polysiloxane 또는 동등 이상
방해작용 및 조치	**정확도 및 정밀도**
• 0.01m/sec 이하의 기류, 물질 상호 간의 간섭, 높은 습도, 역확산 등에 의해 시료채취율에 영향을 미칠 수 있음 • 할로겐화탄화수소, 케톤화합물 등의 휘발성 유기화합물은 시료채취율에 영향을 미칠 수 있음	• 이 방법은 방향족탄화수소(끓는점 36~180℃) 17종의 시간가중평균노출기준(TWA), 단시간 노출기준(STEL) 및 최고노출기준(C)을 측정을 위한 것임 • 분석물질 간의 상호작용은 시료채취율에 영향을 줄 수 있음 • 보관안정성 평가는 1, 3, 7, 14, 21일 동안 상온보관과 냉장(4℃)보관 방법으로 평가한 결과, 21일 후에도 허용 가능한 회수율을 보임
시약	**기구**
• 분석대상물질(시약 등급) • 이황화탄소(Carbon disulfide, CS$_2$) • 메탄올(Methanol, MeOH) 등 • 질소(N$_2$) 또는 헬륨(He) 가스(순도 99.9% 이상) • 수소(H$_2$) 가스(순도 99.9% 이상) • 여과된 공기	• 시료채취매체 : 수동식 시료채취기 • 가스크로마토그래프, 불꽃이온화검출기 • 칼럼 : Capillary, Fused Silica, 30m×0.25mm ID ; 1.40μm Film 100% Dimethyl Polysiloxane 또는 동등 이상의 칼럼 • 바이알, PTFE캡 • 마이크로 시린지 • 용량플라스크 • 피펫

특별 안전보건 예방조치

이황화탄소는 독성과 인화성이 강한 물질이며(인화점 : −30℃), 벤젠은 발암성 물질로 특별한 주의를 기울여야 한다. 실험자는 보호구 및 보호 장비를 착용하고 흄 후드에서 실험해야 한다.

Ⅰ. 시료채취

1. 수동식 시료채취기를 일정시간 동안 시료채취대상자의 호흡기 위치에 부착한다.

2. 시료채취가 끝나면 수동식 시료채취기를 비닐팩에 밀봉하고 플라스틱 용기에 넣어 운반한다.

   ※ 참고 : 만약 보관기간이 7일 이상이면 시료를 냉장 보관한다.

Ⅱ. 시료 전처리

3. 수동식 시료채취기에서 흡착제를 분리하여 바이알에 넣는다.

4. 흡착제가 들어있는 바이알에 탈착용매(99% CS_2/1% Methanol) 1mL 또는 2mL를 넣고, 즉시 뚜껑을 닫는다.

   ※ 탈착용매는 측정대상에 따라 변경될 수 있으며 제조사에서 권고하는 용매를 사용한다.

5. 가끔 흔들면서 30분 정도 방치한다.

   ※ 시료 전처리 방법은 제조사에 따라 상이할 수 있음으로 제조사의 방법을 참조하도록 한다.

Ⅲ. 분석

[검량선 작성 및 정도관리]

6. 시료농도가 포함될 수 있는 적절한 범위에서 최소한 5개(공시료 제외)의 표준물질로 검량선을 작성한다.

7. 시료 및 공시료를 함께 분석한다.

8. 다음 과정을 통해 탈착효율을 구한다. 각 시료군 배치(Batch)당 최소한 한 번씩은 행하여야 한다. 이때 3개 농도수준에서 각각 3개씩과 공시료 3개를 준비한다.

> ### 〈탈착효율 시험〉
> 1) 수동식 시료채취기의 흡착제를 바이알에 넣는다.
> 2) 분석물질의 원액 또는 희석액을 마이크로 시린지를 이용하여 바이알 안에 든 흡착제에 정확히 주입한다.
> 3) 바이알을 마개로 막아 밀봉하고, 하루 동안 상온에 놓아둔다.
> 4) 탈착시켜 검량선 표준용액과 같이 분석한다.
> 5) 다음 식에 의해 탈착효율을 구한다.
> $$탈착효율(Desorption\ Efficiency,\ DE) = 검출량/주입량$$

[분석과정]

9. 가스크로마토그래프 제조회사가 권고하는 대로 기기를 작동시키고 조건을 설정한다.

   ※ 분석기기, 칼럼 등에 따라 적정한 분석조건을 설정하며, 아래의 조건은 참고사항임

주입량		$1\mu L$
운반가스		질소 또는 헬륨, 1.0mL/min
온도	도입부(Injector)	220℃
	칼럼(Column)	40℃(5min) → 10℃/min, 200℃(5min)
	검출부(Detector)	230℃

Ⅲ. 분석

10. 시료를 정량적으로 정확히 주입한다. 시료주입방법은 Flush Injection Technique과 자동주입기를 이용하는 방법이 있다.

11. 시료의 피크면적이 가장 높은 농도의 표준용액 피크면적보다 크다면 시료를 탈착용액으로 희석하거나 시료의 피크면적보다 높은 피크면적을 가지는 표준용액을 만들어 재분석한다.

Ⅳ. 계산

12. 다음 식에 의하여 분석물질의 농도를 구한다.

$$C(\mathrm{mg/m^3}) = \frac{(W-B) \times 10^6}{T \times DE \times K}$$

여기서, C : 분석물질의 농도(mg/m³)

W : 시료의 양(mg)

B : 공시료의 양(mg)

T : 시료채취시간(분)

DE : 탈착효율

K : 분석물질의 시료채취 효율(Uptake Rate, cm³/min)

※ 농도계산은 제품의 형태, 특성 등에 따라 계산식을 다르게 적용될 수 있기 때문에 제조사에서 제공하는 계산식을 활용하도록 한다.

시료채취 개요	분석 개요

• 시료채취매체 : 수동식 시료채취기
  – 형태 : 방사형(Radial Style), 배지형(Axial Style)
  – 흡착제 : 활성탄(Activated Charcoal)
• 운반 : 일반적인 방법
• 시료의 안정성 : 4℃에서 21일간 안정함
• 공시료 : 시료 세트당 2~10개 또는 시료수의 10% 이상
	• 분석기술 : 가스크로마토그래피, 불꽃이온화검출기
	• 분석대상물질 : 할로겐화탄화수소(표1 참조)
	• 탈착용매 : 99/1(v/v) CS_2/Methanol 등
	• 전처리 : 1mL 혹은 2mL 탈착용매, 30분간 방치
	• 칼럼 : Capillary, Fused Silica, 30m×0.25mm ID ; 1.40μm Film 100% Dimethyl Polysiloxane 또는 동등 이상의 칼럼

방해작용 및 조치	**정확도 및 정밀도**
• 0.01m/sec 이하의 기류, 물질 상호 간의 간섭, 높은 습도, 역확산 등에 의해 시료채취율에 영향을 미칠 수 있음 • 방향족탄화수소, 케톤화합물 등의 휘발성 유기화합물은 시료채취율에 영향을 미칠 수 있음	• 이 방법은 할로겐탄화수소 13종의 시간가중평균 노출기준(TWA), 단시간 노출기준(STEL) 및 최고노출기준(C)을 측정을 위한 것임 • 분석물질 간의 상호작용은 시료채취율에 영향을 줄 수 있음 • 보관안정성 평가는 1, 3. 7, 14, 21일 동안 상온 보관과 냉장(4℃)보관 방법으로 평가한 결과, 21일 후에도 허용 가능한 회수율을 보임
시약	**기구**
• 분석대상물질(시약 등급) • 이황화탄소(Carbon disulfide, CS_2) • 메탄올(Methanol, MeOH) 등 • 질소(N_2) 또는 헬륨(He) 가스(순도 99.9% 이상) • 수소(H_2) 가스(순도 99.9% 이상) • 여과된 공기	• 시료채취매체 : 수동식 시료채취기 • 가스크로마토그래프, 불꽃이온화검출기 • 칼럼 : Capillary, Fused Silica, 30m×0.25mm ID ; 1.40μm Film 100% Dimethyl Polysiloxane 또는 동등 이상의 칼럼 • 바이알, PTFE캡 • 마이크로 시린지 • 용량플라스크 • 피펫

특별 안전보건 예방조치

이황화탄소는 독성과 인화성이 강한 물질이며(인화점 : −30℃), 염화비닐, 트리클로로에틸렌, 디클로로메탄, 클로로벤젠, 브로모포름, 사염화탄소, 1,2−디클로로프로판, 에피클로로히드린, 퍼클로로에틸렌은 발암성 물질로 특별한 주의를 기울여야 한다. 실험자는 보호구 및 보호장비를 착용하고 흄 후드에서 실험해야 한다.

1. 수동식 시료채취기를 일정시간 동안 시료채취대상자의 호흡기 위치에 부착한다.

2. 시료채취가 끝나면 수동식 시료채취기를 비닐팩에 밀봉하고 플라스틱 용기에 넣어 운반한다.

    ※ 참고 : 만약 보관기간이 7일 이상이면 시료를 냉장 보관한다.

Ⅱ. 시료 전처리

3. 수동식 시료채취기에서 흡착제를 분리하여 바이알에 넣는다.

4. 흡착제가 들어있는 바이알에 탈착용매(99% CS_2/1% Methanol) 1mL 또는 2mL를 넣고, 즉시 뚜껑을 닫는다.

    ※ 탈착용매는 측정대상에 따라 변경될 수 있으며 제조사에서 권고하는 용매를 사용한다.

5. 가끔 흔들면서 30분 정도 방치한다.

    ※ 시료 전처리 방법은 제조사에 따라 상이할 수 있음으로 제조사의 방법을 참조하도록 한다.

Ⅲ. 분석

[검량선 작성 및 정도관리]

6. 시료농도가 포함될 수 있는 적절한 범위에서 최소한 5개(공시료 제외)의 표준물질로 검량선을 작성한다.

7. 시료 및 공시료를 함께 분석한다.

8. 다음 과정을 통해 탈착효율을 구한다. 각 시료군 배치(Batch)당 최소한 한 번씩은 행하여야 한다. 이때 3개 농도수준에서 각각 3개씩과 공시료 3개를 준비한다.

〈탈착효율 시험〉

1) 수동식 시료채취기의 흡착제를 바이알에 넣는다.
2) 분석물질의 원액 또는 희석액을 마이크로 시린지를 이용하여 바이알 안에 든 흡착제에 정확히 주입한다.
3) 바이알을 마개로 막아 밀봉하고, 하루 동안 상온에 놓아둔다.
4) 탈착시켜 검량선 표준용액과 같이 분석한다.
5) 다음 식에 의해 탈착효율을 구한다.

$$탈착효율(Desorption\ Efficiency,\ DE) = 검출량/주입량$$

[분석과정]

9. 가스크로마토그래프 제조회사가 권고하는 대로 기기를 작동시키고 조건을 설정한다.

    ※ 분석기기, 칼럼 등에 따라 적정한 분석조건을 설정하며, 아래의 조건은 참고사항임

주입량		$1\mu L$
운반가스		질소 또는 헬륨, 1.0mL/min
온도	도입부(Injector)	220℃
	칼럼(Column)	40℃(5min) → 10℃/min, 200℃(5min)
	검출부(Detector)	230℃

Ⅲ. 분석

10. 시료를 정량적으로 정확히 주입한다. 시료주입방법은 Flush Injection Technique과 자동주입기를 이용하는 방법이 있다.

11. 시료의 피크면적이 가장 높은 농도의 표준용액 피크면적보다 크다면 시료를 탈착용액으로 희석하거나 시료의 피크면적보다 높은 피크면적을 가지는 표준용액을 만들어 재분석한다.

Ⅳ. 계산

12. 다음 식에 의하여 분석물질의 농도를 구한다.

$$C(\mathrm{mg/m^3}) = \frac{(W-B) \times 10^6}{T \times DE \times K}$$

여기서, C : 분석물질의 농도(mg/m³)

W : 시료의 양(mg)

B : 공시료의 양(mg)

T : 시료채취시간(분)

DE : 탈착효율

K : 분석물질의 시료채취 효율(Uptake Rate, cm³/min)

※ 농도계산은 제품의 형태, 특성 등에 따라 계산식을 다르게 적용될 수 있기 때문에 제조사에서 제공하는 계산식을 활용하도록 한다.

016 수동식 시료채취기를 이용한 에스테르화합물에 대한 작업환경 측정·분석 기술지침

시료채취 개요	분석 개요
• 시료채취매체 : 수동식 시료채취기 　– 형태 : 방사형(Radial Style), 배지형(Axial Style) 　– 흡착제 : 활성탄(Activated Charcoal) • 운반 : 일반적인 방법 • 시료의 안정성 : 4℃에서 21일간 안정함 • 공시료 : 시료 세트당 2~10개 또는 시료수의 10% 이상	• 분석기술 : 가스크로마토그래피, 불꽃이온화검출기 • 분석대상물질 : 에스테르화합물(표1 참조) • 탈착용매 : 99/1(v/v) CS_2/Methanol 등 • 전처리 : 1mL 혹은 2mL 탈착용매, 30분간 방치 • 칼럼 : Capillary, Fused Silica, 30m×0.25mm ID ; 1.40μm Film 100% Dimethyl Polysiloxane 또는 동등 이상의 칼럼
방해작용 및 조치	**정확도 및 정밀도**
• 0.01m/sec 이하의 기류, 물질 상호 간의 간섭, 높은 습도, 역확산 등에 의해 시료채취율에 영향을 미칠 수 있음 • 방향족탄화수소, 케톤화합물 등의 휘발성 유기화합물은 시료채취율에 영향을 미칠 수 있음	• 이 방법은 에스테르탄화수소 13종의 시간가중평균노출기준(TWA), 단시간 노출기준(STEL) 및 최고노출기준(C)을 측정을 위한 것임 • 분석물질 간의 상호작용은 시료채취에 영향을 줄 수 있음 • 보관안정성 평가는 1, 3, 7, 14, 21일 동안 상온보관과 냉장(4℃)보관 방법으로 평가한 결과, 21일 후에도 허용 가능한 회수율을 보임
시약	**기구**
• 분석대상물질(시약 등급) • 이황화탄소(Carbon disulfide, CS_2) • 메탄올(Methanol, MeOH) 등 • 질소(N_2) 또는 헬륨(He) 가스(순도 99.9% 이상) • 수소(H_2) 가스(순도 99.9% 이상) • 여과된 공기	• 시료채취매체 : 수동식 시료채취기 • 가스크로마토그래프, 불꽃이온화검출기 • 칼럼 : Capillary, Fused Silica, 30m×0.25mm ID ; 1.40μm Film 100% Dimethyl Polysiloxane 또는 동등 이상의 칼럼 • 바이알, PTFE캡 • 마이크로 시린지 • 용량플라스크 • 피펫

특별 안전보건 예방조치

이황화탄소는 독성과 인화성이 강한 물질이며(인화점 : −30℃), 2-메톡시에탄올은 생식독성, 에틸 아크릴레이트, 비닐 아세테이트는 발암성 물질로 특별한 주의를 기울여야 한다. 실험자는 보호구 및 보호장비를 착용하고 후드에서 실험해야 한다.

Ⅰ. 시료채취

1. 수동식 시료채취기를 일정시간 동안 시료채취대상자의 호흡기 위치에 부착한다.
2. 시료채취가 끝나면 수동식 시료채취기를 비닐팩에 밀봉하고 플라스틱 용기에 넣어 운반한다.

   ※ 참고 : 만약 보관기간이 7일 이상이면 시료를 냉장 보관한다.

Ⅱ. 시료 전처리

3. 수동식 시료채취기에서 흡착제를 분리하여 바이알에 넣는다.
4. 흡착제가 들어있는 바이알에 탈착용매(99% CS_2/1% Methanol) 1mL 또는 2mL를 넣고, 즉시 뚜껑을 닫는다.

   ※ 탈착용매는 측정대상에 따라 변경될 수 있으며 제조사에서 권고하는 용매를 사용한다.

5. 가끔 흔들면서 30분 정도 방치한다.

   ※ 시료 전처리 방법은 제조사에 따라 상이할 수 있음으로 제조사의 방법을 참조하도록 한다.

Ⅲ. 분석

[검량선 작성 및 정도관리]

6. 시료농도가 포함될 수 있는 적절한 범위에서 최소한 5개(공시료 제외)의 표준물질로 검량선을 작성한다.
7. 시료 및 공시료를 함께 분석한다.
8. 다음 과정을 통해 탈착효율을 구한다. 각 시료군 배치(Batch)당 최소한 한 번씩은 행하여야 한다. 이때 3개 농도수준에서 각각 3개씩과 공시료 3개를 준비한다.

> **〈탈착효율 시험〉**
>
> 1) 수동식 시료채취기의 흡착제를 바이알에 넣는다.
> 2) 분석물질의 원액 또는 희석액을 마이크로 시린지를 이용하여 바이알 안에 든 흡착제에 정확히 주입한다.
> 3) 바이알을 마개로 막아 밀봉하고, 하루 동안 상온에 놓아둔다.
> 4) 탈착시켜 검량선 표준용액과 같이 분석한다.
> 5) 다음 식에 의해 탈착효율을 구한다.
>
> $$탈착효율(\text{Desorption Efficiency, } DE) = 검출량/주입량$$

[분석과정]

9. 가스크로마토그래프 제조회사가 권고하는 대로 기기를 작동시키고 조건을 설정한다.

   ※ 분석기기, 칼럼 등에 따라 적정한 분석조건을 설정하며, 아래의 조건은 참고사항임

주입량		$1\mu L$
운반가스		질소 또는 헬륨, 1.0mL/min
온도	도입부(Injector)	220℃
	칼럼(Column)	40℃(5min) → 10℃/min, 200℃(5min)
	검출부(Detector)	230℃

Ⅲ. 분석

10. 시료를 정량적으로 정확히 주입한다. 시료주입방법은 Flush Injection Technique과 자동주입기를 이용하는 방법이 있다.

11. 시료의 피크면적이 가장 높은 농도의 표준용액 피크면적보다 크다면 시료를 탈착용액으로 희석하거나 시료의 피크면적보다 높은 피크면적을 가지는 표준용액을 만들어 재분석한다.

Ⅳ. 계산

12. 다음 식에 의하여 분석물질의 농도를 구한다.

$$C(\mathrm{mg/m^3}) = \frac{(W-B) \times 10^6}{T \times DE \times K}$$

여기서, C : 분석물질의 농도$(\mathrm{mg/m^3})$
   W : 시료의 양(mg)
   B : 공시료의 양(mg)
   T : 시료채취시간(분)
   DE : 탈착효율
   K : 분석물질의 시료채취 효율(Uptake Rate, $\mathrm{cm^3/min}$)

※ 농도계산은 제품의 형태, 특성 등에 따라 계산식을 다르게 적용될 수 있기 때문에 제조사에서 제공하는 계산식을 활용하도록 한다.

017 수동식 시료채취기를 이용한 알코올 및 글리콜에테르화합물에 대한 작업환경측정·분석 기술지침

시료채취 개요	분석 개요
• 시료채취매체 : 수동식 시료채취기 　– 형태 : 방사형(Radial Style), 배지형(Axial Style) 　– 흡착제 : 활성탄(Activated Charcoal) • 운반 : 일반적인 방법 • 시료의 안정성 : 4℃에서 21일간 안정함 • 공시료 : 시료 세트당 2~10개 또는 시료수의 10% 이상	• 분석기술 : 가스크로마토그래피, 불꽃이온화검출기 • 분석대상물질 : 알코올 및 글리콜에테르화합물(표 1 참조) • 탈착용매 : 99/1(v/v) CS$_2$/Methanol 등 • 전처리 : 1mL 혹은 2mL 탈착용매, 30분간 방치 • 칼럼 : Capillary, Fused Silica, 30m×0.25mm ID ; 1.40μm Film 100% Dimethyl Polysiloxane 또는 동등 이상의 칼럼
방해작용 및 조치	**정확도 및 정밀도**
• 0.01m/sec 이하의 기류, 물질 상호 간의 간섭, 높은 습도, 역확산 등에 의해 시료채취율에 영향을 미칠 수 있음 • 할로겐화탄화수소, 케톤화합물 등의 휘발성 유기화합물은 시료채취율에 영향을 미칠 수 있음	• 이 방법은 8종의 알코올 및 글리콜에테르화합물의 시간가중평균노출기준(TWA), 단시간 노출기준(STEL) 및 최고노출기준(C)을 측정을 위한 것임 • 분석물질 간의 상호작용은 시료채취율에 영향을 줄 수 있음 • 보관안정성 평가는 1, 3, 7, 14, 21일 동안 상온 보관과 냉장(4℃)보관 방법으로 평가한 결과, 21일 후에도 허용 가능한 회수율을 보임
시약	**기구**
• 분석대상물질(시약 등급) • 이황화탄소(Carbon disulfide, CS$_2$) • 메탄올(Methanol, MeOH) 등 • 질소(N$_2$) 또는 헬륨(He) 가스(순도 99.9% 이상) • 수소(H$_2$) 가스(순도 99.9% 이상) • 여과된 공기	• 시료채취매체 : 수동식 시료채취기 • 가스크로마토그래프, 불꽃이온화검출기 • 칼럼 : Capillary, Fused Silica, 30m×0.25mm ID ; 1.40μm Film 100% Dimethyl Polysiloxane 또는 동등 이상의 칼럼 • 바이알, PTFE캡 • 마이크로 시린지 • 용량플라스크 • 피펫

특별 안전보건 예방조치

이황화탄소는 독성과 인화성이 강한 물질이며(인화점 : −30℃), 2-에톡시에탄올은 생식독성 물질로 특별한 주의를 기울여야 한다. 실험자는 보호구 및 보호 장비를 착용하고 후드에서 실험해야 한다.

Ⅰ. 시료채취

1. 수동식 시료채취기를 일정시간 동안 시료채취대상자의 호흡기 위치에 부착한다.
2. 시료채취가 끝나면 수동식 시료채취기를 비닐팩에 밀봉하고 플라스틱 용기에 넣어 운반한다.

   ※ 참고 : 만약 보관기간이 7일 이상이면 시료를 냉장 보관한다.

Ⅱ. 시료 전처리

3. 수동식 시료채취기에서 흡착제를 분리하여 바이알에 넣는다.
4. 흡착제가 들어있는 바이알에 탈착용매(99% CS_2/1% Methanol) 1mL 또는 2mL를 넣고, 즉시 뚜껑을 닫는다.

   ※ 탈착용매는 측정대상에 따라 변경될 수 있으며 제조사에서 권고하는 용매를 사용한다.

5. 가끔 흔들면서 30분 정도 방치한다.

   ※ 시료 전처리 방법은 제조사에 따라 상이할 수 있음으로 제조사의 방법을 참조하도록 한다.

Ⅲ. 분석

[검량선 작성 및 정도관리]

6. 시료농도가 포함될 수 있는 적절한 범위에서 최소한 5개(공시료 제외)의 표준물질로 검량선을 작성한다.
7. 시료 및 공시료를 함께 분석한다.
8. 다음 과정을 통해 탈착효율을 구한다. 각 시료군 배치(Batch)당 최소한 한 번씩은 행하여야 한다. 이때 3개 농도수준에서 각각 3개씩과 공시료 3개를 준비한다.

> **〈탈착효율 시험〉**
> 1) 수동식 시료채취기의 흡착제를 바이알에 넣는다.
> 2) 분석물질의 원액 또는 희석액을 마이크로 시린지를 이용하여 바이알 안에 든 흡착제에 정확히 주입한다.
> 3) 바이알을 마개로 막아 밀봉하고, 하루 동안 상온에 놓아둔다.
> 4) 탈착시켜 검량선 표준용액과 같이 분석한다.
> 5) 다음 식에 의해 탈착효율을 구한다.
> $$탈착효율(Desorption\ Efficiency,\ DE) = 검출량/주입량$$

[분석과정]

9. 가스크로마토그래프 제조회사가 권고하는 대로 기기를 작동시키고 조건을 설정한다.

   ※ 분석기기, 칼럼 등에 따라 적정한 분석조건을 설정하며, 아래의 조건은 참고사항임

주입량		$1\mu L$
운반가스		질소 또는 헬륨, 1.0mL/min
온도	도입부(Injector)	220℃
	칼럼(Column)	40℃(5min) → 10℃/min, 200℃(5min)
	검출부(Detector)	230℃

Ⅲ. 분석

10. 시료를 정량적으로 정확히 주입한다. 시료주입방법은 Flush Injection Technique과 자동주입기를 이용하는 방법이 있다.

11. 시료의 피크면적이 가장 높은 농도의 표준용액 피크면적보다 크다면 시료를 탈착용액으로 희석하거나 시료의 피크면적보다 높은 피크면적을 가지는 표준용액을 만들어 재분석한다.

Ⅳ. 계산

12. 다음 식에 의하여 분석물질의 농도를 구한다.

$$C(\mathrm{mg/m^3}) = \frac{(W-B) \times 10^6}{T \times DE \times K}$$

여기서, C : 분석물질의 농도($\mathrm{mg/m^3}$)

W : 시료의 양(mg)

B : 공시료의 양(mg)

T : 시료채취시간(분)

DE : 탈착효율

K : 분석물질의 시료채취 효율(Uptake Rate, $\mathrm{cm^3/min}$)

※ 농도계산은 제품의 형태, 특성 등에 따라 계산식을 다르게 적용될 수 있기 때문에 제조사에서 제공하는 계산식을 활용하도록 한다.

산업안전
보건법령

001 안전보건관리규정

1 개요

농업 및 어업, 소프트웨어 개발 및 공급업 등 상시근로자 300명 이상을 사용하는 사업장이거나 농업 및 어업, 소프트웨어 개발 및 공급업 등을 제외한 사업의 경우 상시근로자 100명 이상을 사용하는 사업장은 산업안전보건법 등 관련 법령에 위배되지 않는 범위 내에서 사업장의 규모나 특성에 적합하도록 안전보건관리규정을 작성·변경하여야 한다.

2 작성대상 업종

사업의 종류	규모
1. 농업 2. 어업 3. 소프트웨어 개발 및 공급업 4. 컴퓨터 프로그래밍, 시스템 통합 및 관리업 5. 정보서비스업 6. 금융 및 보험업 7. 임대업(부동산 제외) 8. 전문, 과학 및 기술 서비스업(연구개발업은 제외한다) 9. 사업지원 서비스업 10. 사회복지 서비스업	상시근로자 300명 이상을 사용하는 사업장
11. 제1호부터 제10호까지의 사업을 제외한 사업	상시근로자 100명 이상을 사용하는 사업장

3 작성시기

(1) 최초 작성사유 발생일 기준 30일 이내
(2) 변경사유 발생일로부터 30일 이내

4 포함되어야 할 사항

(1) 안전보건 관리조직과 그 직무
(2) 안전보건교육
(3) 작업장 안전관리
(4) 작업장 보건관리

(5) 사고 조사 및 대책수립

(6) 위험성 평가

(7) 그 밖에 근로자의 유해위험 예방조치에 관한 사항

5 작성항목별 세부내용

(1) 총칙

① 안전보건관리규정 작성의 목적 및 적용 범위에 관한 사항

② 사업주 및 근로자의 재해 예방 책임 및 의무 등에 관한 사항

③ 하도급 사업장에 대한 안전·보건관리에 관한 사항

(2) 안전·보건 관리조직과 그 직무

① 안전·보건 관리조직의 구성방법, 소속, 업무 분장 등에 관한 사항

② 안전보건관리책임자(안전보건총괄책임자), 안전관리자, 보건관리자, 관리감독자의 직무 및 선임에 관한 사항

③ 산업안전보건위원회의 설치·운영에 관한 사항

④ 명예산업안전감독관의 직무 및 활동에 관한 사항

⑤ 작업지휘자 배치 등에 관한 사항

(3) 안전·보건교육

① 근로자 및 관리감독자의 안전·보건교육에 관한 사항

② 교육계획의 수립 및 기록 등에 관한 사항

(4) 작업장 안전관리

① 안전·보건관리에 관한 계획의 수립 및 시행에 관한 사항

② 기계·기구 및 설비의 방호조치에 관한 사항

③ 유해·위험기계 등에 대한 자율검사 프로그램에 의한 검사 또는 안전검사에 관한 사항

④ 근로자의 안전수칙 준수에 관한 사항

⑤ 위험물질의 보관 및 출입 제한에 관한 사항

⑥ 중대재해 및 중대산업사고 발생, 급박한 산업재해 발생의 위험이 있는 경우 작업중지에 관한 사항

⑦ 안전표지·안전수칙의 종류 및 게시에 관한 사항과 그 밖에 안전관리에 관한 사항

(5) 작업장 보건관리

① 근로자 건강진단, 작업환경측정의 실시 및 조치절차 등에 관한 사항

② 유해물질의 취급에 관한 사항

③ 보호구의 지급 등에 관한 사항

④ 질병자의 근로 금지 및 취업 제한 등에 관한 사항

⑤ 보건표지·보건수칙의 종류 및 게시에 관한 사항과 그 밖에 보건관리에 관한 사항

(6) 사고 조사 및 대책 수립

① 산업재해 및 중대산업사고의 발생 시 처리 절차 및 긴급조치에 관한 사항

② 산업재해 및 중대산업사고의 발생원인에 대한 조사 및 분석, 대책 수립에 관한 사항

③ 산업재해 및 중대산업사고 발생의 기록·관리 등에 관한 사항

(7) 위험성평가에 관한 사항

① 위험성평가의 실시 시기 및 방법, 절차에 관한 사항

② 위험성 감소대책 수립 및 시행에 관한 사항

(8) 보칙

① 무재해운동 참여, 안전·보건 관련 제안 및 포상·징계 등 산업재해 예방을 위하여 필요하다고 판단하는 사항

② 안전·보건 관련 문서의 보존에 관한 사항

③ 그 밖의 사항

사업장의 규모·업종 등에 적합하게 작성하며, 필요한 사항을 추가하거나 그 사업장에 관련되지 않는 사항은 제외할 수 있다.

6 안전보건조직

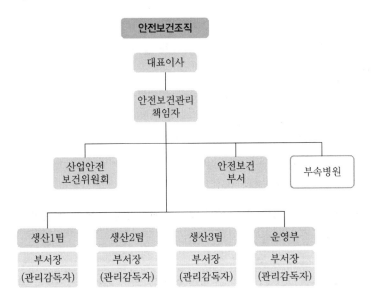

002 보건관리자

1 개요

사업주는 사업장에 보건관리자를 두어 보건에 관한 기술적인 사항에 관하여 사업주 또는 안전 보건관리책임자를 보좌하고 관리감독자에게 조언·지도하는 업무를 수행하게 하여야 한다.

2 선임대상

(1) 공사금액 800억 원 이상 건축공사현장
(2) 공사금액 1,000억 원 이상 토목공사현장
(3) 1,400억 원이 증가할 때마다 또는 상시근로자 600인이 추가될 때마다 1명씩 추가

3 업무

(1) 산업안전보건위원회 또는 노사협의체에서 심의·의결한 업무와 안전보건관리규정 및 취업 규칙에서 정한 업무
(2) 안전인증대상기계 등과 자율안전확인대상 기계 등 중 보건과 관련된 보호구 구입 시 적격품 선정에 관한 보좌 및 지도·조언
(3) 위험성평가에 관한 보좌 및 지도·조언
(4) 물질안전보건자료의 게시 또는 비치에 관한 보좌 및 지도·조언
(5) 산업보건의의 직무
(6) 해당 사업장 보건교육계획의 수립 및 보건교육 실시에 관한 보좌 및 지도·조언
(7) 다음의 의료행위
   ① 자주 발생하는 가벼운 부상에 대한 치료
   ② 응급처치가 필요한 사람에 대한 처치
   ③ 부상·질병의 악화를 방지하기 위한 처치
   ④ 건강진단 결과 발견된 질병자의 요양 지도 및 관리
   ⑤ 의료행위에 따르는 의약품의 투여
(8) 작업장 내에서 사용되는 전체 환기장치 및 국소배기장치 등에 관한 설비의 점검과 작업방법 의 공학적 개선에 관한 보좌 및 지도·조언
(9) 사업장 순회점검, 지도 및 조치의 건의
(10) 산업재해 발생의 원인 조사·분석 및 재발 방지를 위한 기술적 보좌 및 지도·조언

⑾ 산업재해에 관한 통계의 유지·관리·분석을 위한 보좌 및 지도·조언

⑿ 법 또는 법에 따른 명령으로 정한 보건에 관한 사항의 이행에 관한 보좌 및 지도·조언

⒀ 업무수행 내용의 기록·유지

⒁ 그 밖에 보건과 관련된 작업관리 및 작업환경관리에 관한 사항으로서 고용노동부장관이 정하는 사항

4 자격

(1) 산업보건지도사 자격을 가진 사람

(2) 의료법에 따른 의사

(3) 의료법에 따른 간호사

(4) 국가기술자격법에 따른 산업위생관리산업기사 또는 대기환경산업기사 이상의 자격을 취득한 사람

(5) 국가기술자격법에 따른 인간공학기사 이상의 자격을 취득한 사람

(6) 고등교육법에 따른 전문대학 이상의 학교에서 산업보건 또는 산업위생 분야의 학위를 취득한 사람

5 보건관리자 선임방법

사업의 종류	사업장의 상시근로자 수	보건관리자의 수	보건관리자의 선임방법
1. 광업(광업 지원 서비스업은 제외한다) 2. 섬유제품 염색, 정리 및 마무리 가공업 3. 모피제품 제조업	상시근로자 50명 이상 500명 미만	1명 이상	별표 6 각 호의 어느 하나에 해당하는 사람을 선임해야 한다.
4. 그 외 기타 의복액세서리 제조업(모피 액세서리에 한정한다) 5. 모피 및 가죽 제조업(원피가공 및 가죽 제조업은 제외한다)	상시근로자 500명 이상 2천 명 미만	2명 이상	별표 6 각 호의 어느 하나에 해당하는 사람을 선임해야 한다.
6. 신발 및 신발부분품 제조업 7. 코크스, 연탄 및 석유정제품 제조업 8. 화학물질 및 화학제품 제조업 : 의약품 제외 9. 의료용 물질 및 의약품 제조업 10. 고무 및 플라스틱제품 제조업 11. 비금속 광물제품 제조업 12. 1차 금속 제조업	상시근로자 2천 명 이상	2명 이상	별표 6 각 호의 어느 하나에 해당하는 사람을 선임하되, 같은 표 제2호 또는 제3호에 해당하는 사람이 1명 이상 포함되어야 한다.

사업의 종류	사업장의 상시근로자 수	보건관리자의 수	보건관리자의 선임방법
13. 금속가공제품 제조업 : 기계 및 가구 제외 14. 기타 기계 및 장비 제조업 15. 전자부품, 컴퓨터, 영상, 음향 및 통신장비 제조업 16. 전기장비 제조업 17. 자동차 및 트레일러 제조업 18. 기타 운송장비 제조업 19. 가구 제조업 20. 해체, 선별 및 원료 재생업 21. 자동차 종합 수리업, 자동차 전문 수리업 22. 제88조 각 호의 어느 하나에 해당하는 유해물질을 제조하는 사업과 그 유해물질을 사용하는 사업 중 고용노동부장관이 특히 보건관리를 할 필요가 있다고 인정하여 고시하는 사업	상시근로자 2천 명 이상	2명 이상	별표 6 각 호의 어느 하나에 해당하는 사람을 선임하되, 같은 표 제2호 또는 제3호에 해당하는 사람이 1명 이상 포함되어야 한다.
23. 제2호부터 제22호까지의 사업을 제외한 제조업	상시근로자 50명 이상 1천 명 미만	1명 이상	별표 6 각 호의 어느 하나에 해당하는 사람을 선임해야 한다.
	상시근로자 1천 명 이상 3천 명 미만	2명 이상	별표 6 각 호의 어느 하나에 해당하는 사람을 선임해야 한다.
	상시근로자 3천 명 이상	2명 이상	별표 6 각 호의 어느 하나에 해당하는 사람을 선임하되, 같은 표 제2호 또는 제3호에 해당하는 사람이 1명 이상 포함되어야 한다.
24. 농업, 임업 및 어업 25. 전기, 가스, 증기 및 공기조절공급업 26. 수도, 하수 및 폐기물 처리, 원료 재생업(제20호에 해당하는 사업은 제외한다) 27. 운수 및 창고업 28. 도매 및 소매업	상시근로자 50명 이상 5천 명 미만(다만, 제35호의 경우에는 상시근로자 100명 이상 5천 명 미만으로 한다.)	1명 이상	별표 6 각 호의 어느 하나에 해당하는 사람을 선임해야 한다.

사업의 종류	사업장의 상시근로자 수	보건관리자의 수	보건관리자의 선임방법
29. 숙박 및 음식점업 30. 서적, 잡지 및 기타 인쇄물 출판업 31. 방송업 32. 우편 및 통신업 33. 부동산업 34. 연구개발업 35. 사진 처리업 36. 사업시설 관리 및 조경 서비스업 37. 공공행정(청소, 시설관리, 조리 등 현업업무에 종사하는 사람으로서 고용노동부장관이 정하여 고시하는 사람으로 한정한다) 38. 교육서비스업 중 초등·중등·고등 교육기관, 특수학교·외국인학교 및 대안학교(청소, 시설관리, 조리 등 현업업무에 종사하는 사람으로서 고용노동부장관이 정하여 고시하는 사람으로 한정한다) 39. 청소년 수련시설 운영업 40. 보건업 41. 골프장 운영업 42. 개인 및 소비용품수리업(제21호에 해당하는 사업은 제외한다) 43. 세탁업	상시근로자 5천 명 이상	2명 이상	별표 6 각 호의 어느 하나에 해당하는 사람을 선임하되, 같은 표 제2호 또는 제3호에 해당하는 사람이 1명 이상 포함되어야 한다.
44. 건설업	공사금액 800억 원 이상(「건설산업기본법 시행령」 별표 1의 종합공사를 시공하는 업종의 건설업종란 제1호에 따른 토목공사업에 속하는 공사의 경우에는 1천억 원 이상) 또는 상시근로자 600명 이상	1명 이상[공사금액 800억 원(「건설산업기본법 시행령」 별표 1의 종합공사를 시공하는 업종의 건설업종란 제1호에 따른 토목공사업은 1천억 원)을 기준으로 1,400억 원이 증가할 때마다 또는 상시근로자 600명을 기준으로 600명이 추가될 때마다 1명씩 추가한다]	별표 6 각 호의 어느 하나에 해당하는 사람을 선임해야 한다.

6 직무교육

(1) 신규 : 채용된 뒤 3개월 이내(의사의 경우 1년 이내)

(2) 보수 : 신규교육 이수한 후 매 2년이 되는 날을 기준으로 전후 3개월 사이

7 교육시간

(1) 신규 : 34시간 이상

(2) 보수 : 24시간 이상

8 교육내용

(1) 신규교육

① 산업안전보건법령 및 작업환경측정에 관한 사항

② 산업안전보건개론에 관한 사항

③ 안전보건교육방법에 관한 사항

④ 산업보건관리계획 수립평가 및 산업역학에 관한 사항

⑤ 작업환경 및 직업병 예방에 관한 사항

⑥ 작업환경 개선에 관한 사항(소음·분진·관리대상유해물질 및 유해광선 등)

⑦ 산업역학 및 통계에 관한 사항

⑧ 산업환기에 관한 사항

⑨ 안전보건관리의 체제 규정 및 보건관리자 역할에 관한 사항

⑩ 보건관리계획 및 운용에 관한 사항

⑪ 근로자 건강관리 및 응급처치에 관한 사항

⑫ 위험성 평가에 관한 사항

⑬ 그 밖에 보건관리자의 직무 향상을 위하여 필요한 사항

(2) 보수교육

① 산업안전보건법령, 정책 및 작업환경관리에 관한 사항

② 산업보건관리계획 수립평가 및 안전보건교육 추진 요령에 관한 사항

③ 근로자 건강 증진 및 구급환자 관리에 관한 사항

④ 산업위생 및 산업환기에 관한 사항

⑤ 직업병 사례 연구에 관한 사항

⑥ 유해물질별 작업환경 관리에 관한 사항

⑦ 위험성 평가에 관한 사항

⑧ 그 밖에 보건관리자의 직무 향상을 위하여 필요한 사항

003 산업안전보건위원회

1 개요

사업주는 사업장의 안전 및 보건에 관한 중요 사항을 심의·의결하기 위하여 근로자위원과 사용자위원이 같은 수로 구성되는 산업안전보건위원회를 구성·운영하여야 한다.

2 설치 대상

(1) 공사금액 120억 원 이상 건설업
(2) 공사금액 150억 원 이상 토목공사업

3 심의·의결사항

(1) 산재 예방계획 수립
(2) 안전보건관리규정 작성, 변경
(3) 근로자 안전보건교육
(4) 작업환경측정 점검, 개선 등
(5) 근로자 건강진단 등 건강관리
(6) 산재 통계 기록, 유지
(7) 중대재해 원인조사 및 재발방지대책 수립
(8) 규제당국, 경영진, 명예산업감독관 등에 의한 작업장 안전점검 결과에 관한 사항
(9) 위험성평가에 관한 사항(연 1회 및 변경 발생 시)
(10) 비상시 대비·대응 절차
(11) 유해위험 기계와 설비를 도입한 경우 안전보건조치
(12) 기타 사업장 안전보건에 중대한 영향을 미치는 사항

4 구성

(1) 산업안전보건위원회의 근로자위원은 다음 각 호의 사람으로 구성한다.
　① 근로자대표
　② 명예산업안전감독관이 위촉되어 있는 사업장의 경우 근로자대표가 지명하는 1명 이상의 명예산업안전감독관

③ 근로자대표가 지명하는 9명(근로자인 ②의 위원이 있는 경우에는 9명에서 그 위원의 수를 제외한 수를 말한다) 이내의 해당 사업장의 근로자

(2) 산업안전보건위원회의 사용자위원은 다음 각 호의 사람으로 구성한다. 다만, 상시근로자 50명 이상 100명 미만을 사용하는 사업장에서는 ⑤에 해당하는 사람을 제외하고 구성할 수 있다.

① 해당 사업의 대표자(같은 사업으로서 다른 지역에 사업장이 있는 경우에는 그 사업장의 안전보건관리책임자를 말한다. 이하 같다)

② 안전관리자(제16조 제1항에 따라 안전관리자를 두어야 하는 사업장으로 한정하되, 안전관리자의 업무를 안전관리전문기관에 위탁한 사업장의 경우에는 그 안전관리전문기관의 해당 사업장 담당자를 말한다) 1명

③ 보건관리자(제20조 제1항에 따라 보건관리자를 두어야 하는 사업장으로 한정하되, 보건관리자의 업무를 보건관리전문기관에 위탁한 사업장의 경우에는 그 보건관리전문기관의 해당 사업장 담당자를 말한다) 1명

④ 산업보건의(해당 사업장에 선임되어 있는 경우로 한정한다)

⑤ 해당 사업의 대표자가 지명하는 9명 이내의 해당 사업장 부서의 장

(3) (1) 및 (2)에도 불구하고 법 제69조제1항에 따른 건설공사도급인(이하 "건설공사도급인"이라 한다)이 법 제64조제1항제1호에 따른 안전 및 보건에 관한 협의체를 구성한 경우에는 산업안전보건위원회의 위원을 다음 각 호의 사람을 포함하여 구성할 수 있다.

1. 근로자위원 : 도급 또는 하도급 사업을 포함한 전체 사업의 근로자대표, 명예산업안전감독관 및 근로자대표가 지명하는 해당 사업장의 근로자

2. 사용자위원 : 도급인 대표자, 관계수급인의 각 대표자 및 안전관리자

(4) 위원장
산업안전보건위원회의 위원장은 위원 중에서 호선한다. 이 경우 근로자위원과 사용자위원 중 각 1명을 공동위원장으로 선출할 수 있다.

5 회의 등

(1) **정기회의** : 분기마다 위원장이 소집
(2) **임시회의** : 위원장이 필요하다고 인정할 때에 소집
(3) 근로자위원 및 사용자위원 각 과반수의 출석으로 시작하고 출석위원 과반수의 찬성으로 의결
(4) 근로자대표, 명예산업안전감독관, 해당 사업의 대표자, 안전관리자, 보건관리자는 회의에 출석하지 못할 경우에는 해당 사업에 종사하는 사람 중에서 1명을 지정하여 위원으로서의 직무를 대리하게 할 수 있다.

(5) 회의록 작성

　① 개최 일시 및 장소

　② 출석위원

　③ 심의 내용 및 의결·결정 사항

　④ 그 밖의 토의사항

6 의결되지 않은 사항 등의 처리

(1) 근로자위원과 사용자위원의 합의에 따라 산업안전보건위원회에 중재기구를 두어 해결

(2) 제3자에 의한 중재를 받아야 한다.

7 회의 결과 등의 공지

(1) 사내방송

(2) 사내보

(3) 게시

(4) 자체 정례조회

(5) 그 밖의 적절한 방법

8 근로자대표의 통지요청 대상

(1) 산업안전보건위원회가 의결한 사항

(2) 안전보건진단 결과에 관한 사항

(3) 안전보건개선계획의 수립·시행에 관한 사항

(4) 도급인의 이행 사항

(5) 물질안전보건자료에 관한 사항

(6) 작업환경측정에 관한 사항

⑨ 산업안전보건위원회를 설치·운영해야 할 사업의 종류 및 규모

사업의 종류	규모
1. 토사석 광업 2. 목재 및 나무제품 제조업 : 가구 제외 3. 화학물질 및 화학제품 제조업 : 의약품 제외(세제, 화장품 및 광택제 제조업과 화학섬유 제조업은 제외한다) 4. 비금속 광물제품 제조업 5. 1차 금속 제조업 6. 금속가공제품 제조업 : 기계 및 가구 제외 7. 자동차 및 트레일러 제조업 8. 기타 기계 및 장비 제조업(사무용 기계 및 장비 제조업은 제외한다) 9. 기타 운송장비 제조업(전투용 차량 제조업은 제외한다)	상시근로자 50명 이상
10. 농업 11. 어업 12. 소프트웨어 개발 및 공급업 13. 컴퓨터 프로그래밍, 시스템 통합 및 관리업 14. 정보서비스업 15. 금융 및 보험업 16. 임대업(부동산 제외) 17. 전문, 과학 및 기술 서비스업(연구개발업은 제외한다) 18. 사업지원 서비스업 19. 사회복지 서비스업	상시근로자 300명 이상
20. 건설업	공사금액 120억 원 이상 (「건설산업기본법 시행령」 별표 1에 따른 토목공사업에 해당하는 공사의 경우에는 150억 원 이상)
21. 제1호부터 제20호까지의 사업을 제외한 사업	상시근로자 100명 이상

004 도급인의 안전·보건조치

1 개요

도급인은 사업장 재해예방을 위해 도급사업 전 위험성 평가의 실시는 물론 안전보건정보를 수급인에게 제공할 의무가 있으며 협의체 구성, 작업장 순회점검 외 이행사항을 준수해야 한다.

2 도급인이 이행하여야 할 사항

(1) 안전보건협의체 구성·운영
(2) 작업장 순회점검
(3) 관계수급인이 근로자에게 하는 안전·보건교육을 위한 장소 및 자료제공 등 지원과 안전·보건교육 실시 확인
(4) 발파, 화재·폭발, 토사구조물 등의 붕괴, 지진 등에 대비한 경보체계 운영과 대피방법 등의 훈련
(5) 유해위험 화학물질의 개조·분해·해체·철거 작업 시 안전 및 보건에 관한 정보 제공
(6) 도급사업의 합동 안전·보건점검
(7) 위생시설 설치 등을 위해 필요한 장소 제공 또는 도급인이 설치한 위생시설 이용의 협조
(8) 안전·보건시설의 설치 등 산업재해예방조치
(9) 같은 장소에서 이루어지는 도급인과 관계수급인 등의 작업에 있어서 관계수급인 등의 작업시기·내용·안전보건조치 등의 확인
(10) 확인결과 관계수급인 등의 작업혼재로 인하여 화재·폭발 등 위험발생 우려 시 관계수급인 등의 작업시기 내용 등의 조정

3 도급인의 작업조정의무 대상

도급인이 혼재작업 시 관계수급인 등의 작업시기, 내용 및 안전보건조치 등을 확인하고 조정해야 할 작업 및 위험의 종류

(1) 근로자가 추락할 위험이 있는 경우
(2) 기계·기구 등이 넘어질 우려가 있는 경우
(3) 동력으로 작동되는 기계·설비 등에 의한 끼임 우려가 있는 경우
(4) 차량계 하역·운반기계, 건설기계, 양중기 등에 의한 충돌 우려가 있는 경우
(5) 기계·기구 등이 무너질 위험이 있는 경우
(6) 물체가 떨어지거나 날아올 위험이 있는 경우
(7) 화재·폭발 우려가 있는 경우
(8) 산소결핍, 유해가스로 질식·중독 등 우려가 있는 경우

005 물질안전보건자료(MSDS)

1 개요

화학물질 및 화학물질을 함유한 제제 중 고용노동부령으로 정하는 분류기준에 해당하는 화학물질 및 화학물질을 함유한 제제를 양도하거나 제공하는 자는 이를 양도받거나 제공받는 자에게 물질안전보건자료를 고용노동부령으로 정하는 방법에 따라 작성하여 제공하여야 한다.

2 물질안전보건자료 작성 시 포함될 내용

(1) 화학제품과 회사에 관한 정보

(2) 유해성 위험성

(3) 구성성분의 명칭 및 함유량

(4) 응급조치 요령

(5) 폭발 화재 시 대처방법

(6) 누출 사고 시 대처방법

(7) 취급 및 저장방법

(8) 누출방지 및 개인보호구

(9) 물리화학적 특성

(10) 안정성 및 반응성

(11) 독성에 관한 정보

(12) 환경에 미치는 영향

(13) 폐기 시 주의사항

(14) 운송에 필요한 정보

(15) 법적 규제현황

(16) 그 밖에 참고사항

3 적용대상 화학물질

(1) 물리적 위험물질

(2) 건강유해물질

(3) 환경유해성 물질

222 • 산업보건지도사 **2차** 산업위생공학

4 물질안전보건자료 작성방법

(1) 물질안전보건자료의 신뢰성이 확보될 수 있도록 인용된 자료의 출처를 함께 적어야 한다.
(2) 물질안전보건자료의 세부작성방법, 용어 등 필요한 사항은 고용노동부장관이 정하여 고시한다.

5 MSDS 구성항목

(1) 화학제품, 회사정보
(2) 건강유행성, 물리적 위험성
(3) 유해·위험 화학물질 명칭, 함유량
(4) 응급조치 요령
(5) 폭발 화재 시 대처방법
(6) 누출사고 시 대처방법
(7) 취급 저장방법
(8) 개인보호구
(9) 물리화학적 특성
(10) 안정성 및 반응성
(11) 독성 정보
(12) 환경에 미치는 영향
(13) 폐기 시 주의사항
(14) 운송에 필요한 정보
(15) 법적 규제 현황
(16) 기타 참고사항

6 기재 및 게시·비치방법 등 고용노동부령으로 정하는 사항

(1) 물리·화학적 특성
(2) 독성에 관한 정보
(3) 폭발·화재 시의 대피 방법
(4) 응급조치 요령
(5) 그 밖에 고용노동부장관이 정하는 사항

▼ 물질안전보건자료 교육의 시기·방법

(1) 사업주는 다음 중 어느 하나에 해당하는 경우에는 해당되는 내용을 근로자에게 교육하여야 한다.
   ① 대상화학물질을 제조·사용·운반 또는 저장하는 작업에 근로자를 배치하게 된 경우
   ② 새로운 대상화학물질이 도입된 경우
   ③ 유해성·위험성 정보가 변경된 경우

(2) 유해성·위험성이 유사한 대상화학물질을 그룹별로 분류하여 교육할 수 있다.
(3) 교육시간 및 내용 등을 기록하여 보존하여야 한다.

⑧ 물질안전보건자료 교육내용

(1) MSDS 제도의 개요
(2) 유해화학물질의 종류와 유해성
(3) MSDS의 경고표시에 관한 사항
(4) 응급처치·긴급대피요령 보호구착용방법

⑨ 물질안전보건자료 작업공정별 게시사항

작업공정별 관리요령에 포함되어야 할 사항

(1) 대상화학물질의 명칭
(2) 유해성·위험성
(3) 취급상의 주의사항
(4) 적절한 보호구
(5) 응급조치 요령 및 사고 시 대처방법

⑩ 비상구의 설치기준

(1) 사업주는 위험물질을 취급·제조하는 작업장과 그 작업장이 있는 건축물에 출입구 외에 안전한 장소로 대피할 수 있는 비상구 1개 이상을 설치하여야 한다.

(2) 설치기준
   ① 출입구와 같은 방향에 있지 아니하고, 출입구로부터 3미터 이상 떨어져 있을 것
   ② 작업장의 각 부분으로부터 하나의 비상구 또는 출입구까지의 수평거리가 50미터 이하가 되도록 할 것
   ③ 비상구의 너비는 0.75미터 이상으로 하고, 높이는 1.5미터 이상으로 할 것
   ④ 비상구의 문은 피난 방향으로 열리도록 하고, 실내에서 항상 열 수 있는 구조로 할 것

⑪ 산업안전보건법령상 화학물질의 유해성·위험성 조사 제외대상

(1) 일반 소비자의 생활용으로 제공하기 위하여 신규화학물질을 수입하는 경우로 고용노동부장 관령으로 정하는 경우

(2) 신규화학물질의 수입량이 소량이거나 그 밖에 유해 정도가 적다고 인정되는 경우로 고용노 동부령으로 정하는 경우

    ① 소량 신규화학물질의 유해성·위험성 조사 제외대상

        ㉠ 신규화학물질의 연간 수입량이 100kg 미만인 경우

        ㉡ 위 항에 따른 수입량이 100kg 이상인 경우 사유발생일로부터 30일 이내에 유해성· 위험성 조사보고서를 고용노동부장관에게 제출한 경우

    ② 일반소비자 생활용 신규화학물질의 유해성·위험성 조사 제외대상

        ㉠ 완성된 제품으로서 국내에서 가공하지 아니하는 경우

        ㉡ 포장 또는 용기를 국내에서 변경하지 아니하거나 국내에서 포장하거나 용기에 담지 아니하는 경우

    ③ 그 밖의 신규화학물질의 유해성·위험성 조사 제외대상

        ㉠ 시험·연구를 위하여 사용되는 경우

        ㉡ 전량 수출하기 위하여 연간 10톤 이하로 제조하거나 수입하는 경우

        ㉢ 신규화학물질이 아닌 화학물질로만 구성된 고분자화합물로서 고용노동부장관이 정 하여 고시하는 경우

⑫ 산업안전보건법령상 허가대상 유해물질

(1) 디클로로벤지딘과 그 염

(2) 알파−나프틸아민과 그 염

(3) 크롬산 아연

(4) 오로토−토릴딘과 그 염

(5) 디아니시딘과 그 염

(6) 베릴륨

(7) 비소 및 그 무기화합물

(8) 크롬광(열을 가하여 소성처리하는 경우만 해당)

(9) 휘발성 콜타르피치

(10) 황화니켈

(11) 염화비닐

(12) 벤조트리클로리드

(13) 제1호부터 제11호까지 및 제13호의 어느 하나에 해당하는 물질을 함유한 제제(함유된 중량 의 비율이 1% 이하인 것은 제외)

⒁ 제12호의 물질을 함유한 제제(함유된 중량의 비율이 0.5% 이하인 것은 제외)

⒂ 그 밖에 보건상 해로운 물질로서 고용노동부장관이 산업재해보상보험 및 예방심의위원회의 심의를 거쳐 정하는 유해물질

⒔ 유해인자별 노출농도의 허용기준

유해인자		허용기준			
		시간가중평균값(TWA)		단시간 노출값(STEL)	
		ppm	mg/m³	ppm	mg/m³
1. 납 및 그 무기화합물			0.05		
2. 니켈(불용성 무기화합물)			0.2		
3. 디메틸포름아미드		10			
4. 벤젠		0.5		2.5	
5. 2−브로모프로판		1			
6. 석면			0.1개/cm³		
7. 6가크롬 화합물	불용성		0.01		
	수용성		0.05		
8. 이황화탄소		1			
9. 카드뮴 및 그 화합물			0.01 (호흡성 분진인 경우 0.002)		
10. 톨루엔−2,4−디이소시아네이트 또는 톨루엔−2,6−디이소시아네이트		0.005		0.02	
11. 트리클로로에틸렌		10		25	
12. 포름알데히드		0.3			
13. 노말헥산		50			

※ 비고

1. "시간가중평균값(TWA ; Time−Weighted Average)"이란 1일 8시간 작업을 기준으로 한 평균노출농도로서 산출 공식은 다음과 같다.

$$TWA = \frac{C_1 \cdot T_1 + C_2 \cdot T_2 + \cdots\cdots + C_n \cdot T_n}{8}$$

　　여기서, C : 유해인자의 측정농도(단위 : ppm, mg/m³ 또는 개/cm³)

　　　　　T : 유해인자의 발생시간(단위 : 시간)

2. "단시간 노출값(STEL ; Short−Term Exposure Limit)"이란 15분간의 시간가중평균값으로서 노출농도가 시간가중평균값을 초과하고 단시간 노출값 이하인 경우에는 ① 1회 노출 지속시간이 15분 미만이어야 하고, ② 이러한 상태가 1일 4회 이하로 발생해야 하며, ③ 각 회의 간격은 60분 이상이어야 한다.

🔟4️⃣ 작성·제출 제외 대상 화학물질

(1) 「건강기능식품에 관한 법률」 제3조제1호에 따른 건강기능식품

(2) 「농약관리법」 제2조 제1호에 따른 농약

(3) 「마약류 관리에 관한 법률」 제2조 제2호 및 제3호에 따른 마약 및 향정신성의약품

(4) 「비료관리법」 제2조 제1호에 따른 비료

(5) 「사료관리법」 제2조 제1호에 따른 사료

(6) 「생활주변방사선 안전관리법」 제2조제2호에 따른 원료물질

(7) 「생활화학제품 및 살생물제의 안전관리에 관한 법률」 제3조제4호 및 제8호에 따른 안전확인대상생활화학제품 및 살생물제품 중 일반소비자의 생활용으로 제공되는 제품

(8) 「식품위생법」 제2조 제1호 및 제2호에 따른 식품 및 식품첨가물

(9) 「약사법」 제2조 제4호 및 제7호에 따른 의약품 및 의약외품

(10) 「원자력안전법」 제2조 제5호에 따른 방사성물질

(11) 「위생용품 관리법」 제2조 제1호에 따른 위생용품

(12) 「의료기기법」 제2조 제1항에 따른 의료기기

(13) 「총포·도검·화약류 등의 안전관리에 관한 법률」 제2조 제3항에 따른 화약류

(14) 「폐기물관리법」 제2조 제1호에 따른 폐기물

(15) 「화장품법」 제2조 제1호에 따른 화장품

(16) 제1호부터 제15호까지의 규정 외의 화학물질 또는 혼합물로서 일반소비자의 생활용으로 제공되는 것(일반소비자의 생활용으로 제공되는 화학물질 또는 혼합물이 사업장 내에서 취급되는 경우를 포함한다)

(17) 고용노동부장관이 정하여 고시하는 연구·개발용 화학물질 또는 화학제품인 경우 법 제110조제1항부터 제3항까지의 규정에 따른 자료의 제출만 제외된다.

(18) 그 밖에 고용노동부장관이 독성·폭발성 등으로 인한 위해의 정도가 적다고 인정하여 고시하는 화학물질

🔟5️⃣ 유의사항

구성성분의 명칭과 함유량을 비공개하려는 경우 고용노동부 장관의 승인을 받고, 승인 시 대체명칭·대체함유량을 기재해야 한다.

006 작업환경측정

1 개요

작업환경 실태를 파악하기 위하여 해당 근로자 또는 작업장에 대하여 사업주가 유해인자에 대한 측정계획을 수립한 후 시료를 채취하고 분석·평가하는 것을 말한다.

2 작업환경측정의 목적

근로자가 호흡하는 공기 중의 유해물질 종류 및 농도를 파악하고 해당 작업장에서 일하는 동안 건강장해가 유발될 가능성 여부를 평가하며 작업환경 개선의 필요성 여부를 판단하는 기준이 된다.

3 작업환경 측정방법

(1) 측정 전 예비조사 실시
(2) 작업이 정상적으로 이루어져 작업시간과 유해인자에 대한 근로자의 노출 정도를 정확히 평가할 수 있을 때 실시
(3) 모든 측정은 개인시료채취방법으로 하되, 개인시료채취방법이 곤란한 경우에는 지역시료 채취방법으로 실시

4 작업환경측정 절차

(1) 작업환경측정유해인자 확인(취급공정 파악)
(2) 작업환경측정 기관에 의뢰
(3) 작업환경측정 실시(유해인자별 측정)
(4) 지방고용노동관서에 결과보고(측정기관에서 전산송부)
(5) 측정결과에 따른 대책수립 및 서류 보존(5년간 보존. 단, 고용노동부 고시물질 측정결과는 30년간 보존)

5 작업환경측정대상

상시근로자 1인 이상 사업장으로서 측정대상 유해인자 192종에 노출되는 근로자

▼측정대상물질(192종)

구분	대상물질	종류	비고
화학적 인자	유기화합물	114	중량비율 1% 이상 함유한 혼합물
	금속류	24	중량비율 1% 이상 함유한 혼합물
	산 및 알칼리류	17	중량비율 1% 이상 함유한 혼합물
	가스상태 물질류	15	중량비율 1% 이상 함유한 혼합물
	허가대상 유해물질	12	• 1)~4) 및 6)부터 12)까지 중량비율 1% 이상 함유한 혼합물 • 5)의 물질을 중량비율 0.5% 이상 함유한 혼합물
	금속가공유	1	
물리적 인자	소음, 고열	2	• 8시간 시간가중평균 80dB 이상의 소음 • 안전보건규칙 제558조에 따른 고열
분진	광물성, 곡물, 면, 나무, 용접흄, 유리섬유, 석면	7	
합계		192	

※「산업안전보건법 시행규칙」별표 21 참고

6 면제대상

(1) 임시작업

일시적으로 행하는 작업 중 월 24시간 미만인 작업. 단, 월 10시간 이상 24시간 미만이라도 매월 행하여지는 경우는 측정대상임

(2) 단시간 작업

관리대상 유해물질 취급에 소요되는 시간이 1일 1시간 미만인 작업. 단, 1일 1시간 미만인 작업이 매일 행하여지는 경우는 측정대상임

(3) 다음에 해당되는 사업장

관리대상 유해물질의 허용소비량을 초과하지 않는 작업장(보건규칙 제421조)

(4) 적용제외대상

관리대상 유해물질의 허용소비량을 초과하지 않는 작업장(보건규칙 제421조)

① 사업주가 관리대상 유해물질의 취급업무에 근로자를 종사하도록 하는 경우로서 작업시간 1시간을 소비하는 관리대상유해물질의 양이 작업장 공기의 부피를 15로 나눈 양 이하

인 경우에는 이 장의 규정을 적용하지 아니한다. 다만, 유기화합물 취급 특별장소, 특별관리물질 취급장소, 지하실 내부, 그 밖에 환기가 불충분한 실내작업장인 경우에는 그러하지 아니한다.

② 제1항 본문에 따른 작업장 공기의 부피는 바닥에서 4미터가 넘는 높이에 있는 공간을 제외한 세제곱미터를 단위로 하는 실내작업장의 공간부피를 말한다. 다만, 공기의 부피가 150세제곱미터를 초과하는 경우에는 150세제곱미터를 그 공기의 부피로 한다.

❼ 측정방법

(1) 시료채취의 위치

구분	내용
개인시료 채취방법	측정기기의 공기유입부위가 작업근로자의 호흡기 위치에 오도록 한다.
지역시료 채취방법	유해물질 발생원에 근접한 위치 또는 작업근로자의 주 작업행동 범위 내의 작업근로자 호흡기 높이에 오도록 한다.
검지관 방식	작업근로자의 호흡기 및 발생원에 근접한 위치 또는 근로자 작업행동 범위의 주 작업위치에서의 근로자 호흡기 높이에서 측정한다.

(2) 시료채취 근로자수

① 단위작업장소에서 최고 노출근로자 2명 이상에 대하여 동시에 측정하되, 단위작업장소에 근로자가 1명인 경우에는 그러하지 아니하며, 동일 작업근로자 수가 10명을 초과하는 경우에는 매 5명당 1명(1개 지점) 이상 추가하여 측정한다. 다만, 동일 작업근로자 수가 100명을 초과하는 경우에는 최대 시료채취 근로자 수를 20명으로 조정할 수 있다.

② 지역시료채취방법에 따른 측정시료의 개수는 단위작업장소에서 2개 이상에 대하여 동시에 측정한다. 다만, 단위작업장소의 넓이가 50평방미터 이상인 경우에는 매 30평방미터마다 1개 지점 이상을 추가로 측정한다.

(3) 측정 후 조치사항

① 사업주는 측정을 완료한 날로부터 30일 이내에 측정결과보고서를 해당 관할 지방노동청에 제출한다(측정대행 시 해당 기관에서 제출).

② 사업주는 측정, 평가 결과에 따라 시설·설비 개선 등 적절한 조치를 취한다.

③ 작업환경측정결과를 해당 작업장 근로자에게 알려야 한다(게시판 게시 등).

(4) 근로자 입회 및 설명회

① 작업환경측정 시 근로자 대표의 요구가 있을 경우 입회

② 산업안전보건위원회 또는 근로자 대표의 요구가 있는 경우 직접 또는 작업환경측정을 실시한 기관으로 하여금 작업환경측정결과에 대한 설명회 개최

③ 작업환경측정결과에 따라 근로자의 건강을 보호하기 위하여 당해 시설 및 설비의 설치 또는 개선 등 적절히 조치

④ 작업환경측정결과는 사업장 내 게시판 부착, 사보 게재, 자체 정례 조회 시 집합교육, 기타 근로자들이 알 수 있는 방법으로 근로자들에게 통보

⑤ 산업안전보건위원회 또는 근로자 대표의 요구 시에는 측정결과를 통보받은 날로부터 10일 이내에 설명회를 개최

8 측정주기

구분	측정주기
신규공정 가동 시	30일 이내 실시 후 매 6개월에 1회 이상
정기적 측정주기	6개월에 1회 이상
발암성 물질, 화학물질 노출기준 2배 이상 초과	3개월에 1회 이상
1년간 공정변경이 없고 최근 2회 측정결과가 노출기준 미만인 경우(발암성 물질 제외)	1년 1회 이상

※ 작업장 또는 작업환경이 신규로 가동되거나 변경되는 등 작업환경측정대상이 된 경우에 반드시 작업환경측정을 실시하여야 한다.

9 서류보존기간

5년(발암성 물질은 30년)

※ 발암성 확인물질 : 허가대상유해물질, 관리대상유해물질 중 특별관리물질

10 측정자의 자격

(1) 산업위생관리기사 이상 자격소지자

(2) 고용노동부 지정 측정기관

11 기타사항

법적 노출기준이 초과된 경우에는 60일 이내에 작업공정이 개선을 증명할 수 있는 서류 또는 개선계획을 관할 지방노동관서에 제출하여야 한다.

1 필요성

(1) 밀폐공간작업 프로그램은 사유 발생 시 즉시 시행하여야 하며 매 작업마다 수시로 적정한 공기상태 확인을 위한 측정·평가내용 등을 추가·보완하고 밀폐공간작업이 완전 종료되면 프로그램의 시행을 종료한다.

(2) 밀폐공간에서의 작업 전 산소농도 측정, 호흡용 보호구의 착용, 긴급구조훈련, 안전한 작업방법의 주지 등 근로자 교육 및 훈련 등에 대한 사전규제를 통하여 재해를 예방하는 것이 요구된다.

2 밀폐공간작업 허가절차

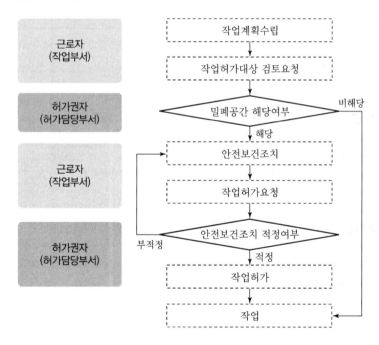

❸ 주요 내용

(1) 밀폐공간에서 근로자를 작업하게 할 경우 사업주는 다음 내용을 포함하여 밀폐공간작업 프로그램을 수립·시행하여야 함

① 사업장 내 밀폐공간의 위치파악 및 관리방안

② 밀폐공간 내 질식·중독 등을 일으킬 수 있는 위험요인의 파악 및 관리방안

③ ②항에 따라 밀폐공간 작업 시 사전확인이 필요한 사항에 대한 확인절차

④ 산소·유해가스농도의 측정·평가 및 그 결과에 따른 환기 등 후속조치 방법

⑤ 송기마스크 또는 공기호흡기의 착용과 관리

⑥ 비상연락망, 사고 발생 시 응급조치 및 구조체계 구축

⑦ 안전보건 교육 및 훈련

⑧ 그 밖에 밀폐공간 작업근로자의 건강장해 예방에 관한 사항

(2) 밀폐공간 작업허가 등

① 사업주는 근로자가 밀폐공간에서 작업을 하는 경우 사전에 허가절차를 수립하는 경우 포함사항을 확인하고, 근로자의 밀폐공간 작업에 대한 사업주의 사전허가 절차에 따라 작업하도록 하여야 한다.

ㄱ 작업일시, 기간, 장소 및 내용 등 작업 정보

ㄴ 관리감독자, 근로자, 감시인 등 작업자 정보

ㄷ 산소 및 유해가스 농도의 측정결과 및 후속조치 사항

ㄹ 작업 중 불활성가스 또는 유해가스의 누출·유입·발생 가능성 검토 및 후속조치 사항

ㅁ 작업 시 착용하여야 할 보호구의 종류

ㅂ 비상연락체계

② 사업주는 해당 작업이 종료될 때까지 ①에 따른 확인 내용을 작업장 출입구에 게시하여야 한다.

(3) 사전허가절차를 수립하는 경우 포함사항

① 작업 정보(작업 일시 및 기간, 작업 장소, 작업 내용 등)

② 작업자 정보(관리감독자, 근로자, 감시인)

③ 산소농도 등의 측정결과 및 그 결과에 따른 환기 등 후속조치 사항

④ 작업 중 불활성가스 또는 유해가스의 누출·유입·발생 가능성 검토 및 조치사항

⑤ 작업 시 착용하여야 할 보호구

⑥ 비상연락체계

(4) 출입의 금지

사업주는 사업장 내 밀폐공간을 사전에 파악하고, 밀폐공간에는 관계 근로자가 아닌 사람의 출입을 금지하고, 출입금지 표지를 보기 쉬운 장소에 게시하여야 한다.

밀폐공간 출입금지 표지
(제619조 관련)

1. 양식

2. 규격
- 밀폐공간의 크기에 따라 적당한 규격으로 하되, 최소 가로 21cm×세로 29.7cm 이상으로 한다.
- 표지 전체 바탕은 흰색으로, 글씨는 검정색, 전체 테두리 및 위험 글자 테두리는 빨간색, 위험 글씨는 노란색으로 하여야 하며 채도는 별도로 정하지 않는다.

---

(5) 사고 시의 대피 등

사업주는 근로자가 밀폐공간에서 작업을 하는 때에 산소 결핍이 우려되거나 유해가스 등의 농도가 높아서 질식·화재·폭발 등의 우려가 있는 경우에 즉시 작업을 중단시키고 해당 근로자를 대피하도록 하여야 한다.

(6) 대피용 기구의 비치

사업주는 근로자가 밀폐공간에서 작업을 하는 경우 비상시에 근로자를 피난시키거나 구출하기 위하여 공기호흡기 또는 송기마스크, 사다리 및 섬유로프 등 필요한 기구를 갖추어 두어야 한다.

⑺ **구출 시 공기호흡기 또는 송기마스크 등의 사용**

사업주는 밀폐공간에서 위급한 근로자를 구출하는 작업을 하는 경우에 그 구출작업에 종사하는 근로자에게 공기호흡기 또는 송기마스크를 지급하여 착용하도록 하여야 한다.

⑻ **긴급상황에 대처할 수 있도록 종사근로자에 대하여 응급조치 등을 6월에 1회 이상 주기적으로 훈련시키고 그 결과를 기록·보존하여야 함**

긴급구조훈련 내용 : 비상연락체계 운영, 구조용 장비의 사용, 공기호흡기 또는 송기마스크의 착용, 응급처치 등

⑼ **작업시작 전 근로자에게 안전한 작업방법 등을 알려야 함**

알려야 할 사항 : 산소 및 유해가스농도 측정에 관한 사항, 사고 시의 응급조치 요령, 환기설비 등 안전한 작업방법에 관한 사항, 보호구 착용 및 사용방법에 관한 사항, 구조용 장비 사용 등 비상시 구출에 관한 사항

⑽ **근로자가 밀폐공간에 종사하는 경우 사전에 관리감독자, 안전관리자 등 해당자로 하여금 산소농도 등을 측정하고 적정한 공기 기준과 적합 여부를 평가하도록 함**

산소농도 등을 측정할 수 있는 자 : 관리감독자, 안전·보건관리자, 안전관리대행기관, 지정측정기관

4 산소농도별 증상

산소농도(%)	증상
14~19	업무능력 감소, 신체기능조절 손상
12~14	호흡수 증가, 맥박 증가
10~12	판단력 저하, 청색 입술
8~10	어지럼증, 의식 상실
6~8	8분 내 100% 치명적, 6분 내 50% 치명적
4~6	40초 내 혼수상태, 경련, 호흡정지, 사망

5 밀폐공간 작업 전 확인·조치사항

⑴ **작업 일시, 기간, 장소 및 내용 등 작업정보**

① 작업위치, 작업기간, 작업내용

② 화기작업(용접, 용단 등)이 병행되는 경우 별도의 작업승인(화기작업허가 등) 여부 확인

(2) 관리감독자, 근로자, 감시인 등 작업자 정보

근로자 안전보건교육(특별안전보건교육 등) 및 안전한 작업방법 주지 여부 확인

(3) 산소 및 유해가스 농도의 측정결과 및 후속조치 사항

① 산소유해가스 등의 농도, 측정시간, 측정자(서명 포함)
② 최초 공기상태가 부적절할 경우 환기 실시 후 공기상태를 재측정하고 그 결과를 추가 기대
③ 작업 중 적정공기 상태 유지를 위한 환기계획 기재(기계환기, 자연환기 등)

(4) 작업 중 불활성가스 또는 유해가스의 누출·유입·발생 가능성 검토 및 후속조치 사항

밀폐공간과 연결된 펌프나 배관의 잠금상태 여부[펌프나 배관의 조직을 담당하는 담당자(부서)에 사전통지 및 밀폐공간 작업 종료 시까지 조작금지 요청]

(5) 작업 시 착용하여야 할 보호구의 종류

안전대, 구명줄, 공기호흡기 또는 송기마스크

(6) 비상연락체계

① 작업근로자와 외부 감시인, 관리자 사이에 긴급 연락할 수 있는 체계
② 밀폐공간 작업 시 외부와 상시 소통할 수 있는 통신수단을 포함

6 산소결핍 발생 가능 장소

전기·통신·상하수도 맨홀, 오·폐수처리시설 내부(정화조, 집수조), 장기간 밀폐된 탱크, 반응탑, 선박(선창) 등의 내부, 밀폐공간 내 CO_2 가스 용접작업, 분뇨 집수조, 저수조(물탱크) 내 도장작업, 집진기 내부(수리작업 시), 화학장치 배관 내부, 곡물 사일로 내 작업 등

※ 산소결핍 위험 작업 시 산소 및 가스농도 측정기, 공급호흡기, 공기치환용 환기팬 등의 예방장비 없이 작업을 수행하여 대형사고 발생

7 산소결핍 위험 작업 안전수칙

(1) 작업시작 전 작업장 환기 및 산소농도 측정
(2) 송기마스크 등 외부공기 공급 가능한 호흡용 보호구 착용
(3) 산소결핍 위험 작업장 입장, 퇴장 시 인원 점검
(4) 관계자 외 출입금지 표지판 설치
(5) 산소결핍 위험 작업 시 외부 관리감독자와의 상시 연락
(6) 사고 발생 시 신속한 대피, 사고 발생에 대비하여 공기호흡기, 사다리 및 섬유로프 등 비치
(7) 특수한 작업(용접, 가스배관공사 등) 또는 장소(지하실 등)에 대한 안전보건조치

8 산소 및 유해가스 농도의 측정

사업주는 밀폐공간에서 근로자에게 작업을 하도록 하는 경우 작업을 시작(작업을 일시 중단하였다가 다시 시작하는 경우를 포함한다)하기 전 다음 각 호의 어느 하나에 해당하는 자로 하여금 해당 밀폐공간의 산소 및 유해가스 농도를 측정하여 적정공기가 유지되고 있는지를 평가하도록 해야 한다.

(1) 관리감독자
(2) 안전관리자 또는 보건관리자
(3) 안전관리전문기관 또는 보건관리전문기관
(4) 건설재해예방전문지도기관
(5) 작업환경측정기관
(6) 한국산업안전보건공단법에 따른 한국산업안전보건공단이 정하는 산소 및 유해가스 농도의 측정평가에 관한 교육을 이수한 사람
(7) 사업주는 산소 및 유해가스 농도를 측정한 결과 적정공기가 유지되고 있지 아니하다고 평가된 경우에는 작업장을 환기시키거나, 근로자에게 공기호흡기 또는 송기마스크를 지급하여 착용하도록 하는 등 근로자의 건강장해 예방을 위하여 필요한 조치를 하여야 한다.

1 화학물질의 분류기준

(1) 물리적 위험성 분류기준

① **폭발성 물질** : 자체의 화학반응에 따라 주위 환경에 손상을 줄 수 있는 정도의 온도·압력 및 속도를 가진 가스를 발생시키는 고체·액체 또는 혼합물

② **인화성 가스** : 20℃, 표준압력(101.3kPa)에서 공기와 혼합하여 인화되는 범위에 있는 가스(혼합물을 포함한다)

③ **인화성 액체** : 표준압력(101.3kPa)에서 인화점이 60℃ 이하인 액체

④ **인화성 고체** : 쉽게 연소되거나 마찰에 의하여 화재를 일으키거나 촉진할 수 있는 물질

⑤ **인화성 에어로졸** : 인화성 가스, 인화성 액체 및 인화성 고체 등 인화성 성분을 포함하는 에어로졸(자연발화성 물질, 자기발열성 물질 또는 물반응성 물질은 제외한다)

⑥ **물반응성 물질** : 물과 상호작용을 하여 자연발화되거나 인화성 가스를 발생시키는 고체 ·액체 또는 혼합물

⑦ **산화성 가스** : 일반적으로 산소를 공급함으로써 공기보다 다른 물질의 연소를 더 잘 일으키거나 촉진하는 가스

⑧ **산화성 액체** : 그 자체로는 연소하지 않더라도, 일반적으로 산소를 발생시켜 다른 물질을 연소시키거나 연소를 촉진하는 액체

⑨ **산화성 고체** : 그 자체로는 연소하지 않더라도 일반적으로 산소를 발생시켜 다른 물질을 연소시키거나 연소를 촉진하는 고체

⑩ **고압가스** : 20℃, 200킬로파스칼(kPa) 이상의 압력하에서 용기에 충전되어 있는 가스 또는 냉동액화가스 형태로 용기에 충전되어 있는 가스(압축가스, 액화가스, 냉동액화가스, 용해가스로 구분한다)

⑪ **자기반응성 물질** : 열적(熱的)인 면에서 불안정하여 산소가 공급되지 않아도 강렬하게 발열·분해하기 쉬운 액체·고체 또는 혼합물

⑫ **자연발화성 액체** : 적은 양으로도 공기와 접촉하여 5분 안에 발화할 수 있는 액체

⑬ **자연발화성 고체** : 적은 양으로도 공기와 접촉하여 5분 안에 발화할 수 있는 고체

⑭ **자기발열성 물질** : 주위의 에너지 공급 없이 공기와 반응하여 스스로 발열하는 물질(자기발화성 물질은 제외한다)

⑮ **유기과산화물** : 2가의 −O−O− 구조를 가지고 1개 또는 2개의 수소 원자가 유기라디칼에 의하여 치환된 과산화수소의 유도체를 포함한 액체 또는 고체 유기물질

⑯ **금속 부식성 물질** : 화학적인 작용으로 금속에 손상 또는 부식을 일으키는 물질

(2) 건강 및 환경 유해성 분류기준

① 급성 독성 물질 : 입 또는 피부를 통하여 1회 투여 또는 24시간 이내에 여러 차례로 나누어 투여하거나 호흡기를 통하여 4시간 동안 흡입하는 경우 유해한 영향을 일으키는 물질

② 피부 부식성 또는 자극성 물질 : 접촉 시 피부조직을 파괴하거나 자극을 일으키는 물질(피부 부식성 물질 및 피부 자극성 물질로 구분한다)

③ 심한 눈 손상성 또는 자극성 물질 : 접촉 시 눈 조직의 손상 또는 시력의 저하 등을 일으키는 물질(눈 손상성 물질 및 눈 자극성 물질로 구분한다)

④ 호흡기 과민성 물질 : 호흡기를 통하여 흡입되는 경우 기도에 과민반응을 일으키는 물질

⑤ 피부 과민성 물질 : 피부에 접촉되는 경우 피부 알레르기 반응을 일으키는 물질

⑥ 발암성 물질 : 암을 일으키거나 그 발생을 증가시키는 물질

⑦ 생식세포 변이원성 물질 : 자손에게 유전될 수 있는 사람의 생식세포에 돌연변이를 일으킬 수 있는 물질

⑧ 생식독성 물질 : 생식기능, 생식능력 또는 태아의 발생·발육에 유해한 영향을 주는 물질

⑨ 특정 표적장기 독성 물질(1회 노출) : 1회 노출로 특정 표적장기 또는 전신에 독성을 일으키는 물질

⑩ 특정 표적장기 독성 물질(반복 노출) : 반복적인 노출로 특정 표적장기 또는 전신에 독성을 일으키는 물질

⑪ 흡인 유해성 물질 : 액체 또는 고체 화학물질이 입이나 코를 통하여 직접적으로 또는 구토로 인하여 간접적으로, 기관 및 더 깊은 호흡기관으로 유입되어 화학적 폐렴, 다양한 폐 손상이나 사망과 같은 심각한 급성 영향을 일으키는 물질

⑫ 수생 환경 유해성 물질 : 단기간 또는 장기간의 노출로 수생생물에 유해한 영향을 일으키는 물질

⑬ 오존층 유해성 물질 : 「오존층 보호를 위한 특정물질의 제조규제 등에 관한 법률」에 따른 특정물질

② 물리적 인자의 분류기준

(1) 소음

소음성 난청을 유발할 수 있는 85데시벨(A) 이상의 시끄러운 소리

(2) 진동

착암기, 핸드 해머 등의 공구를 사용함으로써 발생되는 백립병·레이노 현상·말초순환장애 등의 국소 진동 및 차량 등을 이용함으로써 발생되는 관절통·디스크·소화장애 등의 전신 진동

(3) 방사선

직접·간접으로 공기 또는 세포를 전리하는 능력을 가진 알파선·베타선·감마선·X-선·중성자선 등의 전자선

(4) 이상기압

게이지 압력이 제곱센티미터당 1킬로그램 초과 또는 미만인 기압

(5) 이상기온

고열·한랭·다습으로 인하여 열사병·동상·피부질환 등을 일으킬 수 있는 기온

3 생물학적 인자의 분류기준

(1) 혈액 매개 감염인자

인간면역결핍바이러스, B형·C형 간염바이러스, 매독바이러스 등 혈액을 매개로 다른 사람에게 전염되어 질병을 유발하는 인자

(2) 공기 매개 감염인자

결핵·수두·홍역 등 공기 또는 비말 감염 등을 매개로 호흡기를 통하여 전염되는 인자

(3) 곤충 및 동물 매개 감염인자

쯔쯔가무시증, 렙토스피라증, 유행성출혈열 등 동물의 배설물 등에 의하여 전염되는 인자 및 탄저병, 브루셀라병 등 가축 또는 야생동물로부터 사람에게 감염되는 인자

009 휴게시설 설치·관리기준

☑ 산업안전보건법상 휴게시설 설치·관리기준

(1) 크기

① 휴게시설의 최소 바닥면적은 6제곱미터로 한다. 다만, 둘 이상의 사업장의 근로자가 공동으로 같은 휴게시설(이하 이 표에서 "공동휴게시설"이라 한다)을 사용하게 되는 경우 공동휴게시설의 바닥면적은 6제곱미터에 사업장의 개수를 곱한 면적 이상으로 한다.

② 휴게시설의 바닥에서 천장까지의 높이는 2.1미터 이상으로 한다.

③ ①에도 불구하고 근로자의 휴식 주기, 이용자 성별, 동시 사용인원 등을 고려하여 최소면적을 근로자대표와 협의하여 6제곱미터가 넘는 면적으로 정한 경우에는 근로자대표와 협의한 면적을 최소 바닥면적으로 한다.

④ ①에도 불구하고 근로자의 휴식 주기, 이용자 성별, 동시 사용인원 등을 고려하여 공동휴게시설의 바닥면적을 근로자대표와 협의하여 정한 경우에는 근로자대표와 협의한 면적을 공동휴게시설의 최소 바닥면적으로 한다.

(2) 위치

다음 각 목의 요건을 모두 갖춰야 한다.

① 근로자가 이용하기 편리하고 가까운 곳에 있어야 한다. 이 경우 공동휴게시설은 각 사업장에서 휴게시설까지의 왕복 이동에 걸리는 시간이 휴식시간의 20퍼센트를 넘지 않는 곳에 있어야 한다.

② 다음의 모든 장소에서 떨어진 곳에 있어야 한다.
　㉠ 화재·폭발 등의 위험이 있는 장소
　㉡ 유해물질을 취급하는 장소
　㉢ 인체에 해로운 분진 등을 발산하거나 소음에 노출되어 휴식을 취하기 어려운 장소

(3) 온도

적정한 온도(18~28℃)를 유지할 수 있는 냉난방 기능이 갖춰져 있어야 한다.

(4) 습도

적정한 습도(50~55%. 다만, 일시적으로 대기 중 상대습도가 현저히 높거나 낮아 적정한 습도를 유지하기 어렵다고 고용노동부장관이 인정하는 경우는 제외한다)를 유지할 수 있는 습도 조절 기능이 갖춰져 있어야 한다.

(5) 조명

적정한 밝기(100~200럭스)를 유지할 수 있는 조명 조절 기능이 갖춰져 있어야 한다.

(6) 창문 등을 통하여 환기가 가능해야 한다.

(7) 의자 등 휴식에 필요한 비품이 갖춰져 있어야 한다.

(8) 마실 수 있는 물이나 식수 설비가 갖춰져 있어야 한다.

(9) 휴게시설임을 알 수 있는 표지가 휴게시설 외부에 부착돼 있어야 한다.

(10) 휴게시설의 청소·관리 등을 하는 담당자가 지정돼 있어야 한다. 이 경우 공동휴게시설은 사업장마다 각각 담당자가 지정돼 있어야 한다.

(11) 물품 보관 등 휴게시설 목적 외의 용도로 사용하지 않도록 한다.

② 휴게시설 설치·관리기준 적용 제외대상

다음 각 목에 해당하는 경우에는 다음 각 목의 구분에 따라 제1호부터 제6호까지의 규정에 따른 휴게시설 설치·관리기준의 일부를 적용하지 않는다.

(1) 사업장 전용면적의 총합이 300제곱미터 미만인 경우 : 제1호 및 제2호의 기준

(2) 작업장소가 일정하지 않거나 전기가 공급되지 않는 등 작업특성상 실내에 휴게시설을 갖추기 곤란한 경우로서 그늘막 등 간이 휴게시설을 설치한 경우 : 제3호부터 제6호까지의 규정에 따른 기준

(3) 건조 중인 선박 등에 휴게시설을 설치하는 경우 : 제4호의 기준

③ 과태료 부과대상

2022. 8. 18. 시행	2023. 8. 18. 시행
상시근로자 50명 이상 사업장 (건설업은 총공사금액 50억 원 이상 공사현장)	• 상시근로자 20명 이상 50명 미만 사업장 (건설업은 총공사금액 20억 원 이상 50억 원 미만 공사현장) • 상시근로자 10명 이상 20명 미만을 사용하는 사업장으로 7개 직종 중 어느 하나에 해당하는 직종의 상시근로자가 2명 이상인 사업장 – 전화상담원 – 돌봄서비스종사원 – 텔레마케터 – 배달원 – 청소원. 환경미화원 – 아파트경비원 – 건물경비원

010 위험성평가

1 정의

사업주가 스스로 유해위험요인을 파악하고 유해위험요인의 위험성 수준을 결정하여, 위험성을 낮추기 위한 적절한 조치를 마련하고 실행하는 과정

2 평가절차

상시근로자수 20명 미만 사업장(총 공사금액 20억 원 미만의 건설공사)의 경우에는 다음 중 (3)을 생략할 수 있다.

(1) 평가 대상의 선정 등 사전 준비
(2) 근로자의 작업과 관계되는 유해·위험요인의 파악
(3) 파악된 유해·위험요인별 위험성의 추정
(4) 추정한 위험성이 허용 가능한 위험성인지 여부의 결정
(5) 위험성 감소대책의 수립 및 실행

3 준비자료

(1) 관련설계도서(도면, 시방서)
(2) 공정표
(3) 공법 등을 포함한 시공계획서 또는 작업계획서, 안전보건 관련 계획서
(4) 주요 투입장비 사양 및 작업계획, 자재, 설비 등 사용계획서
(5) 점검, 정비 절차서
(6) 유해위험물질의 저장 및 취급량
(7) 가설전기 사용계획
(8) 과거 재해사례 등

4 실시주체별 역할

실시주체	역할
사업주	산업안전보건전문가 또는 전문기관의 컨설팅 가능
안전보건관리책임자	위험성평가 실시를 총괄 관리
안전보건관리자	안전보건관리책임자를 보좌하고 지도/조언
관리감독자	유해위험요인을 파악하고 그 결과에 따라 개선조치 시행
근로자	• 사전준비(기준마련, 위험성 수준) • 유해위험요인 파악 • 위험성 결정 • 위험성 감소대책 수립 • 위험성 감소대책 이행여부 확인

5 실시시기별 종류

실시시기	내용
최초평가	사업장 설립일로부터 1개월 이내 착수
수시평가	기계·기구 등의 신규도입·변경으로 인한 추가적인 유해·위험요인에 대해 실시
정기평가	매년 전체 위험성평가 결과의 적정성을 재검토하고, 필요시 감소대책 시행
상시평가	월 1회 이상 제안제도, 아차사고 확인, 근로자가 참여하는 사업장 순회점검을 통해 위험성평가를 실시하고, 매주 안전·보건관리자 논의 후 매 작업일마다 TBM 실시하는 경우 수시·정기평가 면제

6 위험성평가 전파교육방법

안전보건교육 시 위험성평가의 공유

(1) 유해위험 요인

(2) 위험성 결정 결과

(3) 위험성 감소대책, 실행계획, 실행 여부

(4) 근로자 준수 또는 주의사항

(5) TBM을 통한 확산 노력

⑦ 단계별 수행방법

(1) 1단계 평가 대상 공종의 선정

① 평가 대상 공종별로 분류해 선정

　평가 대상 공종은 단위 작업으로 구성되며 단위 작업별로 위험성 평가 실시

② 작업공정 흐름도에 따라 평가 대상 공종이 결정되면 평가 대상 및 범위 확정

③ 위험성평가 대상 공종에 대하여 안전보건에 대한 위험정보 사전 파악

- 회사 자체 재해 분석 자료
- 기타 재해 자료

(2) 위험요인의 도출

① 근로자의 불안전한 행동으로 인한 위험요인

② 사용 자재 및 물질에 의한 위험요인

③ 작업방법에 의한 위험요인

④ 사용 기계, 기구에 대한 위험원의 확인

(3) 위험도 계산

① 위험도＝사고의 발생빈도×사고의 발생강도

② 발생빈도＝세부공종별 재해자수/전체 재해자수×100%

③ 발생강도＝세부공종별 산재요양일수의 환산지수 합계/세부 공종별 재해자 수

산재요양일수의 환산지수	산재요양일수
1	4~5
2	11~30
3	31~90
4	91~180
5	181~360
6	360일 이상, 질병사망
10	사망(질병사망 제외)

(4) 위험도 평가

위험도 등급	평가기준
상	발생빈도와 발생강도를 곱한 값이 상대적으로 높은 경우
중	발생빈도와 발생강도를 곱한 값이 상대적으로 중간인 경우
하	발생빈도와 발생강도를 곱한 값이 상대적으로 낮은 경우

(5) 개선대책 수립

① 위험의 정도가 중대한 위험에 대해서는 구체적 위험 감소대책을 수립하여 감소대책 실행 이후에는 허용할 수 있는 범위의 위험으로 끌어내리는 조치를 취한다.

② 위험요인별 위험 감소대책은 현재의 안전대책을 고려해 수립하고 이를 개선대책란에 기입한다.

③ 위험요인별로 개선대책을 시행할 경우 위험수준이 어느 정도 감소하는지 개선 후 위험도 평가를 실시한다.

8 평가기법

(1) 사건수 분석(ETA)

재해나 사고가 일어나는 것을 확률적인 수치로 평가하는 것이 가능한 기법으로 어떤 기능이 고장 나거나 실패할 경우 이후 다른 부분에 어떤 결과를 초래하는지를 분석하는 귀납적 방법이다.

(2) 위험과 운전 분석(HAZOP)

시스템의 원래 의도한 설계와 차이가 있는 변이를 일련의 가이드 워드를 활용해 체계적으로 식별하는 기법으로 정성적 분석기법이다.

(3) 예비 위험 분석(PHA)

최초단계 분석으로 시스템 내의 위험요소가 어느 정도의 위험상태에 있는지를 평가하는 방법으로 정성적 분석방법이다.

(4) 고장 형태에 의한 영향 분석(FMEA)

전형적인 정성적·귀납적 분석방법으로 시스템에 영향을 미치는 전체 요소의 고장을 형태별로 분석해 고장이 미치는 영향을 분석하는 방법이다.

011 산업재해통계업무규정

1 개요

산업안전보건법에 따른 산업재해에 관한 조사 및 통계의 유지·관리를 위하여 산업재해조사표 제출과 전산입력·통계업무 처리 시 산업안전보건법의 적용을 받는 사업장에 적용한다.

2 산업재해통계의 산출방법

(1) 재해율

$$재해율 = \frac{재해자수}{산재보험적용근로자수} \times 100$$

① "재해자수"는 근로복지공단의 유족급여가 지급된 사망자 및 근로복지공단에 최초요양 신청서(재진 요양신청이나 전원요양신청서는 제외한다)를 제출한 재해자 중 요양승인을 받은 자(지방고용노동관서의 산재 미보고 적발 사망자 수를 포함한다)를 말함. 다만, 통상의 출퇴근으로 발생한 재해는 제외함

② "산재보험적용근로자수"는 산업재해보상보험법이 적용되는 근로자수를 말함. 이하 같음

(2) 사망만인율

$$사망만인율 = \frac{사망자수}{산재보험적용근로자수} \times 10,000$$

"사망자수"는 근로복지공단의 유족급여가 지급된 사망자(지방고용노동관서의 산재미보고 적발 사망자를 포함한다)수를 말함. 다만, 사업장 밖의 교통사고(운수업, 음식숙박업은 사업장 밖의 교통사고도 포함)·체육행사·폭력행위·통상의 출퇴근에 의한 사망, 사고발생일로부터 1년을 경과하여 사망한 경우는 제외함

(3) 휴업재해율

$$휴업재해율 = \frac{휴업재해자수}{임금근로자수} \times 100$$

① "휴업재해자수"란 근로복지공단의 휴업급여를 지급받은 재해자수를 말함. 다만, 질병에 의한 재해와 사업장 밖의 교통사고(운수업, 음식숙박업은 사업장 밖의 교통사고도 포함)·체육행사·폭력행위·통상의 출퇴근으로 발생한 재해는 제외함

② "임금근로자수"는 통계청의 경제활동인구조사상 임금근로자수를 말함

(4) 도수율(빈도율)

$$도수율(빈도율) = \frac{재해건수}{연\ 근로시간수} \times 1,000,000$$

(5) 강도율

$$강도율 = \frac{총요양근로손실일수}{연\ 근로시간수} \times 1,000$$

"총요양근로손실일수"는 재해자의 총 요양기간을 합산하여 산출하되, 사망, 부상 또는 질병이나 장해자의 등급별 요양근로손실일수 산정요령에 따른다.

3 사망사고 제외기준

"재해조사 대상 사고사망자수"는 「근로감독관 집무규정(산업안전보건)」에 따라 지방고용노동관서에서 법상 안전·보건조치 위반 여부를 조사하여 중대재해로 발생보고한 사망사고 중 업무상 사망사고로 인한 사망자수를 말한다. 다만, 각 목의 업무상 사망사고는 제외한다.

(1) 법 제3조 단서에 따라 법의 일부적용대상 사업장에서 발생한 재해 중 적용조항 외의 원인으로 발생한 것이 객관적으로 명백한 재해[「중대재해처벌 등에 관한 법률」(이하 "중처법"이라 한다) 제2조 제2호에 따른 중대산업재해는 제외한다.]

(2) 고혈압 등 개인지병, 방화 등에 의한 재해 중 재해원인이 사업주의 법 위반, 경영책임자 등의 중처법 위반에 기인하지 아니한 것이 명백한 재해

(3) 해당 사업장의 폐지, 재해발생 후 84일 이상 요양 중 사망한 재해로서 목격자 등 참고인의 소재불명 등으로 재해발생에 대하여 원인규명이 불가능하여 재해조사의 실익이 없다고 지방관서장이 인정하는 재해

4 요양근로손실일수 산정요령

신체장해등급이 결정되었을 때는 다음과 같이 등급별 근로손실일수를 적용한다.

구분	사망	신체장해자 등급											
		1~3	4	5	6	7	8	9	10	11	12	13	14
근로손실 일수(일)	7,500	7,500	5,500	4,000	3,000	2,200	1,500	1,000	600	400	200	100	50

※ 부상 및 질병자의 요양근로손실일수는 요양신청서에 기재된 요양일수를 말한다.

012 방진마스크

1 개요

방진마스크는 분진, 미스트, 흄 등의 물리적·화학적 작용으로 생성된 분진으로부터 근로자를 보호하기 위해 착용하는 것으로 전면형과 반면형으로 구분된다.

2 방진마스크의 분류

(1) **전면형 방진마스크** : 분진으로부터 안면부 전체를 덮는 구조의 방진마스크

(2) **반면형 방진마스크** : 분진으로부터 입과 코를 덮는 구조의 방진마스크

3 방진마스크의 등급별 사용장소

등급	특급	1급	2급
사용장소	베릴륨 등과 같이 독성이 강한 물질들을 함유한 분진 등 발생장소	• 특급마스크 착용장소를 제외한 분진 등 발생장소 • 금속흄 등과 같이 열적으로 생기는 분진 등 발생장소 • 기계적으로 생기는 분진 등 발생장소(규소 등과 같이 2급 방진마스크를 착용하여도 무방한 경우는 제외)	특급 및 1급 마스크 착용장소를 제외한 분진 등 발생장소
	배기밸브가 없는 안면부여과식 마스크는 특급 및 1급 장소에 사용해서는 아니 된다.		

4 호흡보호구의 안전한 사용을 위한 체크포인트

(1) **위험요인**

① 산소농도 18% 미만 작업환경에서 방진마스크 및 방독마스크를 착용하고 작업 시 산소결핍에 의한 사망위험

② 산소결핍, 분진 및 유독가스 발생 작업에 적합한 호흡용 보호구를 선택하여 사용하지 않을 경우 사망 또는 직업병에 이환될 위험이 있다.

(2) 종류

① 여과식 호흡용 보호구

방진마스크	방독마스크
분진, 미스트 및 Fume이 호흡기를 통해 인체에 유입되는 것을 방지하기 위해 사용	유해가스, 증기 등이 호흡기를 통해 인체에 유입되는 것을 방지하기 위해 사용

② 공기공급식 호흡용 보호구

송기마스크	공기호흡기	산소호흡기
신선한 공기를 사용해 공기를 호스로 송기함으로써 산소결핍으로 인한 위험 방지	압축공기를 충전시킨 소형 고압공기용기를 사용해 공기를 공급함으로써 산소결핍 위험 방지	압축공기를 충전시킨 소형 고압공기용기를 사용해 산소를 공급함으로써 산소결핍 위험 방지

013 방독마스크

1 개요

방독마스크에는 유해물질 등으로부터 안면부 전체를 덮을 수 있는 전면형과 안면부의 입과 코를 덮을 수 있는 반면형으로 구분되며 2종 이상의 유해물질에 대한 제독능력이 있는 복합형과 방독마스크에 방진마스크 성능이 포함된 겸용마스크가 있다.

2 방독마스크 등급기준

등급	사용장소
고농도	가스 또는 증기 농도가 100분의 2 이하의 대기 중 사용하는 것
중농도	가스 또는 증기 농도가 100분의 1 이하의 대기 중 사용하는 것
저농도	가스 또는 증기 농도가 100분의 0.1 이하 대기 중 사용하는 것으로 긴급용이 아닌 것

3 방독마스크의 유효시간

$$유효시간(분) = \frac{시험가스농도 \times 표준유효시간}{작업장\ 공기\ 중\ 유해가스\ 농도}$$

4 안전인증 방독마스크 표시사항

안전인증 방독마스크에는 다음 각 목의 내용을 표시해야 한다.

(1) 파괴곡선도
(2) 사용시간 기록카드
(3) 정화통의 외부 측면의 표시 색

종류	표시 색
유기화합물용 정화통	갈색
할로겐용 정화통	회색
황화수소용 정화통	회색
시안화수소용 정화통	회색
아황산용 정화통	노란색
암모니아용(유기가스) 정화통	녹색
복합용 및 겸용의 정화통	• 복합용의 경우 : 해당 가스 모두 표시(2층 분리) • 겸용의 경우 : 백색과 해당 가스 모두 표시(2층 분리)

014 방음보호구

1 개요

'방음보호구'란 소음이 발생되는 사업장에서 근로자의 청각 기능을 보호하기 위하여 사용하는 귀마개와 귀덮개를 말하며, 사용 목적에 적합한 종류를 선정해 지급하고 올바른 사용법 등에 대한 교육이 이루어져야 한다.

2 방음보호구의 종류

(1) **귀마개** : 외이도에 삽입하여 차음

① 1종 : 저음부터 고음까지 차음하는 것

② 2종 : 주로 고음을 차음하며 회화음의 영역인 저음은 차음하지 않는 것

(2) **귀덮개** : 귀 전체를 덮어 차음

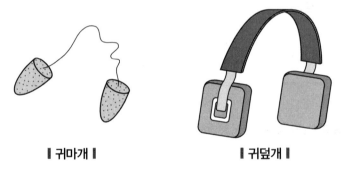

‖ 귀마개 ‖   ‖ 귀덮개 ‖

3 방음보호구의 구조

(1) **귀마개**

① 귀(외이도)에 잘 맞을 것

② 사용 중 심한 불쾌감이 없을 것

③ 사용 중에 쉽게 빠지지 않을 것

(2) **귀덮개**

① 덮개는 귀 전체를 덮을 수 있는 크기로 하고, 발포 플라스틱 등의 흡음재료로 감쌀 것

② 귀 주위를 덮는 덮개의 안쪽 부위는 발포 플라스틱이나 공기, 혹은 액체를 봉입한 플라스틱 튜브 등에 의해 귀 주위에 완전하게 밀착되는 구조로 할 것

③ 머리띠 또는 걸고리 등은 길이를 조절할 수 있는 것으로, 철재인 경우에는 적당한 탄성을 가져 착용자에게 압박감 또는 불쾌감을 주지 않을 것

4 방음보호구 사용 시 유의사항

(1) 정기적으로 점검할 것
(2) 작업에 적절한 보호구 선정
(3) 작업장에 필요한 수량의 보호구 비치
(4) 작업자에게 올바른 사용법을 가르칠 것
(5) 사용 시 불편이 없도록 관리 철저
(6) 작업 시 필요 보호구 반드시 사용
(7) 안전인증 보호구 사용

5 소음노출기준

(1) 작업시간별

작업현장 소음강도	90dB	95dB	100dB	105dB	110dB	115dB
작업시간	8시간	4시간	2시간	1시간	2/4시간	1/4시간

(2) 충격소음작업

소음강도	120dB	130dB	140dB
소음발생횟수제한(1일)	1만 회	1천 회	1백 회

PART

09

- -

부 록

유해인자별 특수건강진단 검사항목(제100조 제3항 관련)

1 유기용제

번호	유해인자	1차 건강진단 검사항목	2차 건강진단 검사항목

1	1,2-디클로로에탄 (이염화에틸렌)	• 작업경력조사
		• 현기증·메스꺼움·구토·정신혼란 또는 폐부종 등의 기왕력 및 현재증상조사
		• 결막충혈 및 각막손상에 관한 기왕력 및 현재 증상조사
		• 피부소견 유무조사
		• 혈액검사(혈색소량·혈구용적치·적혈구수 또는 백혈구수)
		• 소변검사(단백 또는 우로빌리노겐검사)
		• 간기능검사(SGOT 또는 SGPT)
			• 작업조건조사
			• 필요에 따라 아래 검사항목 중 일부 또는 전부를 실시
			  − 간기능검사(총단백량·A/G비·SGOT 또는 SGPT 등)
			  − 신장기능검사(단백·적혈구 또는 요소질소 등)
			  − 피부과적검사
			  − 혈액도말검사(거대단핵세포)
			  − 중추신경계검사

2	1,2-디클로로에틸렌 (이염화아세틸렌)	• 작업경력조사
		• 현기증·메스꺼움 또는 빈번한 구토 등 알코올에 의한 중추신경계 중독증상과 비슷한 증상의 기왕력 및 현재증상조사
		• 피부와 점막에 대한 자극 등의 기왕력 및 현재증상조사
		• 혈액검사(혈색소량·혈구용적치·적혈구수 또는 백혈구수)
		• 소변검사(단백 또는 우로빌리노겐검사)
		• 간기능검사(SGOT 또는 SGPT)
			• 작업조건조사
			• 필요에 따라 아래 검사항목 중 일부 또는 전부를 실시
			  − 간기능검사(총단백량·빌리루빈·SGOT 또는 SGPT 등)
			  − 신장기능검사(적혈구·소변검사 또는 요소질소 등)
			  − 폐기능검사(노력성 폐활량 또는 일초율 등)
			  − 피부과적검사
			  − 중추신경계검사

3	사염화탄소	• 작업경력조사
		• 메스꺼움·구토·복통·설사·과뇨증·간비대 또는 독성 간염에 의한 황달 등의 기왕력 및 현재 증상조사
		• 피부소견 유무조사
		• 혈액검사(혈색소량·혈구용적치·적혈구수 또는 백혈구수)
		• 소변검사(단백·혈뇨·백혈구 또는 우로빌리노겐)
		• 간기능검사(SGOT·SGPT 또는 γ−GTP)
			• 작업조건조사
			• 필요에 따라 아래 검사항목 중 일부 또는 전부를 실시
			  − 간기능검사(총단백량·빌리루빈·SGOT·SGPT 또는 γ−GTP 등)
			  − 신장기능검사(단백·적혈구·백혈구 또는 요소질소 등)
			  − 심전도검사
			  − 골수검사
			  − 피부과적검사
			  − 중추신경계검사

번호	유해인자	1차 건강진단 검사항목	2차 건강진단 검사항목

4	이황화탄소 또는 동물질을 함유중량 5% 이상 함유하는 물질	• 작업경력조사
		• 뇌신경장해 · 지각이상을 동반하는 다발성신경염 · 팔다리 근육의무력증 · 보행장애 · 침삼키기곤란 · 언어장애 · 근육강직 · 손의 떨림 · 기억상실 · 우울증 또는 자살경향 등의 기왕력 및 현재증상조사
		• 각막혼탁 · 색각이상 · 각막의 지각상실 · 동공반사감퇴 · 시야협착 또는 야맹증 등의 기왕력 및 현재증상조사
		• 월경불순 · 자연유산 또는 소화장애 등의 기왕력 및 현재증상조사
		• 피부소견 유무조사
		• 혈액검사(혈색소량 · 혈구용적치 또는 적혈구수)
		• 소변검사(단백 또는 혈뇨우로빌리노겐검사)
		• 간기능검사((SGOT 또는 SGPT)
			• 작업조건조사
			• 필요에 따라 아래 검사항목 중 일부 또는 전부를 실시
			  – 간기능검사(총단백량 · 빌리루빈 · SGOT · SGPT 또는 혈당 등)
			  – 신장기능검사(단백 · 적혈구 · 또는 요소질소 등)
			  – 혈액도말검사(다핵백혈구임파구 등)
			  – 안전검사
			  – 말초시신경조사
			  – 생식기능검사
			  – 피부과적검사
			  – 중추신경계검사
			  – 심전도
			  – 말초신경계조사

5	1.1.2.2 – 테트라클로로에탄 (사염화아세틸렌)	• 작업경력조사
		• 손의 떨림 · 두통 · 피로 · 변비 · 불면증 · 초조감 · 식욕감퇴 또는 메스꺼움 등의 기왕력 및 현재증상조사
		• 간종양에 의한 비대 또는 압통황달 등의 기왕력 및 현재증상조사
		• 피부소견 유무조사
		• 혈액검사(혈색소량 · 혈구용적치 또는 적혈구수)
		• 소변검사(단백 · 요침사 또는 우로빌리노겐검사)
		• 간기능검사(SGOT · SGPT 또는 γ – GTP)
			• 작업조건조사
			• 필요에 따라 아래 검사항목 중 일부 또는 전부를 실시
			  – 간기능검사(총단백량 · A/G비 · 빌리루빈 · SGOT · SGPT 또는 γ – GTP 등)
			  – 신장기능검사(단백 · 적혈구 또는 요소질소 등)
			  – 피부과적검사
			  – 혈액도말검사(거대단핵세포)
			  – 중추신경계검사

6	클로로포름	• 작업경력조사
		• 두통 · 졸림 · 구토 · 현기증 · 의식불명 · 불규칙한 맥박 또는 소화장애 등의 기왕력 및 현재증상조사
		• 피부소견 유무조사
		• 혈액검사(혈색소량 · 혈구용적치 또는 적혈구수)
		• 소변검사(단백 또는 우로빌리노겐검사)
		• 간기능검사(SGOT · SGPT 또는 γ – GTP)
			• 작업조건조사
			• 필요에 따라 아래 검사항목 중 일부 또는 전부를 실시
			  – 간기능검사(총단백량 · 빌리루빈 · SGOT · SGPT 또는 γ – GTP 등)
			  – 신장기능검사(단백 · 적혈구 또는 요소질소 등)
			  – 심전도검사
			  – 피부과적검사
			  – 중추신경계검사

번호	유해인자	1차 건강진단 검사항목	2차 건강진단 검사항목

7	1.4-디옥산	• 작업경력조사
		• 현기증·식욕감퇴·두통·메스꺼움·구토 또는 복통 등의 기왕력 및 현재증상조사
		• 눈·코 또는 인후 등에 대한 자극 등의 기왕력 및 현재증상조사
		• 피부소견 유무조사
		• 혈액검사(혈색소량·혈구용적치 또는 적혈구수)
		• 소변검사(단백 또는 우로빌리노겐검사)
		• 간기능검사(SGOT 또는 SGPT)
			• 작업조건조사
			• 필요에 따라 아래 검사항목 중 일부 또는 전부를 실시
			  – 간기능검사(총단백량·빌리루빈·SGOP 또는 SGTP 등)
			  – 신장기능검사(단백·잠혈반응 또는 요소질소 등)
			  – 폐기능검사(노력성 폐활량 또는 일초량 등)
			  – 피부과적검사
			  – 중추신경계검사

8	디클로로메탄
	(이염화메틸렌)
		• 작업경력조사
		• 눈·호흡기자극·피부염 또는 피부화상의 기왕력 및 현재증상조사
		• 메스꺼움·피로감·쇠약·졸리움·두통·현기증·혼미·흥분 또는 지각이상 등 신경계증상의 기왕력 및 현재증상조사
		• 심장혈관계 및 빈혈에 관한 기왕력 및 현재증상조사
		• 혈액검사(혈색소량·혈구용적치·적혈구수 또는 백혈수)
		• 소변검사(단백 또는 우로빌리노겐검사)
		• 간기능검사(SGOT 또는 SGPT)
			• 작업조건조사
			• 필요에 따라 아래 검사항목 중 일부 또는 전부를 실시
			  – 간기능검사(총단백량·빌리루빈·SGOT 또는 SGPT 등)
			  – 신장기능검사(단백·적혈구 또는 요소질소 등)
			  – 혈액정밀검사(PH검사 및 도말검사 포함)
			  – 혈중 카르복시헤모글로빈 측정
			  – 심전도 검사
			  – 피부과적검사
			  – 중추신경계검사

9	메틸알코올	• 작업경력조사
		• 피부염 등 피부질환 유무조사
		• 두통·현기증·메스꺼움·행동장애·신경염 또는 얕은 호흡의 기왕력 및 현재증상조사
		• 시력불선명·안구·통시야위축중심시야이상 또는 실명의 유무조사
		• 혈액검사(혈색소량·혈구용적치 또는 적혈구수)
		• 소변검사(단백 또는 우로빌리노겐검사)
		• 간기능검사(SGOT 또는 SGPT)
			• 작업조건조사
			• 필요에 따라 아래 검사항목 중 일부 또는 전부를 실시
			  – 간기능검사(총단백량·빌리루빈·SGOT 또는 SGPT 등)
			  – 신장기능검사(단백·적혈구 또는 요소질소 등)
			  – 혈액검사(PH 포함)
			  – 피부과적검사
			  – 중추신경계검사
			• 필요시 소변 중 메탄올 또는 개미산배설량 측정

번호	유해인자	1차 건강진단 검사항목	2차 건강진단 검사항목
10	오르토-메틸시클로핵사논	• 작업경력조사 • 눈·코·인후 또는 피부자극증상의 기왕력 및 현재증상조사 • 마취 등 중추신경계 억제증상의 기왕력 및 현재증상조사 • 혈액검사(혈색소량·혈구용적치 또는 적혈구수) • 소변검사(단백 또는 우로빌리노겐검사) • 간기능검사(SGOT 또는 SGPT)	• 작업조건조사 • 필요에 따라 아래 검사항목 중 일부 또는 전부를 실시 　- 간기능검사(총단백량·빌리루빈·SGOT 또는 SGPT 등) 　- 신장기능검사(단백·적혈구 또는 요소질소 등) 　- 폐기능검사(노력성 폐활량 또는 일초량 등) 　- 피부과적검사 　- 중추신경계검사
11	메틸-시클로헥사놀	• 작업경력조사 • 눈·코·인후 또는 피부자극증상의 기왕력 및 현재증상조사 • 기면상태 또는 마취등 중추신경계 억제증상의 기왕력 및 현재증상조사 • 혈액검사(혈색소량·혈구용적치 또는 적혈구수) • 소변검사(단백 또는 우로빌리노겐검사) • 간기능검사(SGOT 또는 SGPT)	• 작업조건조사 • 필요에 따라 아래 검사항목 중 일부 또는 전부를 실시 　- 간기능검사(총단백량·빌리루빈·SGOT 또는 SGPT 등) 　- 신장기능검사(단백·적혈구 또는 요소질소 등) 　- 폐기능검사(노력성 폐활량 또는 일초량 등) 　- 피부과적검사 　- 중추신경계검사
12	메틸부틸케톤	• 작업경력조사 • 눈·코·인후 또는 피부 등에 대한 자각증상과 피부염·피부균열의 기왕력 및 현재증상조사 • 두통·메스꺼움·구토·현기증 또는 중추신경계통의 협조불능 등 중추신경계억제증상의 기왕력 및 현재증상조사 • 진행성 근육쇠약 또는 이상감각 등 말초신경염증세의 기왕력 및 현재증상조사	• 작업조건조사 • 피부과적검사 • 중추신경계 및 말초신경계검사 • 필요시 소변 중 케톤체측정
13	메틸에틸케톤	메틸부틸케톤의 경우와 동일함	
14	메틸이소부틸케톤	메틸부틸케톤의 경우와 동일함	
15	1-부틸알코올	• 작업경력조사 • 시력불선명·코 또는 인후부에 대한 자극증상의 기왕력 및 현재증상조사 • 현기증 또는 졸리움 등 중추신경계억제증상의 기왕력 및 현재증상조사	• 작업조건조사 • 필요에 따라 아래 검사항목 중 일부 또는 전부를 실시 　- 간기능검사(총단백량·빌리루빈·SGOT 또는 SGPT 등)

번호	유해인자	1차 건강진단 검사항목	2차 건강진단 검사항목
15	1-부틸알코올	• 혈액검사(혈색소량·혈구용적치 또는 적혈구수) • 소변검사(단백 또는 우로빌리노겐검사) • 간기능검사(SGOT 또는 SGPT)	- 신장기능검사(단백·적혈구 또는 요소질소 등) - 피부과적검사 - 중추신경계검사
16	2-부틸알코올	1-부틸알코올의 경우와 동일함	
17	시클로헥산논	• 작업경력조사 • 눈·코·인후 또는 피부에 대한 자극증상과 두통 등의 기왕력 및 현재증상조사 • 기면상태 또는 마취 등 중추신경계억제 증상의 기왕력 및 현재증상조사 • 혈액검사(혈색소량·혈구용적치 또는 적혈구수) • 소변검사(단백 또는 우로빌리노겐검사) • 간기능검사(SGOT 또는 SGPT)	• 작업조건조사 • 필요에 따라 아래 검사항목 중 일부 또는 전부를 실시 - 간기능검사(총단백량·빌리루빈·SGOT 또는 SGPT 등) - 신장기능검사(단백·적혈구 또는 요소질소 등) - 피부과적검사
18	시클로헥사놀	시클로헥사논의 경우와 동일함	
19	아세톤	• 작업경력조사 • 눈·코·후두 또는 피부에 대한 자극증상의 기왕력 및 현재증상조사 • 두통·쇠약·졸음 또는 메스꺼움·현기증 등의 기왕력 및 현재증상조사	• 작업조건조사 • 필요에 따라 아래 검사항목 중 일부 또는 전부를 실시 - 피부과적검사 - 중추신경계검사 - 혈당검사
20	에틸렌글리콜모노메틸에테르(메틸셀로솔브)	• 작업경력조사 • 두통·졸리움·기면상태·쇠약 또는 빈혈 등의 기왕력 및 현재증상조사 • 운동실조·구음장애·손의 떨림 또는 불면증 등의 기왕력 및 현재증상조사 • 피부소견 유무조사 • 혈액검사(혈색소량·혈구용적치·적혈구수 또는 백혈구수) • 소변검사(단백 또는 우로빌리노겐검사) • 간기능검사(SGOT 또는 SGPT)	• 작업조건조사 • 필요에 따라 아래 검사항목 중 일부 또는 전부를 실시 - 혈액정밀검사(도말검사포함) - 간기능검사(총단백량·빌리누빈·SGOT 또는 SGPT 등) - 피부과적검사 - 중추신경계검사
21	에틸렌글리콜모노에틸에테르(셀로솔브)	• 작업경력조사 • 눈자극·폐 또는 신장장해 피부자극증상 등의 기왕력 및 현재증상조사 • 마취 등 중추신경계억제증상의 기왕력 및 현재증상조사 • 혈액검사(혈색소량·혈구용적치 또는 적혈구수) • 소변검사(단백)	• 작업조건조사 • 필요에 따라 아래 검사항목 중 일부 또는 전부를 실시 - 신장기능검사(단백·적혈구·요소질소 등) - 피부과적검사 - 중추신경계검사

번호	유해인자	1차 건강진단 검사항목	2차 건강진단 검사항목
22	에틸렌글리콜 모노에틸에테르 아세테이트 (셀로솔브 아세테이트)	• 작업경력조사 • 눈·코 또는 후두색색에 대한 자극증상의 기왕력 및 현재증상조사 • 중추신경계 또는 억제증상과 신상장해증상의 기왕력 및 현재증상조사 • 혈액검사(혈색소량·혈구용적치·적혈구수 또는 백혈구수) • 소변검사(단백 또는 우로빌리노겐검사) • 간기능검사(SGOT 또는 SGPT)	• 작업조건조사 • 필요에 따라 아래 검사항목 중 일부 또는 전부를 실시 – 혈액정밀검사(도말검사 포함) – 간기능검사(총단백량·빌리루빈·SGOT 또는 SGPT 등) – 신장기능검사(단백·적혈구 또는 요소질소 등) – 피부과적검사 – 중추신경계검사
23	에틸렌글리콜 모노부틸에테르 (부틸셀로솔브)	• 작업경력조사 • 눈·코 또는 인후 등에 대한 자극증상 및 중추신경계억제증상 등의 기왕력 및 현재증상조사 • 간 또는 신장의 장해 및 빈혈증상의 기왕력 및 현재증상조사 • 피부소견 유무조사 • 혈액검사(혈색소량·혈구용적치·적혈구수 또는 백혈구수) • 소변검사(단백 또는 우로빌리노겐검사) • 간기능검사(SGOT 또는 SGPT)	• 작업조건조사 • 필요에 따라 아래 검사항목 중 일부 또는 전부를 실시 – 혈액정밀검사(도말검사포함) – 간기능검사(총단백량·빌리루빈·SGOT 또는 SGPT 등) – 신장기능검사(단백·적혈구 또는 요소질소 등) – 피부과적검사 – 중추신경계검사
24	에틸에테르	• 작업경력조사 • 눈·코 또는 인후 등의 건조 및 균열, 피부염 등의 기왕력 및 현재 증상조사 • 불규칙한 호흡·창백·피로·흥분·졸음·식욕부진·구토·두통·혼수상태 또는 현기증 등 중추신경계억제증상의 기왕력 및 현재증상조사 • 혈액검사(혈색소량·혈구용적치 또는 적혈구수) • 소변검사(단백 또는 우로빌리노겐검사) • 간기능검사(SGOT 또는 SGPT)	• 작업조건조사 • 필요에 따라 아래 검사항목 중 일부 또는 전부를 실시 – 간기능검사(총단백량·빌리루빈·SGOT 또는 SGPT 등) – 신장기능검사(단백·적혈구 또는 요소질소 등) – 피부과적검사 – 중추신경계검사
25	오르토– 디클로로벤젠	• 작업경력조사 • 눈 또는 피부자극, 피부 외 물집 또는 색소 침착, 식욕감퇴·메스꺼움·구토 또는 신장장해 등의 기왕력 및 현재증상조사	• 작업조건조사 • 필요에 따라 아래 검사항목 중 일부 또는 전부를 실시 – 간기능검사(총단백량·빌리루빈·SGOT 또는 SGPT 등)

번호	유해인자	1차 건강진단 검사항목	2차 건강진단 검사항목
25	오르토- 디클로로벤젠	• 혈액검사(혈색소량·혈구용적치 또는 적혈구수) • 소변검사(단백 또는 우로빌리노겐검사) • 간기능검사(SGOT 또는 SGPT)	− 신장기능검사(단백·적혈구 또는 요소질소 등) − 중추신경계검사 − 피부과적검사 • 필요시 소변 중 2.5−디클로로페놀량 측정
26	이소부틸알코올	• 작업경력조사 • 눈의 자극·열홍반 등 피부자극 또는 마취 등 중추신경계 억제증상의 기왕력 및 현재증상조사 • 혈액검사(혈색소량·혈구용적치 또는 적혈구수) • 소변검사(단백 또는 우로빌리노겐검사) • 간기능검사(SGOT 또는 SGPT)	• 작업조건조사 • 필요에 따라 아래 검사항목 중 일부 또는 전부를 실시 − 간기능검사(총단백량·빌리루빈·SGOT·SGPT 또는 혈당 등) − 신장기능검사(단백·적혈구 또는 요소질소 등) − 피부과적검사 − 중추신경계검사
27	이소펜틸알코올 (이소아밀알코올)	• 작업경력조사 • 눈·코 또는 인후에 대한 자극증상·마취 등의 기왕력 및 현재증상조사 • 혈액검사(혈색소량·혈구용적치·적혈구수 또는 백혈구수) • 소변검사(단백 또는 우로빌리노겐검사) • 간기능검사(SGOT 또는 SGPT)	• 작업조건조사 • 필요에 따라 아래 검사항목 중 일부 또는 전부를 실시 − 간기능검사(총단백량·빌리루빈·SGOT·SGPT 또는 혈당 등) − 신장기능검사(단백·적혈구 또는 요소질소 등) − 혈액정밀검사(도말검사 포함) − 피부과적검사 − 중추신경계검사
28	이소프로필알코올	• 작업경력조사 • 눈·코 또는 인후에 대한 자극증상·중추신경계억제증상 또는 피부염 등의 기왕력 및 현재증상조사 • 혈액검사(혈색소량·혈구용적치·적혈구수 또는 백혈구수) • 소변검사(단백 또는 우로빌리노겐검사) • 간기능검사(SGOT 또는 SGPT)	• 작업조건조사 • 필요에 따라 아래 검사항목 중 일부 또는 전부를 실시 − 간기능검사(총단백량·빌리루빈·SGOT·SGPT 또는 혈당 등) − 신장기능검사(단백·적혈구 또는 요소질소 등) − 혈액정밀검사(도말검사 포함) − 피부과적검사 −중추신경계검사 • 필요시 소변 중 아세톤량 측정

번호	유해인자	1차 건강진단 검사항목	2차 건강진단 검사항목
29	초산메틸	• 작업경력조사 • 눈·코 또는 인후에 대한 자극증상·중추신경계억제증상 또는 피부염 등의 기왕력 및 현재증상조사 • 피부의 자극·건조 또는 균열 등 증상의 기왕력 및 현재증상조사 • 중추신경계 억제증상의 기왕력 및 현재증상조사 • 혈액검사(혈색소량·혈구용적치 또는 적혈구수)	• 작업조건조사 • 필요에 따라 아래 검사항목 중 일부 또는 전부를 실시 　－ 혈액검사(PH 포함) 　－ 피부과적검사 　－ 중추신경계검사 • 필요시 소변 중 메탄올 또는 개미산배설량 측정
30	초산부틸	• 작업경력조사 • 눈·코 또는 인후에 대한 자극증상·마취 등의 기왕력 및 현재증상조사 • 마취 등 중추신경계억제 증상의 기왕력 및 현재증상조사 • 피부건조 및 자극증상의 기왕력 및 현재증상조사 • 혈액검사(혈색소량·혈구용적치·적혈구수 또는 백혈구수) • 소변검사(단백 또는 우로빌리노겐검사) • 간기능검사(SGOT 또는 SGPT)	• 작업조건조사 • 필요에 따라 아래 검사항목 중 일부 또는 전부를 실시 　－ 혈액정밀검사 　－ 간기능검사(총단백량·빌리루빈·SGOT 또는 SGPT 등) 　－ 신장기능검사(단백·적혈구 또는 요소질소 등) 　－ 피부과적검사 　－ 중추신경계검사
31	초산에틸	• 작업경력조사 • 코 또는 인후 등 호흡기계자극증상·호흡곤란 증상 등의 기왕력 및 현재증상조사 • 마취 등의 기왕력 및 현재증상조사 • 점막염증·습진 또는 발진의 기왕력 및 현재 조사 • 변혈증상의 기왕력 및 현재증상조사 • 혈액검사(혈색소량·혈구용적치·적혈구수 또는 백혈구수) • 소변검사(단백 또는 우로빌리노겐검사) • 간기능검사(SGOT 또는 SGPT)	초산부틸의 경우와 동일함
32	초산이소부틸	• 작업경력조사 • 눈 및 호흡기계통의 자극증상의 기왕력 및 현재증상조사 • 마취 등의 기왕력 및 현재증상조사 • 혈액검사(혈색소량·혈구용적치·적혈구수 또는 백혈구수) • 소변검사(단백 또는 우로빌리노겐검사) • 간기능검사(SGOT 또는 SGPT)	초산부틸의 경우와 동일함

번호	유해인자	1차 건강진단 검사항목	2차 건강진단 검사항목
33	초산이소펜틸 (초산이소아민)	• 작업경력조사 • 눈 및 호흡기계통의 자극 증상의 기왕력 및 현재증상조사 • 마취 등의 기왕력 및 현재증상조사 • 혈액검사(혈색소량·혈구용적치·적혈구수 또는 백혈구수) • 소변검사(단백 또는 우로빌리노겐검사) • 간기능검사(SGOT 또는 SGPT)	초산부틸의 경우와 동일함
34	초산이소프로필	• 작업경력조사 • 눈 자극증상 및 마취 등의 기왕력 및 현재증상조사 • 혈액검사(혈색소량·혈구용적치·적혈구수 또는 백혈구수) • 소변검사(단백 또는 우로빌리노겐검사) • 간기능검사(SGOT 또는 SGPT)	초산부틸의 경우와 동일함
35	초산펜틸 (초산아밀)	• 작업경력조사 • 눈·코 또는 인후에 대한 자극증상의 기왕력 및 현재증상조사 • 피부염의 기왕력 및 현재증상조사 • 중추신경계억제증상의 기왕력 및 현재증상조사 • 혈액검사(혈색소량·혈구용적치·적혈구수 또는 백혈구수) • 소변검사(단백 또는 우로빌리노겐검사) • 간기능검사(SGOT 또는 SGPT)	초산부틸의 경우와 동일함
36	초산프로필	• 작업경력조사 • 눈·코 또는 인후에 대한 자극증상의 기왕력 및 현재증상조사 • 피부의 건조·탈락 및 균열증상의 기왕력 및 현재증상조사 • 중추신경계억제증상의 기왕력 및 현재증상조사 • 혈액검사(혈색소량·혈구용적치·적혈구수 또는 백혈구수) • 소변검사(단백 또는 우로빌리노겐검사) • 간기능검사(SGOT 또는 SGPT)	초산부틸의 경우와 동일함

번호	유해인자	1차 건강진단 검사항목	2차 건강진단 검사항목

37	크레졸	• 작업경력조사
		• 피부의 발진·자극·따가움·탈색·주름·감각이상 또는 부식 등의 기왕력 및 현재증상조사
		• 근육약화·두통·현기증·시력약화·이명·얕은호흡·정신혼란 또는 의식상실의 기왕력 및 현재증상조사
		• 구토·침삼키기 곤란·침흘림·설사·식욕부진·졸도 또는 정신장애의 기왕력 및 현재증상조사
		• 혈액검사(혈색소량·혈구용적치·적혈구수 또는 백혈구수)
		• 소변검사(단백 또는 우로빌리노겐검사)
		• 간기능검사(SGOT·SGPT 또는 γ–GTP)
			• 작업조건조사
			• 필요에 따라 아래 검사항목 중 일부 또는 전부를 실시
			  – 혈액정밀검사(탄산가스 또는 메트헤모글로빈 포함)
			  – 간기능검사(총단백량·빌리루빈·SGOT·SGPT 또는 γ–GTP)
			  – 신장기능검사(단백·적혈구·요침사검사 또는 요소질소 등)
			  – 피부과적검사
			  – 중추신경계검사
			• 필요시 소변 중 페놀량 측정

38	클로로벤젠	• 작업경력조사
		• 눈·피부·상기도 자극증상의 기왕력 및 현재증상조사
		• 졸리움, 중추신경계의 협조 불능 등 중추신경 억제증상의 기왕력 및 현재증상조사
		• 혈액검사(혈색소량·혈구용적치·적혈구수 또는 백혈구수)
		• 소변검사(단백 또는 우로빌리노겐검사)
		• 간기능검사(SGOT 또는 SGPT)
			• 작업조건조사
			• 필요에 따라 아래 검사항목 중 일부 또는 전부를 실시
			  – 혈액정밀검사
			  – 간기능검사(총단백량·빌리루빈·SGOT 또는 SGPT 등)
			  – 신장기능검사(단백·적혈구 또는 요소질소 등)
			  – 피부과적검사
			  – 중추신경계검사

39	크실렌	• 작업경력조사
		• 눈·코 또는 인후에 대한 자극증상·피부의 건조·탈지 또는 염증 등의 기왕력 및 현재증상조사
		• 현기증·보행장애·졸리움 또는 의식상실 등 중추신경계억제증상의 기왕력 및 현재증상조사
		• 식욕부진·메스꺼움·구토 또는 복통 등의 기왕력 및 현재증상조사
		• 혈액검사(혈색소량·혈구용적치·적혈구수 또는 백혈구수)
		• 소변검사(단백 또는 우로빌리노겐검사)
		• 간기능검사(SGOT 또는 SGPT)
			• 작업조건조사
			• 필요에 따라 아래 검사항목 중 일부 또는 전부를 실시
			  – 혈액정밀검사(다핵백혈구 및 혈소판 등 도말검사 포함)
			  – 간기능검사(총단백량·빌리루빈·SGOT 또는 SGPT 등)
			  – 신장기능검사(단백·적혈구 또는 요소질소 등) 또는 지혈대검사(Rumpe-Leede)
			  – 피부과적검사
			  – 중추신경계검사
			• 필요시 소변 중 메틸마뇨산 배설량 측정

번호	유해인자	1차 건강진단 검사항목	2차 건강진단 검사항목
40	테트라 클로로에틸렌 (파－클로로 에틸렌)	• 작업경력조사 • 눈 또는 코의 자극증상과 피부의 건조·균열증상 등의 기왕력 및 현재증상조사 • 얼굴 또는 목 부위의 홍조·현기증·중추신경계의 협조불능 또는 두통 등 중추신경계 억제증상의 기왕력 및 현재증상조사 • 말초신경염·간 손상증세 또는 심장질환의 기왕력 및 현재증상조사 • 혈액검사(혈색소량·혈구용적치 또는 적혈구수) • 소변검사(단백 또는 우로빌리노겐검사) • 간기능검사(SGOT 또는 SGPT)	• 작업조건조사 • 필요에 따라 아래 검사항목 중 일부 또는 전부를 실시 　－ 간기능검사(총단백량·빌리루빈·SGOT 또는 SGPT 등) 　－ 신장기능검사(단백·적혈구 또는 요소질소 등) 　－ 심전도검사 　－ 피부과적검사 　－ 중추신경계검사(시야이상검사 포함) • 필요시 소변 중 총 삼염화물 배설량의 측정
41	톨루엔	• 작업경력조사 • 메스꺼움·피로·쇠약감·신경과민 또는 불면증 등의 기왕력 및 현재증상조사 • 정신혼란·도취감·현기증 또는 두통 등 중추신경계억제증상의 기왕력 및 현재증상조사 • 눈물·동공비대의 유무, 간 또는 신장 장해증상의 기왕력 및 현재증상조사 • 피부 감각이상 또는 피부염 유무조사 • 혈액검사(혈색소량·혈구용적치·적혈구수 또는 백혈구수) • 소변검사(단백 또는 우로빌리노겐검사) • 간기능검사(SGOT 또는 SGPT)	• 작업조건조사 • 필요에 따라 아래 검사항목 중 일부 또는 전부를 실시 　－ 혈액정밀검사(다핵백혈구 및 혈소판 등 도말검사 포함) 　－ 지혈대검사(Rumpe－Leede) 　－ 골수검사 　－ 간기능검사(총단백량·빌리루빈·SGOT 또는 SGPT 등) 　－ 신장기능검사(단백·적혈구 또는 요소질소 등) 　－ 피부과적검사 　－ 중추신경계 및 뇌신경계검사(3차 신경장해 유무검사 포함) • 필요시 소변 중 마뇨산배설량 측정
42	스티렌	• 작업경력조사 • 구역·구토·무력감·두통 또는 호흡기 점막자극증상의 기왕력 및 현재증상조사 • 결막충혈 또는 각막손상의 기왕력 및 현재증상조사 • 피부소견 유무조사 • 말초신경장애의 기왕력 및 현재증상조사 • 혈액검사(혈색소량·혈구용적치·적혈구수 또는 백혈구수) • 요검사(단백 또는 우로빌리노겐검사) • 간기능검사(SGOT·SGPT 또는 TC) • 요중 멘델릭산량 측정	• 작업조건조사 • 필요에 따라 아래 검사항목 중 일부 또는 전부를 실시 　－ 혈액정밀검사(임파구수·망상적혈구수 또는 혈소판 등) 　－ 간기능검사(총단백량·클린에스터라제 또는 빌리루빈·SGOT·SGPT 또는 TC) • 필요시 소변 중 멘델릭산량 측정

번호	유해인자	1차 건강진단 검사항목	2차 건강진단 검사항목

43	1.1.2 –
	트리클로로에탄
		• 작업경력조사
		• 눈·코의 자극증상 또는 결막염 등의 기왕력 및 현재증상조사
		• 마취 등 중추신경계 억제증상의 기왕력 및 현재증상조사
		• 간 또는 신장손상증세의 기왕력 및 현재증상조사
		• 혈액검사(혈색소량·혈구용적치 또는 적혈구수)
		• 소변검사(단백·혈뇨 또는 우로빌리노겐검사)
		• 간기능검사(SGOT 또는 SGPT)
			• 작업조건조사
			• 필요에 따라 아래 검사항목 중 일부 또는 전부를 실시
			  – 간기능검사(총단백량·빌리루빈·SGOT 또는 SGPT 등)
			  – 신장기능검사(단백·적혈구 또는 요소질소 등)
			  – 피부과적검사
			  – 중추신경계검사
			• 필요시 소변 중 총삼염화물 배설량 측정

44	1.1.1 –
	트리클로로에탄
		• 작업경력조사
		• 눈자극 및 결막염·피부의 자극균열 또는 염증 등의 기왕력 및 현재증상조사
		• 중추신경계의 협조 불능 또는 평형장애 등 중추신경계억제증상과 심장질환 등의 기왕력 및 현재증상조사
		• 혈액검사(혈색소량·혈구용적치 또는 적혈구수)
		• 소변검사(단백 또는 우로빌리노겐검사)
		• 간기능검사(SGOT 또는 SGPT)
			• 작업조건조사
			• 필요에 따라 아래 검사항목 중 일부 또는 전부를 실시
			  – 간기능검사(총단백량·빌리루빈·SGOT 또는 SGPT 등)
			  – 신장기능검사(단백·적혈구 또는 요소질소 등)
			  – 피부과적검사
			  – 중추신경계 및 뇌신경계검사(안면신경 마비 유무검사 포함)
			• 필요시 소변 중 홍삼염화물 배설량 측정

45	트리클로로에틸렌	• 작업경력조사
		• 눈·코·인후 또는 피부 등에 대한 자극증상과 피로 등의 기왕력 및 현재증상조사
		• 졸리움·현기증·발작·두통·시력이상·중추신경계의 협조불능 또는 의식혼란 등 신경계 증상의 기왕력 및 현재증상조사
		• 메스꺼움·구토 또는 복통 등 소화기계 증상의 기왕력 및 현재증상조사
		• 불규칙 맥박·간 또는 신장손상의 기왕력 및 현재증상조사
		• 혈액검사(혈색소량·혈구용적치 또는 적혈구수)
		• 소변검사(단백, 우로빌리노겐검사)
		• 간기능검사(SGOT 또는 SGPT)
			• 작업조건조사
			• 필요에 따라 아래 검사항목 중 일부 또는 전부를 실시
			  – 간기능검사(총단백량·빌리루빈·SGOT 또는 SGPT 등)
			  – 신장기능검사(단백·적혈구 또는 요소질소 등)
			  – 심전도검사
			  – 피부과적검사
			  – 중추신경계 및 뇌신경계검사(3차 신경 및 안면신경장해 유무검사 포함)
			• 필요시 소변 중 총 3염화물 배설량 측정

번호	유해인자	1차 건강진단 검사항목	2차 건강진단 검사항목
46	가솔린	• 작업경력조사 • 눈·코·인후 또는 피부에 대한 자극증상의 기왕력 및 현재증상조사 • 안면홍조·보행장애·언어장애 또는 정신혼돈 등 중추신경계억제증상의 기왕력 및 현재증상조사 • 메스꺼움·구토·복통·간 또는 신장장해증상의 기왕력 및 현재증상조사 • 혈액검사(혈색소량·혈구용적치·적혈구수 또는 백혈구수) • 소변검사(단백 또는 우로빌리노겐검사) • 간기능검사(SGOT 또는 SGPT)	• 작업조건조사 • 필요에 따라 아래 검사항목 중 일부 또는 전부를 실시 　- 혈액정밀검사 　- 간기능검사(총단백량·빌리루빈·SGOT 또는 SGPT 등) 　- 신장기능검사(단백·적혈구 또는 요소질소 등) 　- 골수검사 　- 피부과적검사 　- 중추신경계검사
47	노말헥산	• 작업경력조사 • 눈·코 또는 피부 등에 대한 자극증상의 기왕력 및 현재증상조사 • 안면홍조·메스꺼움 또는 두통·현기증 등 중추신경계 억제증상·지각탈실 또는 신근쇠약 등 말초신경염증상의 기왕력 및 현재증상조사 • 혈액검사(혈색소량·혈구용적치·적혈구수 또는 백혈구수) • 소변검사(단백 또는 우로빌리노겐검사) • 간기능검사(SGOT 또는 SGPT)	• 작업조건조사 • 필요에 따라 아래 검사항목 중 일부 또는 전부를 실시 　- 혈액정밀검사 　- 간기능검사(총단백량 A/G 비·빌리루빈·SGOT 또는 SGPT 등) 　- 신장기능검사(단백·적혈구 또는 요소질소 등) 　- 골수검사 　- 피부과적검사 　- 중추 및 말초신경계검사(필요시 근전도검사 포함)
48	미네랄스피릿 (미네랄신나, 페트롤륨스피릿, 화이트스피릿 및 미네랄테레핀을 포함한다)	• 작업경력조사 • 눈·코 또는 인후에 대한 자극증상·피부의 건조·균열 등의 기왕력 및 현재증상조사 • 현기증 등 중추신경계 억제증상의 기왕력 및 현재증상조사 • 혈액검사(혈색소량·혈구용적치 또는 적혈구수)	• 작업조건조사 • 필요에 따라 아래 검사항목 중 일부 또는 전부를 실시 　- 피부과적검사 　- 중추신경계검사
49	석유나프타	• 작업경력조사 • 눈·코 또는 인후 등 호흡기자극증상·피부의 건조·균열 등의 기왕력 및 현재증상조사 • 현기증·졸리움·두통·메스꺼움 또는 호흡곤란의 기왕력 및 현재증상조사 • 혈액검사(혈색소량·혈구용적치·적혈구수 또는 백혈구수)	• 작업조건조사 • 필요에 따라 아래 검사항목 중 일부 또는 전부를 실시 　- 혈액정밀검사 　- 골수검사 　- 피부과적검사 　- 중추신경계검사

번호	유해인자	1차 건강진단 검사항목	2차 건강진단 검사항목
50	콜타르나프타	• 작업경력조사 • 눈·코 또는 인후에 대한 자극증상 피부의 건조·균열 또는 염증 등의 기왕력 및 현재증상조사 • 안면홍조 또는 졸음 등 중추신경억제증상의 기왕력 및 현재증상조사 • 피부소견 유무조사 • 혈액검사(혈색소량·혈구용적치·적혈구수 또는 백혈구수) • 소변검사(단백 또는 우로빌리노겐) • 간기능검사(SGOT 또는 SGPT)	• 작업조건조사 • 필요에 따라 아래 검사항목 중 일부 또는 전부를 실시 − 혈액정밀검사 − 간기능검사(총단백량·빌리루빈·SGOT 또는 SGPT) − 신장기능검사(단백·적혈구 또는 요소질소 등) − 골수검사 − 피부과적검사 − 중추신경계검사
51	테레핀유	• 작업경력조사 • 눈·코·인후·기관지 또는 피부에 대한 자극 또는 습진 등의 기왕력 및 현재증상조사 • 소변 시 통증 또는 혈뇨 등 비뇨기 증세의 기왕력 및 현재증상조사 • 두통·식욕부진·불안감·흥분·정신혼돈 또는 억제증상의 기왕력 및 현재증상조사 • 혈액검사(혈색소량·혈구용적치·적혈구수 또는 백혈구수) • 소변검사(단백 또는 우로빌리노겐) • 간기능검사(SGOT 또는 SGPT)	• 작업조건조사 • 필요에 따라 아래 검사항목 중 일부 또는 전부를 실시 − 간기능검사(총단백량·빌리루빈·SGOT 또는 SGPT 등) − 신장기능검사(단백·적혈구 또는 요소질소 등) − 피부과적검사 − 중추신경계검사

② 특정화학물질

번호	유해인자	1차 건강진단 검사항목	2차 건강진단 검사항목
1	디클로로벤지딘과 그 염 또는 동물질을 함유중량 1% 이상 함유한 물질	• 작업경력조사 • 소변 시 통증·혈뇨·빈뇨 또는 황달 등의 기왕력 및 현재증상조사 • 소변검사(혈뇨 또는 우로빌리노겐 및 요침사검사)	• 작업조건조사 • 파파니콜라검사 • 우로빌리노겐이 양성인 자는 간기능검사(총단백량·빌리루빈·SGOT 또는 SGPT 등) • 필요시 객담세포학적검사 • 필요시 방광경검사 또는 신우촬영검사
2	알파−나프틸아민과 그 염 또는 동물질을 함유중량 1% 이상 함유한 물질	• 작업경력 및 기왕력 조사 • 소변 시 통증·혈뇨·빈뇨 등의 기왕력 및 현재증상조사 • 소변검사(혈뇨 또는 요침사검사)	• 작업조건조사 • 파파니콜라검사 • 필요시 방광경검사 또는 신우촬영검사

번호	유해인자	1차 건강진단 검사항목	2차 건강진단 검사항목
3	염소화비페닐 또는 동물질을 함유중량 1% 이상 함유한 물질	• 작업경력조사 • 식욕부진·탈력감·메스꺼움·손바닥의 땀분비과다·두통·손끝의 저림·모낭성 좌창·피부의 흑색변화·눈꼽의 과다분비·결막충혈 또는 착색·손톱의 변색 또는 변형·황달 또는 간기능장해 등의 기왕력 및 현재증상조사 • 체중·맥박 및 혈압측정 • 소변 중 우로빌리노겐검사	• 작업조건조사 • 혈액검사(혈색소량·혈구용적치·적혈구 수 또는 백혈구수 등) • 간기능검사(총단백량·빌리루빈·SGOT 또는 SGPT 등)
4	오르토-톨리딘과 그 염 또는 동물질을 함유중량 1% 이상 함유한 물질	• 작업경력조사 • 소변 시 통증·혈뇨 또는 빈뇨 등의 기왕력 및 현재증상조사 • 소변검사(혈뇨 또는 요침사검사)	• 작업조건조사 • 파파니콜라검사 • 필요시 방광경검사 또는 신우촬영검사
5	다아니시딘과 그 염 또는 동물질을 함유중량 1% 이상 함유한 물질	• 작업경력조사 • 소변 시 통증·혈뇨 또는 빈뇨 등의 기왕력 및 현재증상조사 • 접촉성 피부염 유무조사 • 소변검사(혈뇨 또는 요침사검사)	• 작업조건조사 • 파파니콜라검사 • 필요시 방광경검사 또는 신우촬영검사

6	벤조트리클로리드 또는 동물질을 함유중량 0.5% 이상 함유한 물질	• 작업경력조사
		• 담백·가슴통증·코의 출혈·후각이상 또는 비강폴립 등 상기도증상의 기왕력 및 현재증상조사
		• 피부손상 특히 피부색소침착 등 유무조사
		• 황달 등 간질환 유무조사
		• 소변검사(단백 또는 우로빌리노겐검사)
		• 3년 이상 동물질을 취급한 경우에는 흉부 X-선 직접촬영
			• 작업조건조사
			• 필요시 아래 검사항목 중 일부 또는 전부를 실시
			  - 담액의 세포학적검사
			  - 기관지경검사
			  - 임파선의 조직학적검사
			  - 간기능검사(총단백량·빌리루빈·SGOT 또는 SGPT 등)
			  - 혈액정밀검사
			  - 골수검사 등

7	벤지딘과 그 염 또는 동물질을 함유중량 1% 이상 함유한 물질	• 작업경력조사 • 메스꺼움·구토·두통·소변 시 통증·혈뇨·빈뇨 또는 피부염 등의 기왕력 및 현재증상조사 • 소변검사(혈뇨 및 요침사검사)	• 작업조건조사 • 파파니콜라검사 • 필요시 방광경검사 또는 신우촬영검사
8	베타-나프틸 아민과 그 염 또는 동물질을 함유중량 1% 이상 함유된 물질	• 작업경력조사 • 소변 시 통증·혈뇨·빈뇨 또는 피부염 등의 기왕력 및 현재증상조사 • 소변검사(혈뇨 또는 우로빌리노겐 및 요침사검사) • 혈중 메트헤모글로빈검사	• 작업조건조사 • 파파니콜라검사 • 필요시 간기능검사(총단백량·빌리루빈·SGOT 또는 SGPT 등) 및 간스캔 • 필요시 방광경검사 또는 신우촬영검사

번호	유해인자	1차 건강진단 검사항목	2차 건강진단 검사항목
9	니트로글리콜 또는 동물질을 함유중량 1% 이상 함유한 물질	• 작업경력조사 • 두통·흉부불쾌감·심장증상 또는 팔다리 말단의 경련 및 차가운 감각신경통·탈력감 또는 위장증상 등의 기왕력 및 현재증상조사 • 혈압 또는 맥박 및 체중측정 • 혈액검사(혈색소량 및 적혈구수)	• 작업조건조사 • 필요에 따라 아래 검사항목 중 일부 또는 전부를 실시 - 심전도검사 - 간기능검사(총단백량·빌리루빈·SGOT 또는 SGPT 등) - 자율신경계검사 - 순환기능검사 • 필요시 소변 또는 혈중의 동물질검사
10	3.3 - 디클로로 4.4 - 디아미노 디페닐메탄 또는 동물질을 함유중량 1% 이상 함유한 물질	• 작업경력 및 기왕력조사 • 상복부이상감·권태감·기침·객담·가슴통증·혈뇨 또는 황달 등의 기왕력 및 현재증상조사 • 소변검사(혈뇨 또는 우리빌리노겐검사)	• 작업조건조사 • 필요에 따라 아래 검사항목 중 일부 또는 전부를 실시 - 흉부 X-선 직접촬영 - 객담세포학적 검사 - 기관지경검사 - 신장기능검사 - 간기능검사(총단백량·빌리루빈·SGOT 또는 SGPT 등)
11	베타 - 프로피오 락톤 또는 동물질을 함유중량 1% 이상 함유한 물질	• 작업경력 및 기왕력조사 • 기침·객담·가슴통증·체중감소·소화불량 또는 황달 등의 기왕력 및 현재증상조사 • 노출부위의 피부질환유무조사 • 체중측정 • 흉부 X-선 직접촬영 • 소변검사(단백 또는 우로빌리노겐검사)	• 작업조건조사 • 필요에 따라 아래 검사항목 중 일부 또는 전부를 실시 - 객담세포학적 검사 - 기관지경검사 - 특수 X-선검사(상부 위장관촬영 등) - 피부의 병리학적검사 - 간기능검사(총단백량·빌리루빈·SGOT 또는 SGPT 등)
12	마젠타 또는 동물질을 함유중량 1% 이상 함유한 물질	• 작업경력 및 기왕력조사 • 소변 시 통증·혈뇨 또는 빈뇨 등의 기왕력 및 현재증상조사 • 소변검사(혈뇨 또는 요침사검사)	• 작업조건조사 • 파파니콜라검사 • 필요시 방광경검사 또는 신우촬영검사
13	벤젠 또는 동물질을 함유중량 1% 이상 함유한 물질	• 작업경력 및 기왕력조사 • 두통·현기증·심계항진·권태감·팔다리의 지각이상·식욕부진·코·잇몸 또는 피하출혈 등의 기왕력 및 현재증상조사 • 체중 또는 맥박 및 혈압측정	• 작업조건조사 • 혈액정밀검사 • 소변 중 페놀량 측정 • 필요에 따라 아래 검사항목 중 일부 또는 전부를 실시 - 소변조사

번호	유해인자	1차 건강진단 검사항목	2차 건강진단 검사항목
13	벤젠 또는 동물질을 함유중량 1% 이상 함유한 물질	• 혈액검사(혈색소량·혈구용적치·적혈구수 또는 백혈구수 및 혈소판수) • 소변검사(단백 또는 우로빌리노겐검사)	− 간기능조사(총단백량·빌리루빈·SGOT 또는 SGPT 등) − 신경의학적 검사 − 골수검사
14	불화수소 또는 동물질을 함유중량 5% 이상 함유한 물질	• 작업경력조사 • 구토·치통과 근육쇠약 또는 경련·색지각이상·화상·습진 또는 수포형성 등 피부증상, 황달 등의 기왕력 및 현재증상조사 • 치아 또는 치아지지조직 등에 대한 치과적 검사 • 화상·습진 또는 수포형성 등의 피부학적 검사 • 소변검사(단백 또는 우로빌리노겐검사) • 흉부 X−선 직접촬영	• 작업조건조사 • 필요에 따라 아래 검사항목 중 일부 또는 전부를 실시 − 폐기능검사 − 혈액검사(혈색소량·혈구용적치 또는 적혈구수 등) − 출혈시간측정 − 골반부 X−선 검사 − 간기능검사(총단백량·빌리루빈·SGOT 또는 SGPT 등) − 소변 중 불소량
15	브롬화메틸 또는 동물질을 함유중량 1% 이상 함유한 물질	• 작업경력조사 • 두통·졸리움·코의 염증·인후통·식욕부진·기침·메스꺼움·구토·복통·설사·팔다리경련·시력저하·기억력저하·언어장애·건반사항진 또는 보행장애 등의 기왕력 및 현재증상조사 • 피부염 등 피부소견 유무조사	• 작업조건조사 • 필요시 운동기능검사·시력정밀검사·시야검사 또는 뇌파검사 등
16 ~ 18	시안화나트륨·시안화수소·시안화칼륨 또는 시안화나트륨을 함유중량 5% 이상 함유한 물질 또는 시안화수소 또는 시안화칼륨을 함유중량 1% 이상 함유한 물질	• 작업경력 및 작업조건조사 • 두통·피로감·권태감·결막·출혈·상기도자극증상·위장장해 또는 황달 등의 기왕력 및 현재증상조사 • 피부염 등 피부소견 유무조사 • 소변검사(단백 또는 우로빌리노겐검사) • 급성중독의 경우 필요시 혈중 시아나이드 또는 메트로헤모글로빈 측정	
19	아크릴로니트릴 또는 동물질을 함유중량 1% 이상 함유한 물질	• 작업경력조사 • 두통·상기도자극증상·권태감·메스꺼움·구토·코의 출혈·불면증 또는 황달 등의 기왕력 및 현재증상조사 • 발진·알레르기성 피부염 등 피부소견 유무조사 • 소변검사(단백 또는 우로빌리노겐검사)	• 작업조건조사 • 혈장 콜린에스테라아제활성치 측정 • 간기능검사(총단백량·빌리루빈·SGOT 또는 SGPT 등) • 필요시 피부첩포시험

번호	유해인자	1차 건강진단 검사항목	2차 건강진단 검사항목
20	아크릴아미드 또는 동물질을 함유중량 1% 이상 함유한 물질	• 작업경력조사 • 손발의 저림·근육의 약화·보행장애 또는 땀분비이상 등의 기왕력 및 현재증상 조사 • 피부질환의 유무조사	• 작업조건조사 • 근전도 및 말초신경의 신경전도 속도측정
21	에틸렌이민 또는 동물질을 함유중량 1% 이상 함유한 물질	• 작업경력조사 • 두통·기침·가래·가슴통증·구토·점막 자극증상 또는 황달 등의 기왕력 및 현재증상조사 • 피부질환의 유무조사 • 소변검사(단백 또는 우로빌리노겐검사)	• 작업조건조사 • 필요에 따라 다음 검사항목 중 일부 또는 전부를 실시 　－ 흉부 X－선 직접촬영 　－ 객담세포학적 검사 　－ 요세포학적 검사 　－ 기관지경검사 　－ 신장기능검사 　－ 간기능검사(총단백량·빌리루빈·SGOT 또는 SGPT 등) 　－ 특수 X－선 검사
22	염소 또는 동물질을 함유중량 1% 이상 함유한 물질	• 작업경력조사 • 점막자극증상·기침·객혈·가슴통증 또는 호흡곤란 등의 호흡기장해검사 • 치아 또는 치아지지조직 등에 대한 치과적 검사 • 화상·습진 또는 수포형성 등의 피부학적 검사	• 작업조건조사 • 폐기능검사 • 흉부 X－선 직접촬영
23	염화비닐 또는 동물질을 함유중량 1% 이상 함유한 물질	• 작업경력 및 기타 기왕력 조사 • 권태감·식욕부진·황달·흑색대변·손가락의 창백과 통증 또는 지각이상·간장질환·두통·졸리움 또는 이명 등의 기왕력 및 현재증상조사 • 간장 또는 비장의 비대유무검사 • 간기능검사(빌리루빈·SGOT·SGPT 또는 알칼리포스포타제 등) • 흉부 X－선 직접촬영(10년 이상 종사자에 한한다)	• 작업조건조사 • 간장 또는 비장이 비대된 경우 : 혈소판수, γ－GPT 및 ZTT검사 • 필요시 인도시아닌그린(ICG)검사·락틱디하이드라제(LDH)검사·혈청지방검사·간장 또는 비장의 단층촬영검사 또는 중추신경계의 신경학적 검사 또는 간장의 초음파 검사
24	오라민 또는 동물질을 함유중량 1% 이상 함유한 물질	• 작업경력조사 • 소변 시 통증·혈뇨·빈뇨 또는 황달 등의 기왕력 및 현재증상조사 • 소변검사(혈뇨·우로빌리노겐 및 요침사 검사)	• 작업조건조사 • 파파니콜라검사 • 필요시 방광경검사 또는 신우촬영검사

번호	유해인자	1차 건강진단 검사항목	2차 건강진단 검사항목
25	오르토 – 프탈로디니트릴 또는 동물질을 함유중량 1% 이상 함유한 물질	• 작업경력조사 • 간질과 비슷한 발작의 기왕력 유무조사 • 두통·건망증·불면·권태감·메스꺼움·식욕부진·안면창백·손가락의 떨림 또는 황달 등의 기왕력 및 현재증상검사 • 혈액검사(혈색소량·혈구용적치 또는 적혈구수) • 소변 중 우로빌리노겐검사	• 작업조건조사 • 뇌파검사 • 간기능검사(총단백량·빌리루빈·SGOT 또는 SGPT 등)
26	요오드화메틸 또는 동물질을 함유중량 1% 이상 함유한 물질	• 작업경력조사 • 졸리움·메스꺼움·구토·권태감·현기증·시력장애·시야의 흔들림·빈뇨 또는 호흡기증상 등의 기왕력 및 현재증상조사 • 피부염 등 피부질환 유무조사	• 작업조건조사 • 필요성 시각검사·운동신경검사·신경학적 검사·피부병리학적 검사 또는 기관지경검사 • 필요시 혈액검사(혈당·칼슘·요소질소 또는 이산화탄소)
27	클로로메틸에테르 또는 동물질을 함유중량 5% 이상 함유한 물질	• 작업경력조사 • 가슴통증·호흡곤란 또는 체중감소 등의 기왕력 및 현재증상조사 • 피부소견 유무조사 • 체중측정 • 흉부 X-선 직접촬영	• 작업조건조사 • 필요시 시각검사·운동신경검사·신경학적 검사·피부병리학적 검사 또는 기관지경검사 • 필요시 혈액검사(혈당·칼슘·요소질소 또는 이산화탄소)
28	콜타르 또는 동물질을 함유중량 5% 이상 함유한 물질	• 작업경력조사 • 위장·호흡기 또는 피부에 대한 증상의 기왕력 및 현재증상조사 • 식욕부진·기침·가래 또는 눈의 통증 등의 현재증상조사 • 노출부위의 피부염·흑피증 또는 피부궤양 등의 피부소견 유무조사 • 체중측정 • 흉부 X-선 직접촬영(5년 이상 종사자에 한한다)	• 작업조건조사 • 필요시 흉부 X-선 직접촬영 또는 특수 X-선검사·객담세포학적 검사·기관지경검사·폐기능검사 또는 피부의 병리학적 검사 또는 피부첩포시험
29	톨루엔 2.4 – 디이소시아네이트 또는 동물질을 함유중량 1% 이상 함유한 물질	• 작업경력조사 • 두통·눈의 통증·인후통·이후이상감·기침·가래·호흡곤란·전신권태감·코·인후의 염증·체중감소 또는 알레르기성 천식 등의 기왕력 및 현재증상조사 • 피부질환의 유무조사 • 체중측정 • 흉부 X-선 직접촬영	작업조건조사

번호	유해인자	1차 건강진단 검사항목	2차 건강진단 검사항목

30	파라-디메틸 아미노아조벤젠 또는 동물질을 함유중량 1% 이상 함유한 물질	• 작업경력조사
		• 두통·얕은호흡·현기증·혈압저하·황달·소변 시 통증 또는 빈혈 등의 기왕력 및 현재증상조사
		• 간장비대 유무조사
		• 혈압·체중 또는 맥박측정
		• 소변검사(단백·혈뇨·우로빌리노겐 또는 요침사검사)
		• 혈액검사(혈구용적치)
			• 작업조건조사
			• 필요에 따라 아래 검사항목 중 일부 또는 전부 실시
			  – 파파니콜라검사
			  – 방광경검사 또는 신우촬영검사
			  – 간기능검사(총단백량·빌리루빈·SGOT 또는 SGPT 등)
			  – 간스캔
			  – 혈액정밀검사

31	파라-니트로 클로로벤젠 또는 동물질을 함유중량 5% 이상 함유한 물질	• 작업경력조사 • 두통·졸리움·권태감·피로감·안면창백·빈혈·심계항진·소변의 차색 또는 황달 등의 기왕력 및 현재증상조사	• 작업조건조사 • 혈액정밀검사(망상 적혈구수·메트로헤모글로빈 또는 하인쓰소체 유무 등) • 소변 중 잠혈검사 • 간기능검사(총단백량·빌리루빈·SGOT 또는 SGPT 등) • 신경학적검사 • 필요시 소변 중 아니틴 또는 파라-아미노페놀량의 측정 또는 혈중 니트로소아민·아미노페놀 또는 키노소이민 등의 대사율 측정

32	펜타클로로페놀 (PCP) 또는 동물질을 함유중량 1% 이상 함유한 물질	• 작업경력조사
		• 기침·인후통·두통·졸리움·권태감·식욕부진·발한과다·감미기호·심계항진 또는 피부의 근지러움·황달 등의 기왕력 및 현재증상조사
		• 피부염 등 피부소견 유무조사
		• 혈압측정
		• 소변검사(당·단백 또는 우로빌리노겐 검사)
			• 작업조건조사
			• 필요에 따라 아래 검사항목 중 일부 또는 전부를 실시
			  – 흉부 X-선 직접촬영
			  – 간기능검사(총단백량·빌리루빈·SGOT 또는 SGPT 등)
			  – 혈액검사(혈색소량·혈구용적치·적혈구수 또는 백혈구수)
			  – 소변 중 펜타클로로페놀검사

33	펜타클로로 페놀나트륨 또는 동물질을 함유중량 1% 이상 함유한 물질	펜타클로로페놀의 경우와 동일함	
34	황산디메틸 또는 동물질을 함유중량 1% 이상 함유한 물질	• 작업경력조사 • 기침·가래·결막 또는 각막의 이상·탈력감·피부증상 또는 황달 등의 기왕력 및 현재증상조사	• 작업조건조사 • 필요에 따라 아래 검사항목 중 일부 또는 전부를 실시 – 객담 또는 요세포학적 검사

번호	유해인자	1차 건강진단 검사항목	2차 건강진단 검사항목
34	황산디메틸 또는 동물질을 함유중량 1% 이상 함유한 물질	• 피부질환의 유무조사 • 소변검사(단백 또는 우로빌리노겐검사) • 흉부 X-선 직접촬영	– 간기능검사(총단백량·빌리루빈·SGOT 또는 SGPT 등)
35	황화수소 또는 동물질을 함유중량 1% 이상 함유한 물질	• 작업경력조사 • 상기도 염증 등의 호흡기증상·결막 또는 각막의 이상·치아의 변화·두통·피로·불면 또는 위장증상 등의 기왕력 및 현재증상조사	• 작업조건조사 • 흉부 X-선 직접촬영 • 폐기능검사 • 필요시 신경학적 검사
36	암모니아 또는 동물질을 함유중량 1% 이상 함유한 물질	• 작업경력조사 • 상기도자극증상 등의 호흡기증상·결막 또는 각막의 이상·치아의 변화·두통·인후통·땀흘림 또는 구토 등의 기왕력 및 현재증상조사 • 피부소견 유무조사	• 작업조건조사 • 흉부 X-선 직접촬영 • 폐기능검사 • 필요시 안과적 정밀검사(녹내장 또는 각막궤양 등)
37	염화수소 또는 동물질을 함유중량 1% 이상 함유한 물질	• 작업경력조사 • 상기도자극증상 등의 호흡기증상·결막 또는 각막의 이상·치아손상·두통·인후통·땀흘림 또는 구토 등의 기왕력 및 현재증상조사 • 피부소견 유무조사	• 작업조건조사 • 흉부 X-선 직접촬영 • 폐기능검사
38	아황산가스 또는 동물질을 함유중량 1% 이상 함유한 물질	• 작업경력조사 • 상기도자극증상 등의 호흡기증상·결막 또는 각막의 이상·후각이상 • 피부소견 유무조사	• 작업조건조사 • 흉부 X-선 직접촬영 • 폐기능검사
39	일산화탄소 또는 동물질을 함유중량 1% 이상 함유한 물질	• 작업경력조사 • 두통·현기증·졸리움·메스꺼움·구토·기억력감퇴 또는 팔다리운동장해 및 혼미상태 등의 기왕력 및 현재증상조사	• 작업조건조사 • 흉부 X-선 직접촬영 • 폐기능검사 • 필요시 심전도검사
40	질산 또는 동물질을 함유중량 1% 이상 함유한 물질	• 작업경력조사 • 점막자극증상·기침 또는 호흡곤란 등의 호흡기장해·피로감·두통·발열·메스꺼움 또는 구토 등의 기왕력 및 현재증상조사 • 치아 또는 치아지지조직 등에 대한 치과적 검사 • 피부점막 및 눈의 화상·궤양 또는 괴사 유무조사	• 작업조건조사 • 흉부 X-선 직접촬영 • 폐기능검사 • 필요시 혈중 메트헤모글로빈 측정

번호	유해인자	1차 건강진단 검사항목	2차 건강진단 검사항목
41	페놀 또는 동물질을 함유중량 5% 이상 함유한 물질	• 작업경력조사 • 허약감·두통·땀흘림·흥분·혈압저하·식욕감퇴·설사·구토·소변의 착색·정신이상 또는 황달 등의 기왕력 및 현재증상조사 • 피부의 발진 또는 탈색유무조사 • 체중·혈압 또는 맥박측정 • 소변검사(단백 또는 우로빌리노겐검사)	• 작업조건조사 • 혈액검사(혈색소량·혈구용적치 또는 적혈구수) • 간기능검사(총단백량·빌리루빈·SGOT 또는 SGPT 등) 및 신장기능검사 • 소변 중 페놀량측정 • 필요시 혈중 메트헤모글로빈 측정
42	포름알데히드 또는 동물질을 함유중량 1% 이상 함유한 물질	• 작업경력조사 • 호흡기의 점막 및 눈의 자극증상·피부염 또는 두드러기 등의 피부소견·기침·가래·호흡곤란·피로감·안면창백·시력장애 또는 위장장애 등의 기왕력 및 현재증상조사	• 작업조건조사 • 흉부 X-선 직접촬영
43	포스겐 또는 동물질을 함유중량 1% 이상 함유한 물질	• 작업경력조사 • 눈·호흡기 등의 급성자극증상·인후부 이물감·흉부압박감·호흡곤란·결막염·각막혼탁·두통·메스꺼움 또는 구토 등의 기왕력 및 현재증상조사	• 작업조건조사 • 흉부 X-선 직접촬영 • 폐기능검사
44	황산 또는 동물질을 함유중량 1% 이상 함유한 물질	• 작업경력조사 • 상기도자극증상 등의 호흡기증상·결막 또는 각막이상 등의 눈에 대한 증상·코피·빈번한 상기도 감염 또는 위장장해 등의 기왕력 및 현재증상조사 • 치아 및 치아지지조직 등에 대한 치과적 검사 • 화상·수포형성 등의 피부학적 검사	• 작업조건조사 • 흉부 X-선 직접촬영 • 폐기능검사

3 금속 및 중금속

번호	유해인자	1차 건강진단 검사항목	2차 건강진단 검사항목
1	연 또는 연화합물 (4알킬연을 제외한다)	• 작업경력조사 • 식욕부진·변비·복부통증 등의 소화기 기장애·팔다리의 신근마비 또는 지각이상 등의 말초신경장애·관절통·근육통·안면창백·쇠약감·권태감·수면장해·빈혈증세 또는 초조감 등의 자각·타각 증상의 유무 조사	• 작업조건조사 • 혈액정밀검사(혈색소량·혈구용적치 또는 적혈구수 등) • 혈액 및 소변 중 연량측정 • 소변 중 텔타-아미노레블린산량 또는 소변 중 코프로포피린량 또는 혈액 중 크프로토포피린량 측정

번호	유해인자	1차 건강진단 검사항목	2차 건강진단 검사항목
1	연 또는 연화합물 (4알킬연을 제외한다)	• 혈액검사(혈색소량·혈구용적치 또는 적혈구수 검사 중 택일) • 대사산물검사(소변 중 코프로포피린 또는 혈액 중 징크프로토포피린 검사)	• 필요시 호염기성 점적혈구수검사
2	4알킬연	• 작업경력조사 • 느린맥박·저혈압·안면창백·체온저하·불면·가면상태·악몽·식욕부진·권태감·땀흘림·두통·손의 떨림·팔다리건반사항진·체중감소·메스꺼움·구토·복통·불안·흥분·기억력장애·지남력상실·환각 또는 조울증 그 외의 신경증상 및 정신증상의 유무조사 • 혈액검사(혈색소량·혈구용적치 또는 적혈구수 검사 중 택일) • 혈압측정 • 대사산물검사(소변 중 코프로포피린량 또는 혈액 중 징크프로토포피린량 검사)	• 작업조건조사 • 혈액정밀검사(혈색소량·혈구용적치 또는 적혈구수 등) • 혈액 및 소변 중 연량측정 • 소변 중 델타-아미노레블린산량 또는 소변 중 코프로포피린량 또는 혈액 중 징크프로토포피린량 측정 • 필요시 호염기성 점적혈구수 검사
3	수은 또는 무기수은화합물 또는 동물질을 1% 이상 함유한 물질	• 작업경력조사 • 손의 떨림·초조감·피로·근력약화·체중감소·허약감·식욕감퇴·소화불량·두통·불면 또는 소변량의 감소 또는 과다·피가 섞인 설사·치은염·침흘림·구내염 등의 자각·타각증상의 기왕력 및 현재증상조사 • 소변검사(단백·잠혈) • 소변 중 또는 혈중 수은량 측정	• 작업조건조사 • 혈중 또는 소변 중 수은량 측정 • 요침사검사 • 정신신경학적 검사
4	알킬수은화합물 또는 동물질을 1% 이상 함유한 물질 (알킬기가 메틸기 또는 에틸기인 것에 한한다)	• 작업경력조사 • 두중·두통·입술 또는 팔다리의 자각이상·관절통·불면·졸리움·우울감·보행장애·구음장애·경련·침흘림·눈물·불안감·손가락 떨림·불안감·체중감소·메스꺼움·구토·설사·변비 또는 피부염 등 자·타각증상의 기왕력 및 현재증상조사 • 피부염 등의 피부소견검사 • 소변검사(단백 또는 우로빌리노겐) • 소변 중 또는 혈중 수은량 측정	• 작업조건조사 • 소변 또는 혈중 수은량 측정 • 청력검사 • 시야협착증검사 • 지각이상·전항운동·반복불능증후 또는 룸베르그증후군에 대한 신경학적 검사 • 1차 검사 시에 요단백이 양성인 자는 신장기능 검사 또는 요우로빌리노겐이 양성인 자는 간기능검사(총단백량·빌리루빈·SGOT 또는 SGPT 등)

번호	유해인자	1차 건강진단 검사항목	2차 건강진단 검사항목
5	베릴륨과 그 화합물 또는 동물질을 1% 이상 (합금의 경우는 3% 이상) 함유한 물질	• 작업경력조사 • 베릴륨 또는 그 화합물로 인한 호흡기증상, 알레르기증상 등의 기왕력조사 • 마른기침·가래·인후통·가슴통증·흉부 불안감·심계항진·호흡곤란·권태감·식욕부진·체중감소 또는 피부의 간지러움 등의 자각·타각증상의 유무조사 • 폐활량검사 • 피부염 등의 피부소견검사 • 흉부 X-선 직접촬영	• 작업조건조사 • 흉부이학적 검사 • 폐환기 기능검사 • 필요시 심폐기능검사·간기능검사·소변 또는 혈중 베릴륨량 측정·피부첩포시험 또는 혈구용적치 측정 또는 투베르크린 반응·혈청감마글로부린검사
6	카드뮴 또는 동물질을 1% 이상 함유한 물질	• 작업경력조사 • 호흡기증상 또는 위장증상 등의 기왕력조사 • 두통·오한·근육통·기침·가래·코점막 이상·식욕부진·메스꺼움·구토·반복성 복통 또는 설사·체중감소·후각손실 또는 빈혈 등의 자각·타각증상의 기왕력 및 현재증상조사 • 요단백검사 • 앞니 또는 송곳니의 카드뮴 및 황색환검사 • 혈액검사(혈색소량 또는 혈구용적치) • 혈압측정	• 작업조건조사 • 소변 또는 혈중 카드뮴량 측정 • 호흡기증상이 있는 경우 흉부의 이학적 검사 또는 폐환기기능검사 • 요단백이 양성인 경우 요침사검사·요단백정량 및 신장기능검사
7	크롬산 및 그 염 중 크롬산 및 그 염, 위의 각 물질을 1% 이상 함유한 물질	• 작업경력조사 • 기침·호흡곤란·천명·가슴통증·코의 출혈·비중격의 자극과 궤양 또는 천공·황달·신장장해·결막염 또는 피부질환 등의 기왕력 및 현재증상조사 • 코의 점막 또는 비중격 등 코의 내부조사 • 피부염 피부궤양 피부소견검사 • 요단백검사 • 흉부 X-선 직접촬영(크롬취급업무에 5년 이상 종사한 자에 한한다)	• 작업조건조사 • 소변 또는 혈중 크롬량 측정 • 요단백이 양성인 경우 요침사검사·요단백량 및 신장기능검사 • 호흡기 증상이 있을 때 흉부이학적 검사 • 필요시 X-선 흉부 직접촬영 또는 특수 촬영검사 • 객담의 세포학적 검사·기관지 또는 피부의 병리학적 검사
8	카르보닐니켈 또는 동물질을 1% 이상 함유한 물질	• 작업경력조사 • 두통·현기증·구역·구토·마른기침·호흡수증가·쇠약감·흉골밑의 통증·각혈·흉부압박감·경련·환각섬망·폐부종·만성적 천식·보행장애·빈혈·손가락의 홍반성 또는 구진성 발진·알레르기성 피부염의 기왕력 및 현재증상조사	• 작업조건조사 • 소변 중 니켈량 측정 • 흉부 이학적 검사 및 폐기능검사 • 담의 세포학적 검사 • 필요시 특수 X-선 촬영 또는 기관지경 검사 등

번호	유해인자	1차 건강진단 검사항목	2차 건강진단 검사항목
8	카르보닐니켈 또는 동물질을 1% 이상 함유한 물질	• 혈액검사(혈색소량 또는 혈구용적치검사) • 흉부 X-선 직접촬영	
9	오산화바나듐 또는 동물질을 1% 이상 함유한 물질	• 작업경력조사 • 눈·코 및 인후자극증상·호흡기증상 등의 자각·타각증상·기침·가래·가슴통증·호흡곤란·습진 또는 혀의 압녹색반점 등의 자각·타각증상 유무 • 폐활량	• 작업조건조사 • 소변 중 바나듐측정 • 필요시 폐기능검사 또는 습진발생 시 첩포검사
10	망간 또는 동물질을 1% 이상 함유한 물질	• 작업경력조사 • 감정둔마·식욕부진·무력증·두통·과면증·하지의 경직 또는 무력감·관절통·과민·병적웃음·도취감·방심·청력장해·회화장애·보행장애·손발의 떨림·침흘림·시각이상·필기장해·과도발한·성욕감퇴 및 성교불능·파킨슨증후군 증세의 기왕력 및 현재증상조사 • 혈액검사(혈색소량 또는 혈구용적치검사) • 악력검사	• 작업조건조사 • 소변 또는 혈중 망간량 측정 • 필요시 혈청칼슘량 검사·혈청·아데노신디아미나제 활성검사 또는 락틱디하드라제 활성치 검사 • 파킨슨씨 증후군에 관한 신경학적 검사 • 호흡기증상이 있는 경우는 흉부 X-선 직접촬영
11	삼산화비소 또는 동물질을 1% 이상 함유한 물질	• 작업경력조사 • 눈·코·피부호흡기자극증상·피부색소 침착·손 또는 발바닥의 각화증·손발의 혈액순환 장애·말초신경염 또는 쇠약·식욕부진·시력장애·비중격의 궤양 또는 천공·피부염 또는 암·폐·후두 및 임파조직의 암 등의 자각·타각증상에 관한 기왕력 및 현재증상조사 • 시력검사 • 소변검사(우로빌리노겐) • 비강 또는 피부의 이상 소견검사 • 흉부 X-선 직접촬영(5년 이상 종사자에 한한다)	• 작업조건조사 • 모발 또는 소변 중 비소측정 • 1차검사 시 소변 중 우로빌리노겐이 양성인 자는 간기능검사 • 필요시 적혈구수검사 • 필요시 흉부 X-선 직접촬영 또는 특수 X-선 검사 • 객담세포학적 검사·기관지경검사 또는 피부의 병리학적 검사 등

4 분진

번호	유해인자	1차 건강진단 검사항목	2차 건강진단 검사항목
1	광물성 분진	• 작업경력조사 • 호흡곤란·기침·가래·가슴통증 또는 혈담 등의 자각증상 및 숨소리·순환기 장해 등의 타각적 소견에 대한 기왕력 및 현재증상조사 • 흉부 X-선 직접촬영	• 흉부 X-선 검사(특수촬영검사 포함) • 호흡곤란·심계항진·기침·객담 또는 가슴 통증 등의 자각증상 및 빈혈, 맥박이상 호흡이상 유무 • 순환기장해(혈압 등) 등의 타각적 소견에 관한 현재증상조사 • 결핵·만성기관지염·폐염·천식 또는 심장질환 등의 기왕력 및 경과조사 • 객담검사(결핵균 검사 등) • 폐기능검사(폐기량 측정·환기역학검사·가스교환 기능검사 또는 부하검사 등) • 심전도검사 • 동맥혈 산소포화도 측정검사 • 기타 전문가가 필요하다고 인정하는 검사
2	석면 또는 동물질을 5% 이상 함유한 물질	• 작업경력조사 • 호흡곤란·기침·가래·가슴통증 또는 혈담 등의 자각증상 및 숨소리(연발음 등) 순환기장해 등의 타각적 소견에 대한 기왕력 및 현재증상조사 • 흡연습관 또는 발암물질에의 폭로 등에 대한 조사 • 접촉성 피부염 등 피부질환의 유무조사 • 흉부 X-선 직접촬영	• 흉부 X-선 검사(특수촬영검사 포함) • 호흡곤란·심계항진·기침·가래 또는 가슴통증 등의 자각증상 및 체중감소·빈혈·맥박이상·호흡이상·순환기장애 또는 고부상지 등의 타각적 소견에 관한 현재증상조사 • 세기관지염·기관지확장증 또는 폐기종 등의 기왕력 및 경과조사 • 폐기능검사(폐기량 측정·환기역학검사·가스교환기능검사 또는 부하검사 등) • 심전도검사 • 동맥혈 산소포화도 측정검사 • 필요시 가래의 석면소체검사·담액세포학적 검사·기관지경검사·흉강경검사 또는 종격경검사 등 • 기타 전문가가 필요하다고 인정하는 검사
3	면을 취급하는 업무에 종사하는 근로자	• 작업경력조사 • 호흡곤란·기침·가래·가슴통증·흉부압박감 등의 자각증상 또는 천명 등의 타각적 소견에 대한 기왕력 및 현재증상조사 • 상기의 자각·타각소견이 월요일에 심해지는지 여부조사	• 월요증상 등에 대한 세밀한 설문지조사 • 월요일 근무 전과 후에 있어서의 일초량 측정 • 필요시 2일 이상 휴무 후 일초량 측정 • 흉부 X-선 직접촬영

번호	유해인자	1차 건강진단 검사항목	2차 건강진단 검사항목
3	면을 취급하는 업무에 종사하는 근로자	• 흡연습관·기관지염·기관지천식·폐염 또는 만성폐질환 등의 기왕력 및 현재증상조사 • 폐기능검사(노력성 폐활량 또는 일초량)	

⑤ 물리적 인자

번호	유해인자	1차 건강진단 검사항목	2차 건강진단 검사항목

1	고기압	• 작업경력조사
		• 관절통 및 근육통 또는 가슴통증 및 호흡곤란 등에 관한 자각·타각적 증상의 기왕력 및 현재증상조사
			• 작업조건조사
			• 뼈·관절 또는 X-선 검사
			  - 좌·우 어깨관절 내전자세
			  - 좌·우 어깨관절 외전자세
			  - 좌·우 팔꿈치 관절정위자세
			  - 좌·우 팔꿈치 관절외전자세
			  - 좌·우 무릎관절 측면투영
			• 기타 의사가 필요하다고 인정하는 검사 (골수겐 등)

2	저기압	• 작업경력조사 • 호흡곤란·현기증·두통·피로감·청색증 또는 구토 및 구역 등에 관한 자각·타각증상의 기왕력 및 현재증상조사 • 혈액검사(혈색소량·혈구용적치 또는 적혈구수) • 혈압측정	• 작업조건조사 • 혈액정밀검사(혈색소량·혈구용적치·적혈구수·평균적혈구 또는 혈색소 농도 등) • 기타 의사가 필요하다고 인정하는 검사
3	착암기 등의 사용에 의한 진동	• 작업경력조사 • 손가락의 창백현상·손가락의 감각이상 (통각·온냉감 또는 촉각)·손가락 및 관절부의 통증 또는 상지의 근력 및 운동장해·불면증·이명·두통·초조감 또는 손가락 및 뼈관절의 이상변형 등에 관한 자각·타각적 증상의 기왕력 및 현재증상조사 • 혈압측정 • 손톱 압박검사(상온에서 수지의 손톱누르기방법)	• 작업조건조사 • 통각검사 • 진동각검사 • 악력검사 • 혈액정밀검사(혈색소량·혈구용적치·적혈구수·백혈구백분율·적혈구침강속도·요산 또는 류마토이드인자 등) • 소변검사(단백 또는 침사) • 필요시 경추 및 수부 X-선 촬영 • 기타 의사가 필요하다고 인정하는 검사

번호	유해인자	1차 건강진단 검사항목	2차 건강진단 검사항목
4	소음	• 작업경력조사 • 청력의 자각적 장애 • 중이염·내이염 또는 청기도질환의 유무 • 이경검사 • 청력검사(1,000Hz 및 4,000Hz)	• 작업조건조사 • 약물중독 및 뇌신경질환의 기왕력조사 • 오디오그램에 의한 가주파수별 청력손실검사 • 부하청력검사(필요시) • 린네씨검사(필요시) • 말소리의 명료도 검사(필요시) • 기타 의사가 필요하다고 인정하는 검사
5	자외선	• 작업경력조사 • 피부의 건조·주름·탄력성 상실·홍반·색소침착·안면 피부혈관확장증·각화증·피부암과 눈의 수정체의 황색변화·각막결막염 또는 백내장 등의 기왕력 및 현재증상조사 • 시력 및 백내장에 관한 검사	• 작업조건조사 • 필요에 따라 아래 검사항목 중 일부 또는 전부를 실시 − 피부검사(조직학적 검사 포함) − 안과적 정밀검사(세급등검사 등) • 기타 의사가 필요하다고 인정하는 검사
6	적외선	• 작업경력조사 • 피부화상과 백내장 또는 홍채염 등에 관한 기왕력 및 현재증상조사 • 시력 및 백내장에 관한 검사	• 작업조건조사 • 백내장검사(세급등검사 등) 등 안과적 정밀검사
7	마이크로파 또는 라이오파	• 작업경력조사 • 두통·피로·정서불안·기억력저하·심장박동수 변화 또는 성기능저하 및 월경불순 또는 젖분비 감소 및 백내장에 의한 증상의 기왕력 및 현재증상조사 • 혈액검사(혈색소량·혈구용적치·적혈구수·백혈구수 또는 혈소판수) • 눈검사(시력 및 백내장에 관한 검사)	• 작업조건조사 • 필요에 따라서 아래 검사항목 중 일부 또는 전부를 실시 − 백내장검사(세급등검사 등) − 혈액정밀검사 − 생식기능검사 − 혈청콜린에스테라제 활성치 측정 − 혈청트리글리세리드 측정 − 심전도 • 기타 의사가 필요하다고 인정하는 검사

SECTION 02 호흡보호구의 선정·사용 및 관리에 관한 지침

1 목적

이 지침은 산업안전보건기준에 관한 규칙(이하 "안전보건규칙"이라 한다)에서 근로자 건강장해 예방을 위하여 규정하고 있는 호흡보호구의 올바른 선정, 지급, 착용, 유지보수 및 관리에 관한 기술적 사항을 정함을 목적으로 한다.

2 적용범위

이 지침은 유해 작업장에서 일하는 근로자의 건강을 보호하기 위하여 호흡용 보호구를 지급·착용하여야 하는 경우에 적용한다. 다만 다음의 보호구에는 적용하지 아니한다.
(1) 수중호흡장치
(2) 항공기 산소장치
(3) 군용 방독마스크
(4) 의료용 흡입기와 구급소생기

3 용어의 정의

(1) 이 지침에서 사용하는 용어의 정의는 다음과 같다.
   ① **호흡보호구** : 산소결핍공기의 흡입으로 인한 건강장해예방 또는 유해물질로 오염된 공기 등을 흡입함으로써 발생할 수 있는 건강장해를 예방하기 위한 보호구를 말한다.
   ② **방독마스크** : 흡입공기 중 가스·증기상 유해물질을 막아주기 위해 착용하는 호흡보호구를 말한다.
   ③ **방진마스크** : 흡입공기 중 입자상(분진, 흄, 미스트 등) 유해물질을 막아주기 위해 착용하는 호흡보호구를 말한다.
   ④ **송기식 마스크** : 작업장이 아닌 장소의 공기를 호스 등을 통하여 공급하여 흡입할 수 있도록 만들어진 호흡보호구를 말한다.
   ⑤ **자급식 마스크** : 착용자의 몸에 지닌 압력공기실린더, 압력산소실린더 또는 산소발생장치가 작동되어 호흡용 공기가 공급되도록 만들어진 호흡보호구를 말한다.
   ⑥ **밀착도 검사(Fit Test)** : 착용자의 얼굴에 호흡보호구가 효과적으로 밀착되는지 확인하기 위한 검사를 말한다.

⑦ 보호계수(Protection Factor, PF) : 호흡보호구 바깥쪽에서의 공기 중 오염물질 농도와 안쪽에서의 오염물질 농도비로 착용자 보호의 정도를 나타내는 척도를 말한다.

⑧ 할당보호계수(Assigned Protection Factor, APF) : 잘 훈련된 착용자가 보호구를 착용했을 때 각 호흡보호구가 제공할 수 있는 보호계수의 기대치를 말한다.

⑨ 밀폐공간 : 산업안전보건기준에 관한 규칙 제618조에서 정한 내용을 말한다.

⑩ 즉시위험건강농도(Immediately Dangerous to Life or Health, IDLH) : 생명 또는 건강에 즉각적으로 위험을 초래하는 농도로서 그 이상의 농도에서 30분간 노출되면 사망 또는 회복 불가능한 건강장해를 일으킬 수 있는 농도를 말한다.

⑪ 밀착형 호흡보호구 : 호흡보호구의 안면부가 얼굴이나 두부에 직접 닿는 호흡보호구를 말한다.

⑫ 유해비 : 공기 중 오염물질 농도와 노출기준과의 비로 호흡보호구 착용장소의 오염정도를 나타내는 척도를 말한다.

(2) 그 밖에 이 지침에서 사용하는 용어의 정의는 이 지침에 특별한 규정이 있는 경우를 제외하고는 산업안전보건법, 같은 법 시행령, 같은 법 시행규칙, 산업안전보건기준에 관한 규칙 및 관련고시에서 정하는 바에 따른다.

4 호흡보호구의 종류

(1) 기능 및 안면부 형태에 따른 호흡보호구 분류

호흡보호구를 기능 및 안면부 형태별로 분류하면 〈표 1〉과 같다.

▼ 표 1. 호흡보호구의 종류

분류	공기정화식		공기공급식	
종류	비전동식	전동식	송기식	자급식
안면부 등의 형태	전면형, 반면형	전면형, 반면형	전면형, 반면형, 페이스실드, 후드	전면형
보호구 명칭	방진마스크, 방독마스크, 겸용 방독마스크 (방진＋방독)	전동기 부착 방진마스크, 방독마스크, 겸용 방독마스크 (방진＋방독)	호스 마스크, 에어라인 마스크, 복합식 에어라인 마스크	공기호흡기(개방식) 산소호흡기(폐쇄식)

① 공기정화식은 오염공기가 호흡기로 흡입되기 전에 여과재 또는 정화통을 통과시켜 오염물질을 제거하는 방식으로서 다음과 같이 비전동식과 전동식으로 분류한다.

• 비전동식은 별도의 전동기가 없이 오염공기가 여과재 또는 정화통을 통과한 뒤 정화된 공기가 안면부로 가도록 고안된 형태이다.

- 전동식은 사용자의 몸에 전동기를 착용한 상태에서 전동기 작동에 의해 여과된 공기가 호흡호스를 통하여 안면부에 공급하는 형태이다.

② 공기공급식은 공기 공급관, 공기호스 또는 자급식 공기원(공기보관용기 등)을 가진 호흡보호구로서 신선한 호흡용 공기만을 공급하는 방식으로서 송기식과 자급식으로 분류한다.
- 송기식은 공기 호스 등으로 호흡용 공기를 공급할 수 있도록 설계된 형태이다.
- 자급식은 호흡보호구 사용자가 착용한 압력공기 보관용기를 통하여 공기가 공급되도록 한 형태이다.

③ 마스크의 안면부 형태별로 전면형, 반면형의 구분은 다음과 같다.
- 전면형 마스크는 사용자의 눈, 코, 입 등 안면부 전체를 덮을 수 있는 마스크이다.
- 반면형 마스크는 사용자의 코와 입을 덮을 수 있는 마스크이다.

(2) 오염물질에 따른 호흡보호구 분류

① 입자상 오염물질 제거용 호흡보호구

분진, 흄, 미스트 등의 입자상 오염물질을 제거하기 위한 방진마스크는 〈표 2〉와 같이 구분한다.

▼ 표 2. 제거대상 오염물질별 방진마스크 등급 분류

등급	제거대상 오염물질	비고
특급	베릴륨 등과 같이 독성이 강한 물질들*을 함유한 분진 등 * 산업안전보건법의 분진, 흄, 미스트 등의 입자상 제조 등 금지물질, 허가 대상 유해물질, 특별관리물질	노출수준에 따라 호흡보호구 종류 및 등급이 달라질 수 있음
1급	• 금속흄 등과 같이 열적으로 생기는 분진 등 • 기계적으로 생기는 분진 등 • 결정형 유리규산	
2급	• 기타 분진 등	

② 가스·증기상 오염물질 제거용 호흡보호구
- 정화통이 개발되지 않은 일부 화학물질을 취급할 경우 송기마스크 등 양압의 공기공급식 호흡보호구를 착용하여야 한다. 이때 정화통 미개발 물질여부는 전문가 또는 제조사에 문의하여 확인토록 한다.
- 정화통이 개발된 물질은 상온에서 가스 또는 증기상태의 오염물질을 제거하기 위한 방독마스크로 〈표 3〉과 같이 구분한다. 산업안전보건기준에 관한 규칙 제420조에 따른 관리대상 유해물질 종류별 추천 정화통은 〈별표 1〉을 참고한다.

▼ 표 3. 정화통 종류 및 외부 측면의 표시 색

종류	표시 색
유기화합물용 정화통	갈색
할로겐용 정화통	회색
황화수소용 정화통	
시안화수소용 정화통	
아황산용 정화통	노란색
암모니아용 정화통	녹색
복합용 및 겸용의 정화통	• 복합용의 경우 : 해당 가스 모두 표시(2층 분리) • 겸용의 경우 : 백색과 해당 가스 모두 표시(2층 분리)

5 호흡보호구 사용을 위한 필요조건

(1) 호흡보호구의 사용원칙

① 공기 중의 분진, 흄, 미스트, 증기 및 가스 등의 오염된 공기를 흡입함에 따라 발생할 수 있는 중독 또는 질식재해를 예방하기 위하여 가능한 공학적 대책(예를 들면 작업의 포위나 밀폐, 전체환기 및 국소배기, 저독성 물질로 대체)을 세우는 것을 우선하여야 한다.

② 공학적 대책의 적용이 곤란하거나 단시간 또는 일시적 작업을 행할 때에는 적절한 호흡보호구를 사용하여야 한다.

(2) 사업주의 역할

① 사업주는 근로자의 건강을 보호하기 위하여 필요한 경우에는 작업내용에 맞는 적절한 호흡보호구를 선택하여 지급하여야 한다.

② 사업주는 제9항에 기술되어 있는 호흡보호구 착용 및 관리 매뉴얼을 수립·시행하여야 한다.

(3) 근로자의 역할

① 근로자는 사업주가 지급한 호흡보호구를 반드시 착용하여야 하고 호흡보호구 보관·세척·훼손 방지·분실 예방 등의 사업주의 조치에 따라야 한다.

② 근로자는 호흡보호구가 손상이 되지 않도록 취급하여야 한다.

③ 근로자는 호흡보호구의 기능에 이상을 발견한 때에는 부서 책임자 또는 사업주에게 알려야 한다.

6 호흡보호구 선정을 위한 고려사항

(1) 작업 시 노출되는 유해인자 정보

호흡보호구 관리자는 근로자에게 노출되는 유해인자에 대해 필요한 정보를 얻기 위하여 산업위생이나 산업독성학에 관한 자료를 참조하고 관련 전문가에게 의견을 들어야 한다.

(2) 호흡보호구 선정 전 고려사항

① 호흡보호구를 선정하기에 앞서 다음과 같이 화학물질의 호흡과 관련한 유해성 및 조건을 알아야 한다.

- 오염물질의 종류 및 농도와 같은 일반적인 조건 : 고용노동부고시 화학물질 및 물리적 인자의 노출기준에 따른 노출기준 제정 물질인지 여부를 가장 먼저 확인
- 오염물질의 물리화학 및 독성 특성
- 노출기준
- 과거와 현재 노출농도, 최대로 노출이 예상되는 농도
- 즉시위험건강농도(IDLH)
- 작업장의 산소농도 혹은 예상 산소농도
- 눈에 대한 자극 혹은 자극 가능성

② 공기 중 오염물질의 농도를 측정한다.

③ 호흡보호구의 일반적인 사용조건에는 호흡보호구를 착용함으로 인한 불편 정도는 물론이고 작업시간, 주기, 위치, 물리적인 조건 및 공정 등 작업의 실체가 포함되어야 한다. 근로자의 의학적 및 심리적 문제로 인하여 공기호흡기 같은 호흡보호구를 사용하지 못할 수도 있다.

④ 사업주는 정화통의 교환주기표를 작성하여 근로자가 볼 수 있도록 하여야 한다. 이 주기는 제조사의 도움이나 수명시험을 통하여 만들 수 있다. 착용자가 느끼는 오염물질의 냄새 특성과 관계없이 평가를 실시하고 극한의 온도와 습도에서 실시되어야 한다.

⑤ 정화통은 교환주기표에 따라 교환하여야 하며 냄새에 의존하지 않아야 한다. 하지만 착용자들이 냄새가 나거나 피부에 자극적인 증상을 느끼면 오염지역을 벗어나도록 훈련받아야 한다.

⑥ 작업장 유해물질의 농도는 매일 그리고 시시때때로 변한다. 그러므로 유해물질의 농도가 가장 높은 경우를 고려하여 호흡보호구를 선정해야 한다.

⑦ 밀착형 호흡보호구는 정성 또는 정량 밀착도 검사를 권고한다.

⑧ 밀착형 호흡보호구를 얼굴에 흉터나 기형이 있는 자가 착용하거나 안면부에 머리카락이나 수염이 있는 경우 공기의 누설이 발생할 수 있으므로 착용하지 않아야 한다.

⑨ 공기정화식 특히, 가스 또는 증기 유해물질 종류별 적정 정화통 및 교체주기를 준수하여야 한다. 예를 들어, 노출되는 유해물질에 부적합한 정화통을 사용하거나 파과 후까지 사용해서는 안 된다.

⑩ 한국산업안전보건공단 인증 호흡보호구를 사용하여야 한다.

(3) 호흡보호구의 할당보호계수

① 호흡보호구의 할당보호계수는 〈표 4〉와 같다. 할당보호계수는 오염물질을 제거할 수 있는 정화통이 개발된 경우에 적용하여야 하며 정화통이 개발되지 않은 물질에 대해서는 그 농도에 관계없이 송기마스크 등 양압의 공기공급식 마스크를 착용하여야 한다.

▼ 표 4. 호흡보호구별 할당보호계수

호흡보호구 분류	안면부 형태	할당보호계수(양압)	할당보호계수(음압)
비전동식	반면형	N/A*	10
	전면형		50
전동식	반면형	50	N/A*
	전면형	1,000	
	후드형	1,000	
송기식	반면형	50	N/A*
	전면형	1,000	
	후드형	1,000	
자급식	공기호흡기	10,000	N/A*

* N/A : 해당 없음(Not Application)

② 할당보호계수의 활용유해비를 산출하고 유해비보다 높은 할당보호계수의 호흡보호구를 산출한다.

> ≫ 예시 1

톨루엔의 노출기준은 50ppm인데, 공기 중 오염물질의 농도를 측정한 결과 1,500ppm이다. 어떤 호흡보호구를 선정하여야 하는가?

① 유해비＝1,500ppm/50ppm＝30
② 할당보호계수가 유해비 30보다 큰 호흡보호구 선정
③ 호흡보호구 선정 : 가스·증기용 방독마스크로서 비전동식의 전면형, 가스·증기용 방독마스크로서 전동식 반면형/전면형/후드형 마스크, 모든 형태의 송기식, 자급식 호흡보호구
※ 비전동식 반면형 방독마스크는 선정 불가

> ≫ 예시 2

TCE의 노출기준은 50ppm인데, 공기 중 오염물질의 농도를 측정한 결과는 100ppm이다. 어떤 호흡보호구를 선정하여야 하는가?

① 유해비＝100ppm/50ppm＝2
② 보호계수가 유해비 2보다 큰 호흡보호구 선정
③ 호흡보호구 선정 : 가스·증기용 모든 종류의 호흡보호구

7 호흡보호구의 선정절차

(1) 호흡보호구 선정 일반 원칙

일반적인 호흡보호구 선정 흐름도는 [그림 1]과 같다.

① 산소결핍 작업장소, 밀폐공간, 정화통이 개발되지 않은 물질 취급 및 소방작업 질식위험이 있는 밀폐공간이나 정화통이 개발되지 않은 물질을 취급하는 경우에는 공기호흡기, 송기마스크를 사용하고, 소방작업은 공기호흡기를 사용한다. 이들 작업에서 절대로 방독마스크를 사용하여서는 안 된다.

② 독성 오염물질이면 즉시위험건강농도(IDLH)에 해당되는지 여부를 구분한다.

- 즉시위험건강농도(IDLH) 이상인 경우 공기호흡기, 송기마스크를 사용한다.
- 즉시위험건강농도(IDLH) 미만인 경우 입자상 물질이 존재하면 방진마스크, 송기마스크를 사용하고, 가스·증기상 오염물질이 존재하면 방독마스크, 송기마스크를 사용한다. 입자상 및 가스·증기상 물질이 동시에 존재하면 방진방독 겸용 마스크 또는 송기마스크를 사용한다.

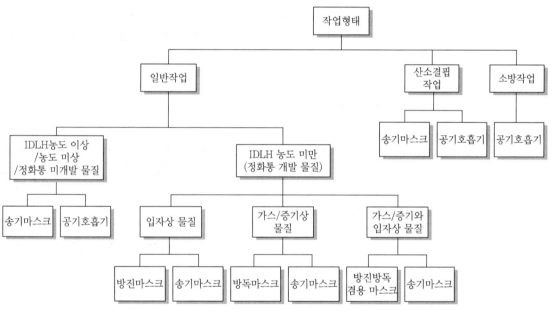

‖ 그림 1. 호흡보호구 선정 일반 원칙 ‖

(2) 노출기준 제정 물질 호흡보호구 선정절차

오염물질이 고용노동부고시에 따른 노출기준 제정 물질 또는 미제정 물질인지를 구분하여, 노출기준 제정 물질인 경우에는 [그림 2], 미제정 물질인 경우에는 [그림 3]의 호흡보호구 선정표 1~5단계를 작성한다. [그림 2]와 [그림 3]은 3단계만 다르고 1, 2, 4, 5단계는 동일하다.

① 1단계

사업장명, 평가일, 평가자, 작업부서 또는 공정, 단위작업장소, 작업위치, 작업내용, 작업시간, 작업주기 등을 기록한다.

② 2단계

　㉠ 호흡보호구를 착용하는 사유를 다음에서 선택하여 해당 항목에 체크한다.

　　• 상시 노출위험 : 모든 공학적 작업환경관리방법을 조치 후에도 오염물질의 흡입 위험이 있다고 판단되는 경우

　　• 단시간 작업 : 현실적으로 작업환경관리가 어려우며 작업 시간이 한 시간 미만인 경우

　　• 비상대피 : 안전한 곳으로 대피하는 과정에서 호흡보호구가 필요한 경우

　　• 임시조치 : 작업환경관리 설비를 설치하는 동안 호흡보호구 착용이 필요한 경우

　　• 응급상황/구조 : 국소배기장치 등 작업환경관리 설비가 고장인 경우 또는 재해자를 구조하는 경우

　㉡ 작업장소가 밀폐공간인지, 산소결핍장소인지, 위험물 누출이 가능한 작업인지를 파악하여 밀폐공간작업 항목을 체크한다. 밀폐공간의 예는 〈표 5〉와 같다.

　　• 밀폐공간 : 밀폐공간이면 '예'

　　• 산소결핍 위험 : 작업장의 산소농도가 18% 미만이거나 미만일 것 같으면 '예'

　　• 위험물질 방출 위험 : 갑작스럽게 유해물질 그리고/또는 질식제의 방출이 우려되면 '예'

　㉢ 밀폐공간이 '예'인 경우 밀폐공간 작업 규정을 따른다. 다음의 경우에는 할당보호 계수가 10,000인 자급식 호흡보호구 사용한다.

　　• 산소결핍 위험 : '예'인 경우

　　• 위험물질 발생 위험 : '예'인 경우

▼ 표 5. 밀폐공간의 예 및 유해인자

공정 또는 상황		유해인자
생물 공정	• 양조 공장 • 발효 공정 • 하수관 작업/장치	미생물에 의한 산소 소모와 이산화탄소 및 기타 가스 발생
화학반응	• 녹 발생 • 변색 • 산화 • 유리(遊離)/탈가스 반응	우연히 혹은 의도적인 화학반응에 의한 산소의 손실 혹은 다른 가스의 방출
유지관리 활동	• 탱크 세척 • 슬러지 제거 • 냉동/냉장 시설 수리	급작스런 고농도 유해물질의 방출 : 유기증기, 냉매가스, 트랩공정의 가스 방출로 산소결핍 초래. 고농도는 마취 효과 초래
공정	• 공기배기(Purging) 공정 • 불활성화 공정 • 유기용제 탈지작업	의도적인 고농도 가스/증기 생성으로 산소결핍으로 이어짐 (예 불활성 가스, 아르곤, 질소, 일산화탄소, 유기 증기)
작업공정	• 용접 • 스프레이 • 파이프 내 등	작업하는 과정에서 가스, 증기 혹은 입자상 물질이 만들어짐 (예 용접흄, 일산화탄소, 이산화탄소, 쉴드 가스, 크롬화합물, 유기용제, 이소시안화합물, 냉매가스)

③ 3단계

㉠ 노출되는 화학물질의 농도를 노출기준 및 즉시위험건강농도(IDLH)와 비교하여 입자상 물질은 〈표 6〉, 가스·증기상 물질은 〈표7〉에 따라 농도별 추천 호흡보호구를 기재한다.

㉡ 〈표 4〉 또는 기타 자료를 이용하여 할당보호계수를 기재한다.

㉢ 할당보호계수 칼럼에 적혀 있는 값들 중에서 가장 높은 값을 '가장 높은 보호계수'란에 기재한다.

㉣ 기본적으로 3단계에서 추천호흡보호구를 선택한다. 4단계 이후는 호흡보호구 선택의 기타 참고사항이다.

▼ 표 6. 입자상 물질의 농도별 추천 호흡보호구

농도	입자상 물질		
	• 제조 등 금지물질 • 허가대상 유해물질 • 특별관리물질	• 금속흄 등 열적 생성분진 • 기계적으로 생기는 분진 • 결정형 유리규산	기타 분진 등
노출기준 미만	특급 방진마스크 이상*	1급 방진마스크 이상*	2급 방진마스크 이상*
노출기준 10배 이내	특급 방진마스크 이상*	특급 방진마스크 이상*	1급 방진마스크 이상*
노출기준 50배 이내	전면형 특급 방진마스크, 전동식 특급 방진마스크, 송기마스크 중 선택	전면형 특급 방진마스크, 전동식 특급 방진마스크, 송기마스크 중 선택	전면형 1급 방진마스크 이상*, 전동식 1급 방진마스크 이상*, 송기마스크 중 선택
노출기준 50배 초과	전동식 전면형/후드형 특급 방진마스크, 전면형/후드형 송기마스크 중 선택	전동식 전면형/후드형 특급 방진마스크, 전면형/후드형 송기마스크 중 선택	전동식 전면형/후드형 1급 방진마스크 이상*, 전면형/후드형 송기마스크 중 선택
IDLH 초과 시**	송기마스크, 공기호흡기 중 선택		

▼ 표 7. 가스·증기상 물질의 농도별 추천 호흡보호구

농도	가스/증기상 물질
노출기준 미만	방독마스크 이상
노출기준 10배 이내	방독마스크 이상
노출기준 50배 이내	전면형 방독마스크, 전동식 방독마스크, 송기마스크 중 선택
노출기준 50배 초과	전동식 전면형/후드형 방독마스크, 전면형/후드형 송기마스크 중 선택
IDLH 초과 시**	송기마스크, 공기호흡기 중 선택

* '이상'은 등급 또는 할당보호계수가 같거나 높은 호흡보호구를 의미

** IDLH 기준이 설정된 물질은 IDLH를 초과할 경우 반드시 송기마스크, 공기호흡기를 선택

④ 4단계

    ㉠ 작업관련 인자

- 작업강도 : 작업강도가 높아져 호흡량이 증가하면 보호구 정화통 사용기간이 떨어지고, 땀을 많이 흘리면 호흡보호구가 미끄러져 차단율이 떨어진다. 작업강도는 다음과 같이 분류한다.
  - 경작업 : 시간당 200kcal까지 열량이 소요되는 작업으로 앉아서 또는 서서 기계 조정을 하기 위하여 손 또는 팔을 가볍게 쓰는 일
  - 중등작업 : 시간당 200~350kcal 열량이 소요되는 작업으로 물체를 들거나 밀면서 걸어 다니는 일
  - 중(重)작업 : 시간당 350~500kcal 열량이 소요되는 작업으로 곡괭이질 또는 삽질을 하는 일
- 착용시간 : 밀착형 호흡보호구는 장시간 사용 시 사용자에게 불편함을 주기 때문에 전동식 호흡보호구를 고려해 볼 수 있다.
- 작업장 온도와 습도 : 과도한 온도와 습도는 착용자에게 고열장해, 발한 및 불편함을 초래할 수 있으므로 냉각 혹은 온열 장치가 구비된 전동식 호흡보호구를 고려한다.
- 전동공구 사용 : 공기를 공급하는 전동공구를 호흡보호구의 공기공급장치에 연결할 경우 보호계수가 감소됨을 고려한다.
- 선명한 시야 확보 필요 : 선명한 시야가 필요한 곳에서는 얼굴 전면을 가리는 전면형 호흡보호구는 바람직하지 못하며 충분한 빛을 공급하는 반면형 마스크가 바람직하다.
- 명확한 의사소통 필요 : 명확한 의사소통이 필요한 곳에서는 의사소통용 호흡보호구가 필요하다.
- 비좁고 복잡한 작업장 : 가볍고 제한성이 없는 호흡보호구를 사용한다.
- 폭발위험성이 있는 작업장 : 폭발 가능성이 있는 작업장에서는 재질이 정전기를 일으키지 않는 호흡보호구가 적합하다.
- 움직임이 많은 작업장 : 호스가 있는 호흡보호구는 피한다.

    ㉡ 착용자 관련 인자

- 얼굴의 수염, 흉터 : 안면부가 닿는 부분에 수염이나 깊은 흉터가 있어 누설의 우려가 있으면 후드형 호흡보호구를 사용한다.
- 안경이나 콘택트렌즈 착용 : 필요한 경우 안경다리를 집어넣을 수 있는 호흡보호구를 선정한다. 호흡보호구의 밀착성을 방해하면 콘택트렌즈를 권한다.
- 콘택트렌즈 사용자는 공기흐름에 쉽게 눈이 건조해진다.
- 눈, 머리, 청력 및 얼굴 보호 : 다른 타입의 개인보호장구의 작동에 영향을 주지 않는 호흡보호구를 권한다. 예를 들어, 한꺼번에 붙어있는 호흡보호구를 선택한다(예 전동식 헬멧 호흡보호구).

• 건강상태 : 폐쇄공포증, 심장질환, 난청, 천식 및 기타 호흡기질환을 고려하여 호흡보호구를 선정한다.

⑤ 5단계

밀착형 호흡보호구인 경우 밀착도 검사를 시행한 후에 작업장에서 사용할 것을 권한다.

㉠ 호흡보호구 제조사나 판매사의 자문을 통하여 호흡보호구 선정표를 작성한 다음 완성된 호흡보호구 선정표와 물질안전보건자료를 제조사 또는 공급사에게 송부한다.

㉡ 제조사 또는 공급사로부터 받은 권장 호흡보호구 자료를 근거로 적정한 호흡보호구를 선정한다.

(3) 노출기준 미제정 물질 호흡보호구 선정절차

① 1단계 : 노출기준 제정 물질의 호흡보호구 선정절차와 동일하다.

② 2단계 : 노출기준 제정 물질의 호흡보호구 선정절차와 동일하다.

③ 3단계 : GHS MSDS를 확보한 후 〈별표 2〉의 절차에 따라 가장 높은 할당보호계수를 구하고 〈표 4〉에서 적정한 보호계수를 갖는 호흡보호구를 선택한다.

④ 4단계 : 노출기준 제정 물질의 호흡보호구 선정절차와 동일하다.

⑤ 5단계 : 노출기준 제정 물질의 호흡보호구 선정절차와 동일하다.

노출기준 제정 물질 호흡보호구 선정표

〈1단계〉

사업장명 :	작업부서 또는 공정 :
평가일 :	단위작업장소(주요발생원) :
평가자 :	작업위치 :
작업내용 :	작업시간 :
	작업주기 :　　　회/일,　　　회/주,　　　회/월,　　　회/년

〈2단계〉

작업환경관리방법 :

호흡보호구 착용 사유

	해당여부
상시노출위험	
단시간 노출위험	
비상내피	
임시조치	
응급작업/구조	

밀폐공간작업	확실하지 않음	아니오	예
밀폐공간?			
산소결핍 위험?			
위험물질 발생?			

전문가 도움 ← ↓ →
　　　　　　　　3단계

밀폐공간 작업규정을 따를 것. 할당보호계수
= 10,000인 자급식 호흡보호구 사용

〈3단계〉

유해인자(오염물질)	추천 호흡보호구	할당보호계수
	가장 높은 할당보호계수	

〈4단계〉

작업관련 인자	해당여부		해당여부
작업강도 : 경, 중등, 중(重)		선명한 시야 확보 필요	
착용시간 : 1hr 이상/미만		명확한 의사소통 필요	
작업장 온도, 습도		비좁고 복잡한 작업장	
전동공구 사용		폭발위험 작업장	
		움직임이 많은 작업장	

착용자 성명 :

착용자 관련 인자	해당여부		해당여부
헤드기어, 터반 등		안경이나 콘택트 렌즈 착용	
수염		눈, 머리, 귀 또는 얼굴 보호	
얼굴 흉터, 잔주름		건강상태 : 의학적 조언 필요	

이 자료를 호흡보호구 제조사/전문가에게 송부하여 검토를 받으시고 착용자가 동의한 후 호흡보호구 지급	선정된 호흡보호구	• 공기공급식 • 공기정화식 : 여과재 종류 _____

〈5단계〉

밀착형 호흡보호구인 경우 밀착도 검사를 시행 후 작업장에서 사용	평가자 서명 :

❚ 그림 2. 노출기준 제정 물질에 대한 호흡보호구 선정표 ❚

노출기준 미제정 물질 호흡보호구 선정표

〈1단계〉

사업장명 :	작업부서 또는 공정 :
평가일 :	단위작업장소(주요발생원) :
평가자 :	작업위치 :
작업내용 :	작업시간 :
	작업주기 :　　 회/일,　　 회/주,　　 회/월,　　 회/년

〈2단계〉

작업환경관리방법 :

밀폐공간작업	확실하지 않음	아니오	예
밀폐공간?			
산소결핍 위험?			
위험물질 발생?			

전문가 도움　 ←　　　　↓ 3단계　　　→

호흡보호구 착용 사유	해당여부
상시노출위험	
단시간 노출위험	
비상대피	
임시조치	
응급작업/구조	

밀폐공간 작업규정을 따를 것. 할당보호계수
=10,000인 자급식 호흡보호구 사용

〈3단계〉

유해인자(오염물질)	유해위험그룹	건강위해도그룹	사용량	비산성/휘발성	할당보호계수
				가장 높은 할당보호계수	

〈4단계〉

작업관련 인자	해당여부		해당여부
작업강도 : 경, 중등, 중(重)		선명한 시야 확보 필요	
착용시간 : 1hr 이상/미만		명확한 의사소통 필요	
작업장 온도, 습도		비좁고 복잡한 작업장	
전동공구 사용		폭발위험 작업장	
		움직임이 많은 작업장	

착용자 성명 :

착용자 관련 인자	해당여부		해당여부
헤드기어, 티반 등		안경이나 콘택트 렌즈 착용	
수염		눈, 머리, 귀 또는 얼굴 보호	
얼굴 흉터, 잔주름		건강상태 : 의학적 조언 필요	

이 자료를 호흡보호구 제조사/전문가에게 송부하여 검토를 받으시고 착용자가 동의한 후 호흡보호구 지급	선정된 호흡보호구	• 공기공급식 • 공기정화식 : 여과재 종류 _____

〈5단계〉

밀착형 호흡보호구인 경우 밀착도 검사를 시행 후 작업장에서 사용	평가자 서명 :

┃ 그림 3. 노출기준 미제정 물질에 대한 호흡보호구 선정표 ┃

8 밀착도검사(Fit Test) 및 밀착도 자가점검(User Seal Check)

(1) 밀착도 검사

착용자의 얼굴에 맞는 호흡보호구를 선정하고 오염물질의 누설 여부를 판단하기 위하여 밀착도검사를 시행해야 한다.

① 밀착도 검사의 목적
- 착용자의 얼굴에 밀착이 잘 되는 호흡보호구를 선정하기 위함이다.
- 어떻게 착용하는 것이 밀착이 잘되는지를 착용자에게 알려주기 위함이다.

② 밀착도 검사시기
- 호흡보호구를 처음 선정할 때
- 다른 제품의 호흡보호구를 착용하고자 할 때
- 얼굴의 형상이 그게 변하였을 때
- 검사주기는 1년에 1회 이상 실시

(2) 밀착도 검사자

밀착도 검사는 밀착도 검사방법 교육 이수자, 밀착도 검사를 수행하는 전문가 또는 업체가 실시토록 한다.

(3) 밀착도 검사의 종류

① 정성적 밀착도 검사(QLFT)

사람의 오감, 즉 냄새, 맛, 자극 등을 이용하여 호흡보호구 내부로 오염물질의 침투여부를 판단하는 방법이다.
- 호흡보호구를 착용하고 있는 사람에게 외부에서 감미료(사카린 법)나 쓴 맛(Bitrex법)의 에어로졸, 자극성의 흄(Irritant Fume 법), 바나나향의 증기(Isoamyl Acetate법) 증기를 뿜어준다.
- 호흡보호구 착용자가 호흡보호구 내부에서 맛, 재채기, 냄새를 맡으면 밀착도가 불량하여 '불합격'으로 판정하고 그러하지 아니하면 밀착도가 양호하여 '합격'으로 판정한다.

② 정량적 밀착도 검사(QNFT)

오염물질의 누설 정도를 양적으로 확인하기 위한 검사이다. 호흡보호구를 착용한 후 호흡보호구의 내부와 외부에서 공기 중 에어로졸의 농도를 비교하거나 착용자가 호흡할 때 생기는 압력의 차이를 이용하여 새어 들어오는 정도를 양적으로 비교하는 방법이다. 전면형 호흡보호구는 정량적 밀착도 검사를 실시토록 한다.
- 에어로졸이나 압력을 측정할 수 있는 정량적 밀착도 검사 장비를 실험실에 설치하고 작동시킨다.
- 호흡보호구를 착용하고 있는 사람을 실험실과 검사 장비에 노출시키고 호흡보호구 안과 밖의 에어로졸 농도나 압력의 차이를 측정한다.
- 검사를 실시할 때에는 작업할 때를 가정하여 동작검사(Exercise Regime)를 실시한다.

(4) 밀착도 검사의 기록

밀착도 검사의 기록은 시험 기간 중에 연속적으로 아래와 같은 사항을 기록하여야 한다.

① 밀착도 검사의 형식
② 호흡보호구의 구조와 형식, 모델명
③ 피시험자 성명과 시험자 성명
④ 검사시기와 결과

(5) 밀착도 자가점검

착용자가 오염지역으로부터 적절히 보호되고 있다는 것을 확인하기 위하여 호흡보호구를 착용할 때마다 아래와 같이 밀착도 자가점검을 시행해야 한다.

① 음압 밀착도 자가점검
   • 호흡보호구의 흡입구나 흡입관을 손바닥이나 테이프로 막는다.
   • 정화통이나 방진필터가 부착되어 있으면 이 부분을 손이나 테이프로 막는다.
   • 천천히 숨을 들어 마시고 10초 정도 정지한다. 이때 안면부가 약간 조여들거나 공기가 안면부 내로 들어오는 느낌이 없다면 밀착도는 좋은 상태이다.

② 양압 밀착도 자가점검
   배기밸브가 있는 호흡보호구에 대하여 실시한다. 이 방법은 배기밸브가 없는 호흡보호구에 대해서는 시행하기 어렵다.
   • 배기밸브를 손으로 막거나 마개를 부착하여 막는다.
   • 착용자는 천천히 숨을 내쉰다.
   • 안면부의 내부가 약간 양압이 되어 마스크 안면부와 안면과의 접촉면으로 공기가 새어나가는 느낌이 없다면 밀착도는 좋은 상태이다.

③ 음압 및 양압 밀착도 자가점검 때 주의사항
   음압 또는 양압 밀착도 자가점검을 할 때 흡기구 또는 배기밸브를 확실하게 막지 않으면 밀착도 자가점검의 결과는 신뢰할 수 없으므로 밀착도 자가점검을 할 때에는 호흡보호구 착용자를 시험 전에 충분히 교육시킨다.

9 호흡보호구의 사용

(1) 호흡보호구 착용 및 관리 매뉴얼 작성

사업주는 호흡보호구를 적절하게 사용하기 위하여 아래 사항의 착용 및 관리 규정(매뉴얼)을 작성한다.

① 호흡보호구 착용 및 관리규정 책임부서
② 노출 유해인자 및 작업특성

③ 호흡보호구의 선정

④ 근로자의 훈련 및 교육

⑤ 밀착도 검사

⑥ 보호구 착용 전후 효과평가(건강진단)

⑦ 호흡보호구 사용

⑧ 호흡보호구의 세척, 유지 및 보수

(2) 교육

관리자, 지급자 및 착용자에게 호흡보호구를 항상 올바르게 착용토록 하기 위하여 사용 경험이 있는 유자격자로부터 충분한 교육을 받을 수 있도록 한다.

① **관리자에 대한 교육**

관리자는 호흡보호구가 적절히 사용될 수 있도록 다음과 같은 항목이 포함된 교육을 받아야 한다.

- 호흡보호구 착용 방법
- 노출 유해인자의 성상과 농도
- 호흡보호구를 선택하는 원칙과 기준
- 착용자에 대한 교육방법
- 지급기준 및 지급할 때 유의사항
- 착용상태 모니터링 방법
- 보호구의 보수와 관리

② **지급자에 대한 교육**

보호구 지급업무 담당자에게는 호흡보호구가 각 용도에 따라 올바르게 지급되고 있는 것을 확인할 수 있도록 충분한 교육을 실시하여야 한다.

③ **착용자에 대한 교육**

호흡보호구가 올바르게 사용될 수 있도록 각 착용자에게는 다음 항목에 대한 교육을 실시하여야 한다.

- 호흡보호구 착용 필요성 및 건강보호 효과
- 노출 유해인자의 종류, 성상, 농도 및 영향
- 공학적 대책이 수립되지 않았거나 수립되었다 하더라도 유해인자에 노출될 수 있으므로 호흡보호구 착용이 필요하고, 공학적 개선대책이 보호구 착용보다 우선적으로 선행되어야 한다는 설명
- 호흡보호구의 선택방법에 대한 설명
- 선택된 호흡보호구의 작동, 성능 및 제한점 설명
- 호흡보호구의 점검법, 착용법 및 밀착성 점검 등의 지도
- 모든 착용자에 대하여 호흡보호구의 취급방법과 밀착성을 확인하기 위하여 시험환경(호흡보호구의 누설이나 고장 여부를 찾아내기 위하여 만들어진 시험용 챔버 등의 환경)에서의 착용 실습

- 보수와 관리 방법
- 긴급사태 시 대처하는 방법
- 특수한 호흡보호구의 필요한 경우의 지도
- 사업주 지급 의무 및 근로자 착용 준수사항에 관한 법규

④ 착용법 지도와 교육

착용 지도와 교육을 각 착용자에 대하여 실시하며, 지도 및 교육내용은 아래와 같은 내용이 포함
되어야 한다. 그리고 각 호흡보호구 착용자는 적어도 1년에 1회 이상 재교육 받는다.
- 착용방법, 벗는 방법
- 호흡보호구를 밀착시킴으로서 착용자가 느끼는 불쾌감을 가능한 한 줄이는 것
- 착용자가 호흡보호구 작동 방법 및 특성을 알 수 있도록 교육
- 착용자가 유해환경에서 보호되고 있다는 것을 체험시키기 위하여 유사한 시험환경에서 호흡
  보호구 착용 훈련을 할 것
- 정화통을 포장에서 개봉 시 개봉일자를 정화통 본체에 기재할 것

(3) 호흡보호구의 지급

각 용도에 맞는 적정 호흡보호구를 지정하고 매뉴얼에 따라 지급한다.

(4) 사용 전의 점검

정상작업, 임시작업, 긴급상황 또는 구출할 때 사용하는 호흡보호구를 지급받은 근로자는 보호구
가 양호하게 작동되는 지를 확인하기 위하여 사용 전 밀착도 자가점검 등을 하여야 한다.

(5) 사용할 때의 확인 및 주의사항

다음과 같은 경우가 발생한 경우에는 착용자에게 작업장을 신속히 벗어나도록 사전에 교육을 실시
하여야 한다.
① 호흡보호구가 충분한 보호성능을 나타내지 않을 때
② 호흡보호구의 고장
③ 공기오염물의 누설
④ 호흡저항이 증가하여 호흡에 지장을 초래할 때
⑤ 착용한 때에 고도의 불쾌감을 느낄 때
⑥ 착용자에게 어지러움, 구역질, 호흡곤란, 발열 및 한기 등의 증상이 있을 때

🔟 호흡보호구의 유지·관리

(1) 유지관리 계획

호흡보호구 착용 및 관리 매뉴얼에는 세척과 소독, 점검, 부품교환과 수리 및 보관의 항목이 포함되
어야 한다.

(2) 세척과 소독

① 세척과 소독은 다음과 같은 간격으로 이루어져야 한다.
- 일상적으로 사용하는 개인 지급용 호흡보호구는 매일 세척
- 비상 대응용과 때때로 사용하는 호흡보호구는 사용 후 세척
- 여러 사람이 사용하도록 지급된 호흡보호구는 다른 사람이 사용하기 전
- 밀착도 검사나 교육 훈련용으로 사용된 호흡보호구는 각 사용 후

② 세척 및 위생관리는 다음과 같은 과정을 걸쳐 실시한다.
- 모든 분리 가능한 부품(예 필터, 정화통, 다이어프램, 밸브)을 제거하고 검사한다. 보수하거나 버릴 것은 버린다.
- 경세제 혹은 제조업체에서 추천한 세척액이 섞인 따뜻한 물을 가지고 각 부품을 세척한다. 먼지 같은 오물 제거에는 솔을 사용할 수 있다. 부품이 손상되지 않게 주의한다. 세척하는 물은 고무와 플라스틱 부품이 손상되는 것을 방지하기 위해 43.3℃를 넘지 않도록 한다.
- 깨끗하고 따뜻하며(43.3℃) 흐르는 물로 각 부품을 헹군다.
- 부품을 다음의 용액 중 하나에 2분 정도 담근다.
  - 50℃의 물 1L에 세탁 표백액 약 1mL로 만든 차염소산 용액(염소 50ppm)
  - 43.3℃의 물 1L에 요오드딩크 약 0.8mL로 만든 세척액(요오드 50ppm)
- 깨끗하고 따뜻하며(43.3℃) 흐르는 물로 각 부품을 헹군다.
- 깨끗하고 보풀이 없는 천이나 건조한 공기 중에서 부품을 말린다.
- 각 부품을 재조립한다.
- 모든 부분이 잘 작동되는지 테스트해 본다.
- 만약 일회용을 다시 사용하려면 경세제가 섞인 물이나 알코올 와이퍼를 가지고 얼굴이 닿는 부분을 씻어준다. 일회용은 의도한 만큼 사용한 후에는 기본적으로 유지 관리 없이 버리는 것을 우선 생각해야 한다.
- 시간적인 여유가 없어서 세척을 하지 못하는 경우에는 자외선 소독기를 비치하고 그 안에 호흡보호구를 넣어 살균하도록 한다.

③ 미생물의 발생장소에서 착용한 호흡보호구는 70% 소독용 알코올로 살균하여 보관한다.

(3) 점검

① 호흡보호구의 착용자 및 관리자는 사용 전후에 호흡보호구가 적절하게 작동하고 있는가의 여부를 확인하기 위하여 점검한다.

② 세척과 소독 후 각 호흡보호구가 적정하게 작동되고 있는가, 부품의 교환과 수리를 필요로 하는가 또는 폐기해야 하는가를 결정하기 위하여 점검한다.

③ 긴급용 또는 구출용으로 보관되어 있는 모든 호흡보호구의 부품 등은 최소한 월1회 이상 점검하며, 점검항목은 접속부, 머리끈, 밸브, 연결관, 여과재, 정화통, 사용종료 시기, 재고 유효일자, 조절기 및 경보장치 등의 파손, 손상 및 훼손여부 등이다.

④ 공기공급식 호흡보호구의 공기호스 또는 압력공기 공급관과 자급식 공기원(공기탱크)의 용기 내부에 들어있는 호흡용공기의 공기질을 6개월 1회 이상 평가하여 아래의 호흡용공기의 기준치 〈표 8〉을 넘을 시 필터교체 및 용기내부 검사 또는 용기 내부를 세척한다.

▼ 표 8. 호흡용공기의 기준치

항목	기준치
수분	$25mg/m^3$ 이하
오일미스트	$5mg/m^3$ 이하
이산화탄소	1,000ppm 이하
일산화탄소	10ppm 이하
산소	19.5~23.5%

⑤ 호흡용 공기질 평가 및 확인은 반드시 산업위생관리산업기사 또는 소방안전관리자 이상의 자격을 갖춘 자가 하여야 한다.

(4) 부품교환과 수리

① 호흡보호구의 조립, 고장 및 파손에 대하여 당해 교육을 받지 아니한 자에게 부품교환과 수리를 맡기지 않는다.

② 교환된 부품은 당해 호흡보호구 제조업자가 제공한 부품으로 한정한다.

③ 수리할 감압밸브 압력조절기 및 경보기 등은 제조업자 또는 기술자에게 의뢰한다.

(5) 보관

① 호흡보호구는 먼지, 직사광선, 과도한 고온·저온·습도 그리고 손상을 줄 가능성이 있는 화학물질을 피해서 보관해야 한다.

② 모든 호흡보호구는 작업환경과 격리되는 깨끗한 장소의 캐비닛에 보관해야 한다.

③ 일상적으로 사용하지 않는 호흡보호구 또는 탈출용 호흡보호구는 긴급상황이 발생하였을 때 착용자가 쉽게 접근할 수 있는 장소에 보관해야 한다.

④ 일상적으로 사용되는 호흡보호구는 작업벤치, 도구함 혹은 락커에 보관하지 말아야 한다. 이럴 경우 오염, 형태의 뒤틀림, 손상될 우려가 있다.

⑤ 탈출용인 경우에는 반드시 다음과 같이 해야 한다.

• 작업 장소에서 접근이 가능해야 한다.

• 보관하는 함에는 '탈출용 호흡보호구'라고 적혀있어야 한다.

• 조선소에서 호흡보호구를 야드(Yard)에 갖고 다니면서 도장작업을 해야 하는 경우에는 반드시 지퍼백에 집어넣어 오염물질이 달라붙지 않도록 보관해야 한다.

• 가능한 한 제조회사의 지침에 따라 보관해야 한다.

(6) 승인된 호흡보호구의 사용

관련 법령에 의하여 인증 받은 호흡보호구를 사용하며 인증이 취소되었을 경우에는 더 이상 사용하지 않는다.

(7) 사용 상황의 감시

관리자는 근로자가 호흡보호구를 적절하게 착용하고 있는가를 확인하기 위하여 정기적으로 그 사용 상황을 감시한다.

(8) 호흡보호구 착용 및 관리 적정성 평가

최소한 매 1년마다 호흡보호구 착용 및 관리에 대한 성과를 평가한다.

1. 유기화합물

연번	물질명	Cas No.	추천 정화통	비고
1	글루타르알데히드	111 - 30 - 8	유기화합물용	
2	니트로글리세린	55 - 63 - 0	유기화합물용	
3	니트로메탄	75 - 52 - 5	유기화합물용	
4	니트로벤젠	98 - 95 - 3	유기화합물용	
5	p - 니트로아닐린	100 - 01 - 6	겸용(유기화합물/방진)	
6	p - 니트로클로로벤젠	100 - 00 - 5	유기화합물용	
7	디(2 - 에틸헥실)프탈레이트	117 - 81 - 7	−	방진마스크
8	디니트로톨루엔	25321 - 14 - 6 등	겸용(유기화합물/방진)	
9	N,N - 디메틸아닐린	121 - 69 - 7	유기화합물용	
10	디메틸아민	124 - 40 - 3	암모니아용	
11	N,N - 디메틸아세트아미드	127 - 19 - 5	유기화합물용	
12	디메틸포름아미드	68 - 12 - 2	유기화합물용	
13	디에탄올아민	111 - 42 - 2	겸용(유기화합물/방진)	
14	디에틸 에테르	60 - 29 - 7	유기화합물용	
15	디에틸렌트리아민	111 - 40 - 0	유기화합물용	
16	2 - 디에틸아미노에탄올	100 - 37 - 8	유기화합물용	
17	디에틸아민	109 - 89 - 7	복합용(유기/암모니아)	
18	1,4 - 디옥산	123 - 91 - 1	유기화합물용	
19	디이소부틸케톤	108 - 83 - 8	유기화합물용	
20	1,1 - 디클로로 - 1 - 플루오로에탄	1717 - 00 - 6	−	송기마스크
21	디클로로메탄	75 - 09 - 2	−	송기마스크
22	o - 디클로로벤젠	95 - 50 - 1	유기화합물용	
23	1,2 - 디클로로에탄	107 - 06 - 2	유기화합물용	
24	1,2 - 디클로로에틸렌	540 - 59 - 0 등	유기화합물용	
25	1,2 - 디클로로프로판	78 - 87 - 5	유기화합물용	
26	디클로로플루오로메탄	75 - 43 - 4	−	송기마스크
27	p - 디히드록시벤젠	123 - 31 - 9	겸용(유기화합물/방진)	
28	메탄올	67 - 56 - 1	−	송기마스크
29	2 - 메톡시에탄올	109 - 86 - 4	유기화합물용	
30	2 - 메톡시에틸 아세테이트	110 - 49 - 6	유기화합물용	

연번	물질명	Cas No.	추천 정화통	비고
31	메틸 n-부틸 케톤	591-78-6	유기화합물용	
32	메틸 n-아밀 케톤	110-43-0	유기화합물용	
33	메틸 아민	74-89-5	암모니아용	
34	메틸 아세테이트	79-20-9	유기화합물용	
35	메틸 에틸 케톤	78-93-3	유기화합물용	
36	메틸 이소부틸케톤	108-10-1	유기화합물용	
37	메틸 클로라이드	74-87-3	-	송기마스크
38	메틸 클로로포름	71-55-6	유기화합물용	
39	메틸렌 비스(페닐 이소시아네이트)	101-68-8 등	겸용(유기화합물/방진)	
40	o-메틸시클로헥사논	583-60-8)	유기화합물용	
41	메틸시클로헥사놀	25639-42-3 등	유기화합물용	
42	무수 말레산	108-31-6	겸용(유기화합물/방진)	
43	무수 프탈산	85-44-9	겸용(유기화합물/방진)	
44	벤젠	71-43-2	유기화합물용	
45	1,3-부타디엔	106-99-0	유기화합물용	
46	n-부탄올	71-36-3	유기화합물용	
47	2-부탄올	78-92-2	유기화합물용	
48	2-부톡시에탄올	111-76-2	유기화합물용	
49	2-부톡시에틸 아세테이트	112-07-2	유기화합물용	
50	n-부틸 아세테이트	123-86-4	유기화합물용	
51	1-브로모프로판	106-94-5	유기화합물용	
52	2-브로모프로판	75-26-3	유기화합물용	
53	브롬화 메틸	74-83-9	-	송기마스크
54	브이엠 및 피 나프타	8032-32-4	유기화합물용	
55	비닐 아세테이트	108-05-4	유기화합물용	
56	사염화탄소	56-23-5	유기화합물용	
57	스토다드 솔벤트	8052-41-3	유기화합물용	
58	스티렌	100-42-5	유기화합물용	
59	시클로헥사논	108-94-1	유기화합물용	
60	시클로헥사놀	108-93-0	유기화합물용	
61	시클로헥산	110-82-7	유기화합물용	
62	시클로헥센	110-83-8	유기화합물용	
63	아닐린 및 그 동족체	62-53-3	유기화합물용	
64	아세토니트릴	75-05-8	유기화합물용	

연번	물질명	Cas No.	추천 정화통	비고
65	아세톤	67-64-1	유기화합물용	
66	아세트알데히드	75-07-0	유기화합물용	
67	아크릴로니트릴	107-13-1	유기화합물용	
68	아크릴아미드	79-06-1	겸용(유기화합물/방진)	
69	알릴 글리시딜에테르	106-92-3	유기화합물용	
70	에탄올아민	141-43-5	유기화합물용	
71	2-에톡시에탄올	110-80-5	유기화합물용	
72	2-에톡시에틸 아세테이트	111-15-9	유기화합물용	
73	에틸 벤젠	100-41-4	유기화합물용	
74	에틸 아세테이트	141-78-6	유기화합물용	
75	에틸 아크릴레이트	140-88-5	유기화합물용	
76	에틸렌 글리콜	107-21-1	겸용(유기화합물/방진)	
77	에틸렌 글리콜 디니트레이트	628-96-6	유기화합물용	
78	에틸렌 클로로히드린	107-07-3	유기화합물용	
79	에틸렌이민	151-56-4	−	송기마스크
80	에틸아민	75-04-7	암모니아용	
81	2,3-에폭시-1-프로판올	556-52-5 등	유기화합물용	
82	1,2-에폭시프로판	75-56-9 등	유기화합물용	
83	에피클로로히드린	106-89-8 등	유기화합물용	
84	요오드화 메틸	74-88-4	−	송기마스크
85	이소부틸 아세테이트	110-19-0	유기화합물용	
86	이소부틸 알코올	78-83-1	유기화합물용	
87	이소아밀 아세테이트	123-92-2	유기화합물용	
88	이소아밀 알코올	123-51-3	유기화합물용	
89	이소프로필 아세테이트	108-21-4	유기화합물용	
90	이소프로필 알코올	67-63-0	유기화합물용	
91	이황화탄소	75-15-0	유기화합물용	
92	크레졸	1319-77-3	겸용(유기화합물/방진)	
93	크실렌	1330-20-7	유기화합물용	
94	2-클로로-1,3-부타디엔	126-99-8	유기화합물용	
95	클로로벤젠	108-90-7	유기화합물용	
96	1,1,2,2-테트라클로로에탄	79-34-5	유기화합물용	
97	테트라히드로푸란	109-99-9	유기화합물용	
98	톨루엔	108-88-3	유기화합물용	

연번	물질명	Cas No.	추천 정화통	비고
99	톨루엔-2,4-디이소시아네이트	584-84-9 등	겸용(유기화합물/방진)	
100	톨루엔-2,6-디이소시아네이트	91-08-7 등	겸용(유기화합물/방진)	
101	트리에틸아민	121-44-8	유기화합물용	
102	트리클로로메탄	67-66-3	유기화합물용	
103	1,1,2-트리클로로에탄	79-00-5	유기화합물용	
104	트리클로로에틸렌	79-01-6	유기화합물용	
105	1,2,3-트리클로로프로판	96-18-4	유기화합물용	
106	퍼클로로에틸렌	127-18-4	유기화합물용	
107	페놀	108-95-2	겸용(유기화합물/방진)	
108	페닐 글리시딜 에테르	122-60-1 등	유기화합물용	
109	포름알데히드	50-00-0	유기화합물용	
110	프로필렌이민	75-55-8	유기화합물용	
111	n-프로필 아세테이트	109-60-4	유기화합물용	
112	피리딘	110-86-1	유기화합물용	
113	헥사메틸렌 디이소시아네이트	822-06-0	겸용(유기화합물/방진)	
114	n-헥산	110-54-3	유기화합물용	
115	n-헵탄	142-82-5	유기화합물용	
116	황산 디메틸	77-78-1	유기화합물용	
117	히드라진 및 그 수화물	302-01-2	암모니아용	

2. 산알칼리류

연번	물질명	Cas No.	추천 정화통	비고
1	개미산	64-18-6	유기화합물용	
2	과산화수소	7722-84-1	유기화합물용	
3	무수 초산	108-24-7	유기화합물용	
4	불화수소	7664-39-3	아황산가스용	
5	브롬화수소	10035-10-6	아황산가스용	
6	수산화 나트륨	1310-73-2	–	방진마스크
7	수산화 칼륨	1310-58-3	–	방진마스크
8	시안화 나트륨	143-33-9	–	방진마스크
9	시안화 칼륨	151-50-8	–	방진마스크
10	시안화 칼슘	592-01-8	–	방진마스크
11	아크릴산	79-10-7	유기화합물용	
12	염화수소	7647-01-0	아황산가스용	
13	인산	7664-38-2	–	방진마스크
14	질산	7697-37-2	–	송기마스크
15	초산	64-19-7	복합형(유기화합물/아황산가스)	
16	트리클로로아세트산	76-03-9	복합형(유기화합물/아황산가스)	
17	황산	7664-93-9	–	방진마스크

3. 가스상태 물질류

연번	물질명	Cas No.	추천 정화통	비고
1	불소	7782-41-4	–	송기마스크
2	브롬	7726-95-6	할로겐용	
3	산화에틸렌	75-21-8	–	송기마스크
4	삼수소화 비소	7784-42-1	–	송기마스크
5	시안화 수소	74-90-8	시안화수소용	송기마스크 권장
6	암모니아	7664-41-7 등	암모니아용	
7	염소	7782-50-5	할로겐용	
8	오존	10028-15-6	유기화합물용	
9	이산화질소	10102-44-0		송기마스크
10	이산화황	7446-09-5	아황산가스용	
11	일산화질소	10102-43-9	–	송기마스크
12	일산화탄소	630-08-0	–	송기마스크
13	포스겐	75-44-5	–	송기마스크
14	포스핀	7803-51-2	–	송기마스크
15	황화수소	7783-06-4	황화수소용	

〈별표 2〉 노출기준 미제정 물질 호흡보호구 선정절차 3단계

1. GHS MSDS를 확보하고, 〈표 1〉 유해·위험문구(H-code) 분류기준을 이용하여 화학물질의 독성을 확인한다.
2. 〈표 2〉를 이용하여 유해·위험문구(H-code)에 따른 건강유해도그룹(Health Hazard Group, HHG)을 분류하고, 〈표 2〉로 분류할 수 없는 입자상 물질이 발생하는 작업공정인 경우에는 〈표 3〉을 이용한다.
3. 〈표 4〉를 이용하여 화학물질의 하루 사용량을 대, 중, 소로 분류한다.
4. 입자상 물질인 경우에는 〈표 5〉를 이용하여 비산성을, 증기·가스상 물질인 경우에 는 〈표 6〉 및 [그림 1]을 이용하여 휘발성을 고·중·저로 분류한다.
5. 〈표 7〉을 이용하여 할당보호계수(APF)를 구하여 기재한다.
6. 할당보호계수 칼럼에 적혀 있는 값들 중에서 가장 높은 값을 '가장 높은 보호계수'란에 기재한다.

> **≫ 예시 1**

> 작업장의 온도가 20℃인 공정에서 노출기준이 제정되어 있지 않은 이소프론이라는 액상 물질을 1일 17kg 사용하고 있는 데 적합한 호흡보호구는? (단, MSDS 확인 결과 유해문구 는 H351, 끓는점은 215℃이다.)
>
> ① 〈표 2〉에 의해 유해문구가 H351인 경우의 건강유해도그룹은 D이고, 〈표 4〉에 의하 면 1일 사용량이 17kg일 경우 사용량 등급은 중에 해당한다. 그리고 〈표 5〉를 보면 작업 온도가 상온이고 끓는점이 150℃ 이상이면 저휘발성에 해당한다.
> ② 건강유해도그룹 D, 사용량 중, 저휘발성 등의 조건을 〈표 6〉에 대입하면 할당보호계 수는 50에 해당한다.
> ③ 할당보호계수가 50 이상인 호흡보호구는 비전동식 전면형 방독마스크, 전동식 및 송 기식 모든 형태의 마스크 등이고 이들 중에서 선택해서 착용하면 된다.

구분	위험문구 (R−phrase)	유해·위험문구 (H−code)	비고
E(4)	Muta cat 3 R40	H341	생식세포 변이원성 2
	R42/43	H334, H317	호흡기 과민성 1, 피부 과민성 1
	R45	H350	발암성 1B
	R46	H340	생식세포 변이원성 1A, 1B
	R49	H350	발암성 1A
D(4)	R26	H330	급성 독성(흡입) 1, 2
	R26/27	H330, 310	급성 독성(흡입, 경피) 1, 2
	R26/27/28	H330, 310, 300	급성 독성(흡입, 경피, 경구) 1, 2
	R26/28	H330, 300	급성 독성(흡입, 경피) 1, 2
	R27	H310	급성 독성(경피) 1, 2
	R27/28	H310, 300	급성 독성(경피, 경구) 1, 2
	R28	H300	급성 독성(경구) 1, 2
	R40	H351	발암성 2
	R48/23, R48/23/24, R48/23/24/25, R48/23/25, R48/24	H372	특정표적장기 독성(반복 노출) 1
	R48/24/25, R48/25	H372	특정표적장기 독성(반복 노출) 1
	R60, R61	H360	생식독성 1A, 1B
	R62, R63	H361	생식독성 2
C(3)	R23	H330	급성 독성(흡입) 2(증기)
		H331	급성 독성(흡입) 3(가스, 분진/미스트)
	R23/24	H330/H331, H311	급성 독성(흡입) 2(증기)/3(가스, 분진/미스트), 급성 독성(경피) 3
	R23/24/25	H330/H331, H311, H301	급성 독성(흡입) 2(증기)/3(가스, 분진/미스트), 급성 독성(경피, 경구) 3
	R23/25	H330/H331, H301	급성 독성(흡입) 2(증기)/3(가스, 분진/미스트), 급성 독성(경구) 3
	R24	H311	급성 독성(경피) 3
	R24/25	H331, H301	급성 독성(경피, 경구) 3
	R25	H301	급성 독성(경구) 3
	R34, R35	H314	피부 부식성/피부 자극성 1
	R36/37	H319, H335	심한 눈 손상성/눈 자극성 2, 특정표적장기 독성(1회 노출) 3(호흡기계 자극)

구분	위험문구 (R-phrase)	유해·위험문구 (H-code)	비고
	R36/37/38	H319, H335, H315	심한 눈 손상성/눈 자극성 2, 특정표적장기 독성(1회 노출) 3(호흡기계 자극) 피부 부식성/피부 자극성 2
	R37	H335	특정표적장기 독성(1회 노출) 3(호흡기계 자극)
	R37/38	H335, H315	특정표적장기 독성(1회 노출) 3(호흡기계 자극) 피부 부식성/피부 자극성 2
	R41	H318	심한 눈 손상성/눈 자극성 1
	R43	H317	피부 과민성 1
	R48/20, R48/20/21, R48/20/21/22, R48/20/22, R48/21, R48/21/22, R48/22	H373	특정표적장기 독성(반복 노출) 2
B(2)	R20	H332	급성 독성(흡입) 4
	R20/21	H332, H312	급성 독성(흡입, 경피) 4
	R20/21/22	H332, H312, H302	급성 독성(흡입, 경피, 경구) 4
	R20/22	H332, H302	급성 독성(흡입, 경구) 4
	R21	H312	급성 독성(경피) 4
	R21/22	H312, H302	급성 독성(경피, 경구) 4
	R22	H302	급성 독성(경구) 4
	R36	H319	심한 눈 손상성/눈 자극성 2
A(1)	R36/38	H319, H315	심한 눈 손상성/눈 자극성 2, 피부 부식성/피부 자극성 2
	R38	H315	피부 부식성/피부 자극성 2

※ B(2)~E(4) 등급에 분류되지 않는 기타 위험문구 또는 유해위험문구는 '유해성＝A(1)'

▼ 표 2. 유해·위험문구 분류기준에 따른 건강유해도그룹 분류

건강유해도그룹(Health Hazard Group, HHG)				
A(1)	B(2)	C(3)	D(4)	E(4)
H315 H319 H315+H319	H302 H312 H332 H312+H302 H332+H312 H332+H312+H302	H301 H311 H314 H317 H318 H330 H331 H373 H311+H301 H319+H335 H319+H335+H315 H330/H311+H311 H330/H311+H311+H301 H330/H331+H301	H300 H310 H330 H351 H360 H361 H372 H310+H300 H330+H300 H330+H310 H330+H310+H300	H340 H341 H350 H334+H317

※ B~E에 해당되지 않는 H-Code의 유해성은 A로 분류. '/'는 or, '+'는 and의 의미

▼ 표 3. 입자상물질 발생 공정별 건강유해도그룹 분류

공정/물질	건강유해도그룹 (Health Hazard Group, HHG)
밀가루 분진	A
곡물 분진	A
목 분진	A
가금류 분진	A
면 분진	B
양모공정 분진	A
고무공정 분진	B
고무 흄	C
굴뚝 청소(가정)	A
광물오일미스트(사용한 엔진오일 제외)	B
철 주물 분진	A
용접/절단 : 연강	B
용접/절단 : 스텐인레스강	D
납 함유 분진 혹은 흄(예 납 페인트 제거)	D
납땜 플럭스 흄	D

▼ 표 4. 하루 사용하는 화학물질의 양 분류

등급	대	중	소
단위	ton, m³ 단위	kg, L 단위	g, mL 단위
하루 취급량	1ton 이상, 1m³ 이상	1kg 이상 1,000kg 미만 1L 이상 1,000L 미만	1,000g 미만 1,000mL 미만

▼ 표 5. 입자상 물질의 비산성 분류

등급	물질의 비산성
고	미세하고 가벼운 분말, 흄 혹은 미스트로 취급 시 먼지 구름이 형성되어 수 분 동안 공기 중에 존재하는 경우
중	• 결정상 과립(Granule) 고체와 분진으로 눈에 보이며 쉽게 가라앉는 경우 • 작업하는 가까이에 흄이나 미스트가 존재하나 매우 쉽게 사라지는 경우
저	• 먼지 구름이 거의 보이지 않으며 분진이 존재하지 않는 경우 • 펠렛(Pellet), 박편(Flakes)과 쉽게 부서지지 않는 정제상(Pill) 고체인 경우

▼ 표 6. 증기 · 가스상 화학물질의 휘발성 분류

등급	대	중	소
사용(공정)온도가 상온(20℃)인 경우	끓는점 < 50℃	50℃ ≤ 끓는점 ≤ 150℃	150℃ < 끓는점
사용(공정)온도(X)가 상온 이외의 온도인 경우	끓는점 < $2X+10$℃	$2X+10$℃ ≤ 끓는점 ≤ $5X+50$℃	$5X+50$℃ < 끓는점

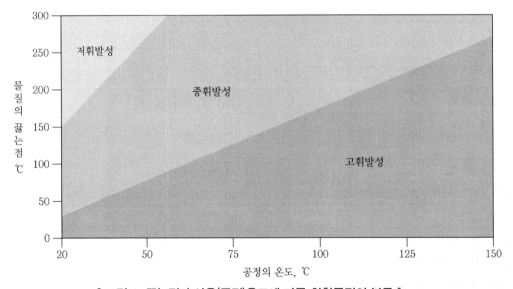

┃ 그림 1. 끓는점과 사용(공정)온도에 따른 화학물질의 분류 ┃

▼ 표 7. 건강유해도그룹별 할당보호계수

건강유해도그룹	사용량	비산성/휘발성		
		저	중	고
A	소	–	–	–
	중	–	5	10
	대	5	10	50
B	소		5	5
	중		10	50
	대	10	50	1,000
C	소		5	5
	중	10	10	50
	대	50	50	1,000
D	소	10	50	1,000
	중	50	1,000	1,000
	대	50	1,000	10,000
E	소	10	50	1,000
	중	50	1,000	1,000
	대	50	1,000	10,000

호흡보호구(마스크) 착용 방법

1 반면형(직결식)

(1) 미리 머리끈을 넉넉하게 끼운 후 머리나 목에 걸고 면체를 왼손으로 잡는다.

(2) 면체를 턱부터 집어넣고 면체가 입과 코 위에 위치하도록 한다.

(3) 목 뒤로 끈을 걸고, 끈의 길이를 조절하여 면체가 얼굴에 완전히 밀착되도록 한다.

(4) 마스크를 착용할 때마다 흡입부를 손바닥으로 막은 다음 숨을 들이마시거나 숨을 내쉬어 밀착도 자가점검을 실시한다.

    ① 양압 밀착도 자가점검 : 배기밸브를 손으로 막고 공기를 불어내어 마스크 면체와 안면 사이로 공기가 새어나가는지 감각적으로 확인한다.

    ② 음압 밀착도 자가점검 : 흡입부를 손으로 막고 공기를 흡입하여 마스크 면체와 안면 사이로 공기가 새어들어 오는지 감각적으로 확인한다.

①, ②　　　　　　　　　　③　　　　　　　　　　④

2 반면형(안면부 여과식)

(1) 컵형

    ① 그림과 같이 밴드를 밑으로 늘어뜨리고 밀착부분이 얼굴부분에 오도록 가볍게 잡아 준다.

    ② 마스크가 코와 턱을 감싸도록 얼굴과 맞춰준다.

    ③ 한 손으로 마스크를 잡고 다른 손으로 마스크 위의 끈을 머리의 상단에 고정시킨다.

    ④ 마스크 아래 끈을 목 뒤에 고정시킨다.

    ⑤ 양손 손가락으로 클립부분을 눌러서 코와 밀착이 잘 되도록 조절한다.

    ⑥ 양손으로 마스크 전체를 감싸 안고 자가 밀착도 체크를 실시하여 조절한다.

(2) 접이형

① 마스크를 컵 모양으로 둥글게 펴 준다.

② 머리 끈을 바깥쪽으로 빼낸다.

③ 한 손으로 마스크를 잡고 다른 손으로 마스크 위의 끈을 머리의 상단에 고정시킨다.

④ 마스크 측면을 고정시키면서 틈새를 최대한 막아 준다.

⑤ 클립이 있다면 양손 손가락으로 클립부분을 눌러서 코와 밀착이 잘 되도록 조절한다.

⑥ 양손으로 마스크 전체를 감싸 안고 자가 밀착도 체크를 실시하여 조절한다.

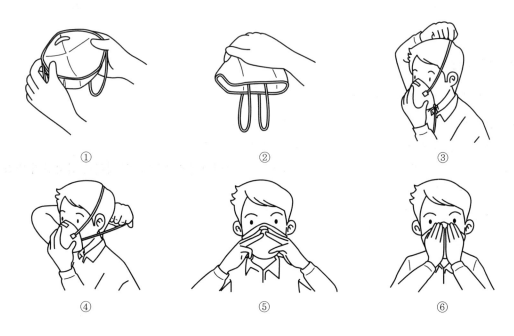

3 전면형 마스크

(1) 내측의 고무를 열고 렌즈 쪽이 아래로 향하게 한 다음 두 손으로 머리끈을 잡는다.

(2) 턱부터 집어넣고 마스크를 뒤집어쓴다.

(3)(4)(5)(6) 머리끈의 길이를 알맞게 조절한다. 이때 너무 심하게 당기면 얼굴이나 머리에 통증이 생겨 장시간 작업에 어려움이 있으며 너무 느슨하게 당기면 누설 현상이 생긴다. 따라서 작업하기 간편하고 누설이 생기지 않도록 알맞게 조절해야 한다.

(7) 마스크를 착용할 때마다 자가 밀착도 체크를 실시한다.

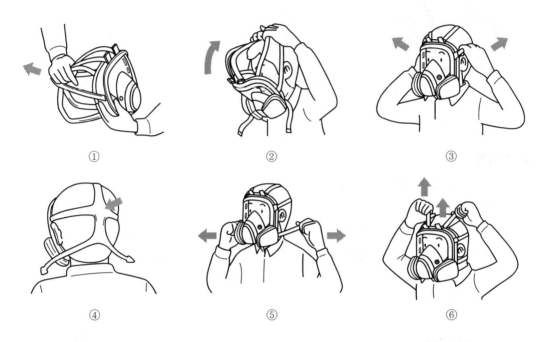

4 후드형 마스크

(1) 봉투를 열어서 마스크를 꺼낸다.

(2) 안쪽의 고무를 열어서 그림처럼 머리부터 덮어쓴다.

(3) 마스크를 입에 대고 페트(고정띠)를 머리 위에 고정시킨다.

(4) 마스크와 얼굴과의 밀착이 충분하지 않을 때에는 그림과 같이 머리끈의 양쪽을 잡아당겨 밀착정도를 최대한 높인다.

(5) 그림 ⑤는 착용이 완료된 상태이다.

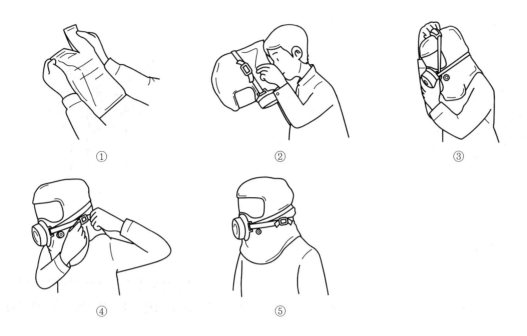

① ② ③

④ ⑤

⑤ 송기식 마스크

(1) 호스마스크

호스의 끝을 신선한 공기 중에 고정시키고 착용자가 자신의 폐력으로 공기를 흡입하는 '폐력 흡입형'과 전동 또는 수동의 송풍기를 신선한 공기에 고정시키고 송기하는 '송풍기형'이 있다.

① 호스를 정해진 연결부에 연결한다. 작업장 건물에 송기마스크 시설이 되어 있는 경우 송기관이 아닌 다른 가스관의 연결부에 송기마스크를 연결하면 매우 위험하므로 특별한 주의가 필요하다.

② 장착대를 몸에 착용하고 몸에 맞게 조절한다.

③ 유량조절장치가 있으면 호흡에 방해받지 않도록 조절한다.

④ 호스의 개방 전에 밀착도 자가점검을 통하여 착용상태를 확인한다.

(2) 에어라인 마스크

유량조절장치, 여과장치를 구비한 고압공기용기나 공기압축기 등으로부터 공기를 송기하는 '일정유량형'과 일정유량형과 같은 구조이나 공급밸브를 갖추고 착용자의 호흡량에 따라 송기하는 '디맨드형 및 압력디맨드형'이 있다.

착용방법은 호스마스크 착용방법과 동일하며 송기관이 아닌 다른 가스관의 연결부에 송기마스크를 연결하면 매우 위험하므로 특별한 주의가 필요하다.

① 전면형 마스크를 착용하듯이 한 손으로 안면부(면체)를 잡고 한 손으로 머리끈을 당겨서 얼굴과 두부에 끼워 넣는다. 턱 부위를 안면부에 끼워 넣을 때는 턱이 충분히 들어가도록 안면부를 잡은 손을 세게 잡아당긴다.

② 얼굴과 두부에 잘 맞도록 머리끈을 조절한다.

③ 압력조절기(Regulator)를 조절한다.

| ① | ② | ③ |

6 공기호흡기

사용자의 몸에 지닌 압력공기실린더, 압력산소실린더, 또는 산소발생장치가 작동되어 호흡용 공기가 공급되도록 만들어진 호흡보호구를 말한다. 자급방법에 따라서 압축 공기형, 압축산소형, 산소발생형 등이 있다.

① 바이패스(Bypass) 밸브 잠금 상태와 양압조절기 핸들 잠금 상태를 확인한다.
② 공기호흡기를 어깨에 착용하고 몸에 맞도록 조절한다.
③ 마스크 호스를 소켓에 연결한다.
④ 양압조정기의 핸들을 '대기호흡' 위치에 맞춘다.
⑤ 안면부를 턱부터 집어넣고 머리끈을 머리 위로하여 마스크를 착용한다.
⑥ 양손으로 머리끈을 좌우로 당겨 적절하게 조인다.
⑦ 용기(실린더)밸브를 천천히 열고 압력계 지침이 약 300kgf/cm²인지 확인한다.
⑧ 양압조절기 핸들을 열어 '대기호흡' 상태에서 '양압호흡'으로 바꾼다.
⑨ 귀 앞부분의 안면부 머리끈에 손가락을 집어넣어 실린더에서 공기가 들어오는지, 즉 양압상태를 확인한다.

| ①, ② | ③ | ④ |

⑤

⑥

⑦

⑧,⑨

밀착도 검사 방법

1 방진마스크

(1) 정성적 밀착도 검사 방법 − 사카린(Saccharin) 에어로졸법

① FT-10 / FT-10S 또는 동일 형식의 키트를 이용한다.

② 밀착도검사의 수행 전에 보호구 착용 근로자에 대한 민감도검사(Sensitivity Test)를 실시한다.

- 키트의 후드를 씌운 다음 묽은 사카린 용액을 분무기(Nebulizer)에 넣고 10회에 걸쳐 후드 안으로 주입한다.
- 근로자에게 맛을 느끼는지 확인한다. 맛을 느끼는 사람에 한하여 밀착도 검사를 실시한다.

③ 밀착도 검사를 위해 호흡보호구를 착용한 근로사에게 후드를 씌운다.

④ 진한 사카린 용액을 매 30초마다 후드 안으로 주입하여 후드 안을 에어로졸로만 시킨다.

⑤ 피검자에게 후드를 쓴 채로 동작검사 6종을 순서대로 실시하게 한다.

⑥ 동작검사를 실시하는 동안 피검자가 맛을 느끼면 밀착도 검사는 불합격으로 처리한다.

> **참고 ◈ 동작검사 6종(Six Exercise Regime)**
> ① 정상 호흡 : 선 자세에서 60초 동안 정상 호흡을 실시한다.
> ② 깊은 호흡 : 선 자세에서 60초 동안 깊은 호흡을 실시한다.
> ③ 머리 움직임 : 선 자세에서 머리를 좌측 및 우측으로 약 70~80도 정도 돌린 상태에서 한쪽 방향에서 약 5~6초 동안 있으면서 2회씩 정상 호흡을 실시한다. 그 다음 상하방향으로 지면과 약 70~80도 정도로 숙이거나 젖혀서 한쪽 방향에 약 5~6초 동안 있으면서 정상 호흡을 실시한다. 머리 움직임 운동은 60초 동안 반복적으로 실시한다.
> ④ 읽기 : 선 자세에서 안면근육이 많이 움직일 수 있도록 크고 천천히 60초 동안 글을 읽는다.
> ⑤ 조깅 : 제자리에서 60초 동안 150~180회 정도의 조깅을 실시한다.
> ⑥ 정상 호흡 : 선 자세에서 60초 동안 정상 호흡을 실시한다.

(2) 정량적 밀착도 검사 방법 − 공기 중 에어로졸 측정법

① 피검자는 측정 전 수염을 깎게 하고 흡연자에게는 측정 한 시간 전부터 금연을 시킨다.

② 밀착도 검사를 시행하기 전 현재 사용하고 있는 방진필터나 정화통을 떼어내고 특급 방진필터로 교체한다.

③ 마스크 안의 에어로졸을 측정하기 위하여 마스크에 탐침(Probe)을 만들어 장착한다. 미국에서 제작된 마스크들은 밀착도 검사를 위해 각 브랜드별 아답터(Adaptor)가 부착된 호흡보호구를 판매한다.

④ 측정 실험실의 에어로졸 농도가 낮으면(2,000particles/cc 미만) 밀착도 검사가 불가능하므로 에어로졸발생장치를 1시간 전부터 측정이 끝날 때까지 작동시켜 에어로졸의 농도를 안정화시킨다.

⑤ 피검자는 호흡보호구를 착용한 후 좌우 상하로 세차게 흔들어 보호구가 흔들리는지 확인한 다음 착용 후 대략 5분이 경과하여 밀착도 검사에 들어간다. 반드시 양압이나 음압의 밀착도 자가점검을 실시한다.

⑥ 측정장비를 켜고 공기 중 에어로졸 농도를 측정하여 밀착도 검사가 가능한지 확인한다.

⑦ 측정하는 동안 다음의 동작검사를 실시한다.

⑧ 반면형인 경우는 밀착계수(Fit Factor, FF) 100, 전면형인 경우는 FF 500 이상이 나오면 '합격', 그렇지 아니하면 '불합격'으로 판정한다.

▌ 사카린(Saccharin) 에어로졸법 ▌

▌ 공기 중 에어로졸 측정법 ▌

참고 ✓ **동작검사(Exercise Regime)**

(1) 안면부 여과식

① 허리 굽혔다 펴기 : 50초 동안 발가락에 손이 닿을 만큼 허리를 구부렸다 펴는 동작을 반복하고 가장 허리를 많이 굽혔을 때 2번 숨을 들이 쉰다.

② 말하기 : 30초간 시험자가 들을 수 있게 최대한 크고 천천히 말한다. 미리 준비된 지문을 이용하거나 100부터 거꾸로 숫자를 세거나 또는 시나 노래를 부른다.

③ 머리를 좌우로 움직이기 : 선 자세에서 30초간 머리를 천천히 좌우로 움직인다. 머리를 최대한 왼쪽과 오른쪽으로 움직인 시점에서 숨을 2회 들이쉰다.*

④ 머리를 상하로 움직이기 : 선 자세에서 39초간 머리를 천천히 상하로 움직인다. 머리를 최대한 위와 아래로 움직인 시점에 숨을 2번 들이쉰다.*

(2) 직결식(반면형, 전면형)

① 허리 굽혔다 펴기 : 50초 동안 발가락에 손이 닿을 만큼 허리를 구부렸다 펴는 동작을 반복하고 가장 허리를 많이 굽혔을 때 2번 숨을 들이 쉰다.

② 제자리 뛰기 : 30초간 정해진 장소에서 제자리 뜀을 반복한다.

③ 머리를 좌우로 움직이기 : 선 자세에서 30초간 머리를 천천히 좌우로 움직인다. 머리를 최대한 왼쪽과 오른쪽으로 움직인 시점에서 숨을 2회 들이쉰다.*

④ 머리를 상하로 움직이기 : 선 자세에서 39초간 머리를 천천히 상하로 움직인다. 머리를 최대한 위와 아래로 움직인 시점에 숨을 2번 들이쉰다.*

* 이 동작을 하는 동안 다른 시점에서 추가적으로 호흡을 더 쉬는 것은 피험자의 자유에 맡긴다.

2 방독마스크

〈정성적 밀착도 검사 방법-Isoamyl Acetate 법〉

(1) 민감도 검사

① 1L의 유리병에 800mL의 증류수를 넣고 1mL의 Isoamyl Acetate를 넣어 30분 동안 흔들어 표준용액으로 사용한다(이 용액은 1주일 동안 사용할 수 있다).

② 표준용액에서 0.5mL를 취하여 500mL의 증류수가 들어 있는 두 번째 유리병에 첨가하여 30분 동안 흔들어 민감도 검사에 사용한다(이 용액은 하루 동안만 사용 가능하다).

③ 세 번째 유리병에는 Blank Test를 위하여 500mL의 증류수만 넣는다.

④ 두 번째와 세 번째 병을 각각 2초 동안 흔들어 피검자로 하여금 바나나 냄새를 맡는지 여부를 확인한다.

⑤ 바나나 냄새를 감지한 피검자를 대상으로 밀착도 검사를 실시한다.

※ 민감도 검사는 환기가 잘 이루어지는 방에서 실시하여야 하며, 밀착도 검사를 실시하는 방과 분리된 곳이어야 한다.

(2) 정성적 밀착도 검사

① 폭 90cm(36인치), 길이 150cm(61인치)의 폴리에틸렌 백을 직경 60cm(24인치)의 격자에 뒤집어씌운 다음 208L(55갤런) 용량의 챔버를 만든다.

② 챔버를 민감도 검사를 실시하지 않은 공간에 피검자의 머리에서부터 20cm(6인치)되는 높이에 거꾸로 설치한다.

③ 피검자는 마스크를 착용하고 밀착도 자가점검을 실시한 다음 좌우로 세차게 흔들어 흔들리는지를 확인하고 적어도 5분 동안 편안한지를 점검한 후 밀착도 검사를 실시한다. 만약 편안하지 않거나 흘러내리는 기분이 들 경우에는 다시 착용하고 반복하여 검사하도록 한다.

④ 피검자는 10×12cm(4×5인치)의 종이 타올을 반으로 접고 순수 원액 Isoamyl Acetate 0.5mL를 적신 다음 종이 타올을 갖고 챔버 안으로 들어가 챔버 위에 달린 후크에 매어 달도록 한다.

⑤ Isoamyl Acetate의 농도가 안정된 상태를 유지하도록 2분을 기다린 후 동작검사 6종을 실시한다.

⑥ 위와 같이 실시할 경우 챔버 내의 Isoamyl Acetate 농도는 150ppm이다.

⑦ 바나나 냄새를 맡으면 밀착도 검사에 실패한 것으로 즉시 챔버를 나와 다른 방에서 다른 보호구를 착용하고 위의 사항을 반복한다. 냄새를 맡지 못하면 검사를 통과한 것으로 문제의 보호구를 착용해도 좋으며 측정자는 즉시 종이 타올을 제거하여 측정실의 오염을 방지한다.

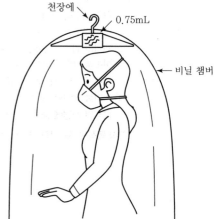

I Isoamyl Acetate 법 I

메모 **MEMO**

Willy.H

| 약력 |
- 건설안전기술사
- 토목시공기술사
- 서울중앙지방법원 건설감정인
- 한양대학교 공과대학 졸업
- 삼성그룹연구원
- 서울시청 전임강사(안전, 토목)
- 서울시청 자기개발프로그램 강사
- 삼성물산 강사
- 삼성전자 강사
- 삼성 디스플레이 강사
- 롯데건설 강사
- 현대건설 강사
- SH공사 강사
- 종로기술사학원 전임강사
- 포천시 사전재해영향성 검토위원
- LH공사 설계심의위원
- 대법원·고등법원 감정인

| 저서 |
- 「최신 건설안전기술사 Ⅰ·Ⅱ」(예문사)
- 「건설안전기술사 최신기출문제풀이」(예문사)
- 「재난안전 방재학 개론」(예문사)
- 「건설안전기술사 핵심 문제」(예문사)
- 「건설안전기사 필기·실기」(예문사)
- 「건설안전산업기사 필기·실기」(예문사)
- 「No1. 산업안전기사 필기」(예문사)
- 「No1. 산업안전산업기사 필기」(예문사)
- 「건설안전기술사 실전면접」(예문사)
- 「건설안전기술사 moderation」(진인쇄)
- 「산업안전지도사 1차」(예문사)
- 「산업안전지도사 2차」(예문사)
- 「산업안전지도사 실전면접」(예문사)
- 「산업보건지도사 1차」(예문사)

한유숙

| 약력 |
- 수원여자대학교 간호학과 졸업
- 보건교사 자격
- 삼성전자 수원 부속의원 근무

산업보건지도사 `2차`
산업위생공학

발행일 | 2024. 3. 10　초판 발행

저　자 | Willy.H · 한유숙
발행인 | 정용수

발행처 | 예문사

주　소 | 경기도 파주시 직지길 460(출판도시) 도서출판 예문사
T E L | 031) 955 − 0550
F A X | 031) 955 − 0660
등록번호 | 11 − 76호

정가 : 25,000원

ISBN 978−89−274−5386−4 13530